高等学校设计+人工智能（AI for Design）系列教材

# AIGC游戏策划

何俊 牟堂娟 高凯 编著

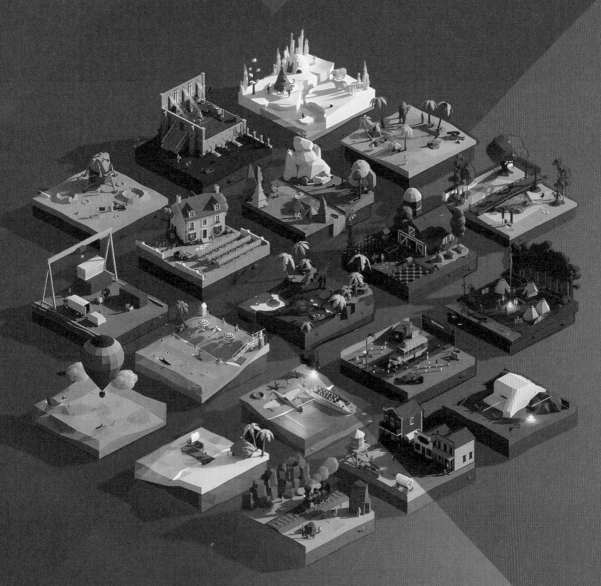

清华大学出版社
北京

## 内 容 简 介

本书在介绍游戏策划基础知识的同时，结合 AIGC 技术应用，系统讲解游戏设计师应掌握的策划知识。全书分为 10 章，涵盖游戏策划的各个方面，包括 AIGC 游戏策划概述、游戏的体验美学、玩家特征、游戏故事创作、游戏角色、游戏机制、游戏世界、游戏策划文案的制作、游戏原型开发，以及游戏设计师的责任。同时探讨了 AIGC 技术应用中的伦理责任问题，如内容伦理、玩家隐私保护及健康游戏文化的促进。读者将学会利用 AIGC 技术设计创新且吸引人的游戏。本书内容翔实，配有大量优秀游戏案例和知识图谱，帮助读者迅速掌握游戏策划技能。

本书可以作为高等院校、职业院校开设游戏设计相关课程的教材，也可以供游戏行业的初学者阅读，帮助读者理解并掌握游戏策划的知识和技能。

**图书在版编目（CIP）数据**

AIGC 游戏策划 / 何俊，牟堂娟，高凯编著 . -- 北京：清华大学出版社，2025. 1. --（高等学校设计 + 人工智能（AI for Design）系列教材）. --ISBN 978-7-302-68084-0

Ⅰ. TP317.6

中国国家版本馆 CIP 数据核字第 2025EU2334 号

责任编辑：田在儒
封面设计：张培源　姜　晓
责任校对：袁　芳
责任印制：刘　菲

出版发行：清华大学出版社
　　　　　网　　　址：https://www.tup.com.cn，https://www.wqxuetang.com
　　　　　地　　　址：北京清华大学学研大厦 A 座　　　　邮　　　编：100084
　　　　　社 总 机：010-83470000　　　　　　　　　　邮　　　购：010-62786544
　　　　　投稿与读者服务：010-62776969，c-service@tup.tsinghua.edu.cn
　　　　　质 量 反 馈：010-62772015，zhiliang@tup.tsinghua.edu.cn
　　　　　课 件 下 载：https://www.tup.com.cn，010-83470410
印 装 者：三河市君旺印务有限公司
经　　销：全国新华书店
开　　本：185mm×260mm　　　　印　　张：15.5　　　　字　　数：345 千字
版　　次：2025 年 2 月第 1 版　　　　　　　　　　　印　　次：2025 年 2 月第 1 次印刷
定　　价：99.00 元

产品编号：107091-01

# 丛书编委会

**主　编**

董占军

**副主编**

顾群业　孙　为　张　博　贺俊波

**执行主编**

张光帅　黄晓曼

**评审委员**（排名不分先后）

潘鲁生　黄心渊　李朝阳　王　伟　陈赞蔚

田少煦　王亦飞　蔡新元　费　俊　史　纲

**编委成员**（按姓氏笔画排序）

| | | | | | | |
|---|---|---|---|---|---|---|
| 王　博 | 王亚楠 | 王志豪 | 王所玲 | 王晓慧 | 王凌轩 | 王颖惠 |
| 方　媛 | 邓　晰 | 卢　俊 | 卢晓梦 | 田　阔 | 丛海亮 | 冯　琳 |
| 冯秀彬 | 冯裕良 | 朱小杰 | 任　泽 | 刘　琳 | 刘庆海 | 刘海杨 |
| 孙　坚 | 牟　琳 | 牟堂娟 | 严宝平 | 杨　奥 | 李　杨 | 李　娜 |
| 李　婵 | 李广福 | 李珏茹 | 李润博 | 轩书科 | 肖月宁 | 吴　延 |
| 何　俊 | 闵媛媛 | 宋　鲁 | 张　牧 | 张　奕 | 张　恒 | 张丽丽 |
| 张牧欣 | 张培源 | 张雯琪 | 张阔麒 | 陈　浩 | 陈刘芳 | 陈美西 |
| 郑　帅 | 郑杰辉 | 孟祥敏 | 郝文远 | 荣　蓉 | 俞杰星 | 姜　亮 |
| 骆顺华 | 高　凯 | 高明武 | 唐杰晓 | 唐俊淑 | 康军雁 | 董　萍 |
| 韩　明 | 韩宝燕 | 温星怡 | 谢世煊 | 甄晶莹 | 窦培菘 | 谭鲁杰 |
| 颜　勇 | 戴敏宏 | | | | | |

**丛书策划**

田在儒

# 本书编委会

何　俊　　牟堂娟　　高　凯　　郑　婕　　郝文远　　尚炯利

许青青　　郑　帅　　杨　媛　　邱亚萍　　许雪花　　张　楠

黄海标　　郑凌婧　　孙淑萍　　李炫鑫　　李佳琪　　黄敏敏

颜婵媛　　刘思远　　陈卿锐　　史彬孺　　林晴云　　方　馨

李　杨　　杨　亮　　邱靖淇　　付　堃

生成式人工智能技术的飞速发展，正在深刻地重塑设计产业与设计教育的面貌。2024 年（甲辰龙年）初春，由山东工艺美术学院联合全国二十余所高等学府精心打造的"高等学校设计 + 人工智能（AI for Design）系列教材"应运而生。

本系列教材旨在培养具有创新意识与探索精神的设计人才，推动设计学科的可持续发展。本系列教材由山东工艺美术学院牵头，汇聚了五十余位设计教育一线的专家学者，他们不仅在学术界有着深厚的造诣，而且在实践中也积累了丰富的经验，确保了教材内容的权威性、专业性及前瞻性。

本系列教材涵盖了《人工智能导论》《人工智能设计概论》等通识课教材和《AIGC 游戏美宣设计》《AIGC 动画角色设计》《AIGC 游戏场景设计》《AIGC 工艺美术》等多个设计领域的专业课教材，为设计专业学生、教师及对 AI 在设计领域的应用感兴趣的专业人士，提供全面且深入的学习指导。本系列教材内容不仅聚焦于 AI 技术如何提升设计效率，更着眼于其如何激发创意潜能，引领设计教育的革命性变革。

当下的设计教育强调数据驱动、跨领域融合、智能化协同及可持续和社会化。本系列教材充分吸纳了这些理念，进一步推进设计思维与人工智能、虚拟现实等技术平台的融合，探索数字化、个性化、定制化的设计实践。

设计学科的发展要积极把握时代机遇并直面挑战，同时聚焦行业需求，探索多学科、多领域的交叉融合。因此，我们持续加大对人工智能与设计学科交叉领域的研究力度，为未来的设计教育提供理论及实践支持。

我们相信，在智能时代设计学科将迎来更加广阔的发展空间，为人类创造更加美好的生活和未来。在这样的时代背景下，人工智能正在重新定义"核心素养"，其中批判性思维水平将成为最重要的核心胜任力。本系列教材强调批判性思维的培养，确保学生不仅掌握生成式 AI 技术，更要具备运用这些技术进行创新和批判性分析的能力。正因如此，本系列教材将在设计教育中占有重要地位并发挥引领作用。

通过本系列教材的学习和实践，读者将把握时代脉搏，以设计为驱动力，共同迎接充满无限可能的元宇宙。

董占军

2024 年 3 月

|前 言|

在这个信息技术高速发展的时代，人工智能（AI）和生成式人工智能（AIGC）技术的进步为多个行业带来了颠覆性的变革，游戏产业也不例外。随着 AIGC 技术的融入，我们正步入一个全新的游戏设计和策划时代。《AIGC 游戏策划》这本书籍的编撰，旨在为游戏设计专业的学生、教育者以及行业从业者提供一个深入理解和应用 AIGC 技术于游戏策划领域的指南。

中国的游戏产业自 20 世纪末起步以来，经历了快速的发展和成长，如今已成为全球关注的焦点。游戏不仅是一种娱乐方式，更是蕴含深厚文化价值的文化产业。在这样的背景下，游戏设计教育的重要性日益凸显，然而国内在这一领域的教材和教育体系仍显不足。面对这一挑战，我们有必要重新思考和构建游戏设计专业的教学内容和方法，以培养能够适应未来游戏产业发展、具备创新和整合能力的复合型人才。

《AIGC 游戏策划》的编写正是基于这样的背景和需求，通过深入探讨 AIGC 技术在游戏策划中的应用，从游戏故事创作、角色设计、游戏机制、游戏世界构建到玩家体验提升等多个方面，本书旨在为读者揭示 AIGC 技术如何为游戏设计和策划带来革命性的变革。同时，也关注 AIGC 技术使用的伦理和责任，探讨如何在保障玩家权益的同时推动健康游戏文化的发展。

在全球游戏产业快速发展的今天，我们迫切需要重新定义游戏设计专业的教育目标和内容。《AIGC 游戏策划》不仅是一本教材，更是一份对未来游戏设计师教育和行业发展的期许。通过本书，我们希望能够激发游戏设计专业学生的创造力和创新能力，为他们提供掌握和应用 AIGC 技术的知识和技能，最终培养出能够为社会文明作出贡献和推动的游戏设计人才。在这个 AIGC 技术不断进步的时代，让我们一起来共同探索和创造游戏设计和策划的未来。

特别感谢厦门工学院郑婕老师，厦门海洋职业技术学院郝文远老师，西安财经大学尚炯利老师、许青青老师，厦门华厦学院郑帅老师，上海工程技术大学杨媛、许雪花老师，厦门南洋职业学院张楠老师参与编写工作，并提供了大量的参考资料。感谢福州大学数字媒体艺术专业研究生黄敏敏、颜婵媛、刘思远、陈卿锐、史彬孺、林晴云、方馨、李杨、杨亮、邱靖淇同学对本书所做的资料整理、图片优化、校对等工作。部分插图由无界 AI 生成。

编著者
2024 年 9 月

|目 录|

第 1 章

# AIGC 游戏策划概述

## 1.1 AIGC 技术概况

AIGC 是 artificial intelligence generated content 的缩写，指的是利用人工智能技术来生成内容。通过自然语言处理（natural language processing, NLP）、计算机视觉（computer vision, CV）和深度学习（deep learning, DL）等技术，AIGC 能够自动生成文本、图像、视频、音乐等各种形式的内容。这种技术不仅提高了内容创作的效率，还为人们创造了全新的表达方式和互动体验。想象一下，以往需要绞尽脑汁、费尽心思才能完成的文字创作、图像绘制、视频剪辑，现在只需轻轻敲击几下键盘，就能由 AI 帮你轻松完成，这是多么令人振奋的场景！ AIGC 就像一位拥有无限创意的艺术家，可以根据用户的需求，源源不断地生成各种形式、各种风格的内容。它可以是妙笔生花的诗人，为你写下优美动人的诗篇；也可以是技艺精湛的画家，为你绘制出栩栩如生的画作；还可以是才华横溢的导演，为你剪辑出精彩绝伦的视频。更重要的是，AIGC 不仅能提高内容创作的效率，还能突破人类想象力的边界，创造出前所未有的内容形式和体验，为人们带来无限可能！试想一下，未来每个人都可以拥有自己的专属 AI 创作伙伴，帮助人们记录生活、表达自我、分享创意，那将是一个多么精彩纷呈的世界！ AIGC 的出现，无疑将掀起一场内容创作的革命，彻底改变人们生产和消费内容的方式。

### 1.1.1　AI 的早期历史

人工智能（artifical intelligence, AI）的种子早在 20 世纪 40 年代末便已悄然播下。当时的科学家们怀揣着对未来科技的憧憬，开始尝试构建能够模拟人类智能行为的机器。

图 1-1　图灵像

这些早期的探索主要集中于让机器执行一些简单的数学和逻辑任务，如进行算术运算或解决逻辑谜题。尽管这些尝试相对初级，却蕴含着人类挑战自身智慧极限的雄心壮志。

1950 年，英国数学家和计算机科学先驱艾伦·麦席森·图灵[1]发表了一篇划时代的论文《计算机器与智能》，提出了著名的"图灵测试"（见图 1-1）。图灵测试并非关注机器内部运作机制，而是从行为主义的角度出发，试图通过一种简单却深刻的方式来判断机器是否具备智能：如果一台机器能够与人类进行自然语言对话，且其表现无法与真人区分开来，那么就有理由认为这台机器拥有智能。

图灵测试的提出犹如一颗石子投入平静的湖面，在科学界激起了层层涟漪。它不仅挑战了人们对智能的传统定义，也为人工智能研究指明了新的方向。图灵测试将人工智能的研究目标从单纯执行预先设定任务的机械自动化，转向了模拟和理解人类智能行为这一更为复杂和抽象的目标。这一转变极大地拓展了人工智能的研究领域，使其不再局限于简单的数学计算，而是涵盖了自然语言处理、知识表示、自动推理等多方面，为后来人工智能的蓬勃发展奠定了基础。

尽管图灵测试为人工智能研究提供了重要的理论框架，但在当时的技术条件下，要实现这一目标还面临着巨大的挑战。早期的 AI 研究主要依赖于符号逻辑，即尝试将人类的知识和推理过程用符号化的形式表达出来，并通过计算机程序进行处理。这种方法在处理一些明确定义、结构清晰的问题时取得了一定的成功，如在数学定理证明和专家系统等领域。然而，符号逻辑方法很快便遇到了瓶颈。人类智能的复杂性和灵活性远远超出了简单符号处理所能涵盖的范围。此外，早期的 AI 系统需要人工构建和维护庞大的知识库，这不仅耗时耗力，而且难以适应新的问题和环境。

图灵测试的提出以及早期人工智能研究所面临的挑战，揭示了一个基本事实：模拟和理解人类智能是一个极其复杂的任务。它要求人工智能系统不仅能够处理逻辑和数学问题，还能够理解语言、情感、文化等人类特有的复杂现象。这一认识促使研究者们不断探索和创新人工智能的研究方法，最终催生了深度学习等新技术的出现和发展。而图

---

1　艾伦·麦席森·图灵（Alan Mathison Turing, 1912.6.23—1954.6.7），英国计算机科学家、数学家、逻辑学家、密码分析学家、理论生物学家，"计算机科学之父""人工智能之父"，英国皇家学会院士。

灵测试本身，作为衡量机器智能的一个理论标准，至今仍对人工智能研究产生着深远的影响，激励着科学家们不断朝着创造真正智能机器的目标迈进。

## 1.1.2　深度学习的崛起

步入 21 世纪，计算能力的飞速发展和海量数据的井喷式增长为 AI 的发展注入了新的活力，也催生了深度学习这一革命性技术的崛起。作为一种基于人工神经网络的机器学习方法，深度学习通过模拟人脑的神经元结构和信息处理机制，赋予机器从海量数据中自主学习复杂模式和特征的能力，从而实现对未知数据的智能识别、预测和决策。与传统 AI 方法相比，深度学习在处理非结构化数据，如图像、语音和文本等方面展现出显著优势，这极大拓展了 AI 技术的应用领域，为解决现实世界中的复杂问题提供了全新的解决方案。

2012 年，杰弗里·辛顿[1]、伊尔亚·苏茨克维[2] 和亚历克斯·克里泽夫斯基[3] 三位学者携手研发的卷积神经网络模型 AlexNet 在 ImageNet 图像识别大赛上一鸣惊人，以压倒性优势战胜了其他参赛队伍，将图像识别准确率提升到了前所未有的高度。AlexNet 的横空出世不仅彰显了深度学习在图像识别领域的巨大潜力，还被业界视为深度学习时代的开端。自此，深度学习技术在语音识别、自然语言处理、游戏博弈等诸多领域取得了突破性进展，成为推动 AI 技术发展和应用的核心驱动力。

深度学习之所以能够取得如此骄人的成绩，主要归功于以下三方面的协同发展。

### 1. 算法创新

深度学习领域的研究者们孜孜不倦地探索新的网络架构和学习算法，如卷积神经网络（convolutional neural network, CNN）、循环神经网络（recurrent neural network, RNN）、长短期记忆（long short term memory, LSTM）网络等。这些算法能够更加高效地处理图像、序列数据和时间序列数据，为解决不同领域的实际问题提供了更加精准、灵活的工具。

### 2. 计算能力的提升

图形处理器（graphics processing unit, GPU）的广泛应用为深度学习模型的训练过程提供了强大的算力支持。相比传统的中央处理器（central processing unit, CPU），GPU 在并行计算任务中表现出更高的效率，使得训练包含数百万甚至数十亿参数的大规模神经网络成为可能，极大地缩短了模型训练时间，加速了算法迭代速度。

---

1　杰弗里·辛顿（Geoffrey Hinton），2018 年图灵奖获得者，英国皇家学会院士，加拿大皇家学会院士，美国国家科学院外籍院士，多伦多大学名誉教授。

2　伊尔亚·苏茨克维（Ilya Sutskever），以色列裔加拿大计算机科学家，OpenAI 前首席科学家、联合创始人，机器学习领域的顶尖学者。

3　亚历克斯·克里泽夫斯基（Alex Krizhevsky），乌克兰裔加拿大计算机科学家，因其在人工神经网络和深度学习方面的工作而知名。

### 3. 大数据时代的红利

深度学习模型的训练需要海量的数据作为"养料"。互联网的普及和数字化浪潮的席卷为深度学习提供了取之不尽、用之不竭的数据资源，这些数据成为训练模型、优化算法的基石，也为深度学习技术的蓬勃发展奠定了坚实基础。

深度学习的成功不仅重塑了 AI 领域的研究方向，还为人类社会带来了深刻变革。在医疗健康领域，深度学习技术可以辅助医生进行疾病诊断、药物研发和个性化治疗；在交通出行领域，自动驾驶汽车的研发离不开深度学习算法的支持，智能交通系统的构建也将极大缓解城市交通拥堵问题；在金融投资领域，深度学习可以帮助分析市场趋势、预测股票价格、识别金融风险。

技术的进步往往伴随着新的挑战。深度学习的应用也引发了人们对 AI 伦理、隐私保护和就业影响等社会问题的广泛关注。如何确保 AI 技术的公平性、透明性和可控性，如何防止数据滥用和算法歧视，如何应对 AI 技术对劳动力市场的潜在冲击，这些都是需要政府、企业、学界和公众共同思考和应对的时代课题。

深度学习作为 AI 领域的一项颠覆性技术，正在并将继续深刻改变着人们的生活、工作和思维方式。我们有理由相信，在各方共同努力下，深度学习技术将在未来释放出更大的潜能，为人类社会创造更多福祉。

## 1.1.3　AIGC 技术诞生与创新应用

图 1-2　AI 进入创造构建世界的全新阶段

近年来，深度学习技术的飞速发展将 AI 推向了一个新的高度，生成式人工智能（AIGC）应运而生，为人类社会带来了前所未有的机遇和挑战。AIGC 技术以深度学习模型为核心，赋予机器自动生成文本、图像、音乐、视频等多模态内容的能力，标志着 AI 从感知理解世界迈向了创造构建世界的全新阶段（见图 1-2）。

AIGC 技术的应用已经渗透到社会生活的方方面面。在自然语言处理领域，OpenAI[1] 的 GPT 系列模型凭借其强大的语言生成能力，在内容创作、智能对话、代码生成等方面展现出巨大的应用潜力。例如，GPT 模型可以根据用户需求自动生成高质量的文章、剧本、诗歌等文学作品，极大地解放了人类的创作力；在与用户进行流畅自然的对话交流方面，GPT 模型也展现出惊人的

---

1　OpenAI 是一个美国人工智能研究实验室，由非营利组织 OpenAI Inc. 和其营利组织子公司 OpenAI LP 所组成。OpenAI 进行 AI 研究的目的是促进和发展友好的人工智能。

能力，为智能客服、虚拟陪伴等应用场景提供了全新的解决方案。此外，在图像生成领域，以 NVIDIA[1] 的 StyleGAN[2] 系列为代表的 AI 模型能够生成以假乱真的高清图像，为艺术创作、游戏设计等领域注入了新的活力。

　　AIGC 技术的蓬勃发展为人类社会带来了诸多便利，同时也引发了人们对伦理、法律和社会责任的思考。在媒体和娱乐行业，AIGC 可以帮助内容创作者高效生成高质量、多样化的内容，极大地提高了内容创作效率和丰富度，但同时也引发了人们对版权和知识产权保护的担忧。如何确保 AIGC 生成内容的原创性和合法性，防止侵犯版权，是 AIGC 技术推广应用过程中亟待解决的关键问题。在教育领域，AIGC 可以根据学生的学习进度和兴趣爱好提供个性化的学习材料和教学辅助，为学习者打造定制化的学习体验，但同时也需要关注 AIGC 生成内容的科学性和准确性，避免对学生造成误导。在设计和建筑领域，AIGC 可以根据设计师的需求快速生成设计方案，帮助设计师快速迭代创意，提高设计效率，但同时也需要设计师保持对设计方案的最终决策权，避免过度依赖 AIGC 技术而导致设计同质化。

　　除了上述领域，AIGC 技术在医疗、金融、法律等领域也展现出巨大的应用潜力。例如，在医疗领域，AIGC 可以辅助医生进行医学影像分析、疾病诊断等工作，提高医疗诊断的效率和准确性；在金融领域，AIGC 可以帮助分析师处理海量数据，预测市场趋势，为投资决策提供更精准的参考；在法律领域，AIGC 可以帮助律师检索相关案例、起草法律文书，提高法律服务效率。

　　然而，AIGC 技术的发展也面临着挑战和风险。首先，AIGC 生成内容的真实性和准确性难以得到完全保证，尤其是在新闻报道、历史纪录等对事件真实性有严格要求的领域，AIGC 技术的不当使用可能会导致虚假信息传播、历史被篡改等严重后果。其次，AIGC 技术的应用可能会引发数据安全和隐私泄露等问题。例如，AIGC 模型在训练过程中可能会学习到训练数据中的个人隐私信息，如果这些信息被恶意利用，将会对个人和社会造成严重危害。此外，AIGC 技术的快速发展也引发了人们对就业岗位被取代的担忧。

　　为了更好地利用 AIGC 技术，推动其健康发展，需要政府、企业、研究机构和社会公众共同努力。政府部门需要制定相关法律法规，规范 AIGC 技术的应用，保护知识产权，防止技术滥用；企业需要加强技术研发，提高 AIGC 生成内容的质量，同时也要承担起相应的社会责任；研究机构需要加强 AIGC 技术的伦理和社会影响研究，为 AIGC 技术的健康发展提供理论指导；社会公众需要增强对 AIGC 技术的了解和认识，提高对 AIGC 生成内容的辨别能力，共同营造良好的 AIGC 发展环境。

---

1　NVIDIA（中文名：英伟达），成立于 1993 年，是一家美国跨国科技公司，公司早期专注于图形芯片设计业务，随着公司技术与业务的发展，已成长为一家提供全栈计算的人工智能公司。

2　StyleGAN 是一种生成对抗网络（generative adversarial network, GAN），由 NVIDIA 的研究团队开发，特别用于创建高质量、可控的图像生成。该模型的创新之处在于它将样式转移引入生成图像的各个层次，允许用户控制图像的各种特征，如颜色、纹理和形状，从而实现更高质量的图像输出。

### 1.1.4　AI 伦理与社会责任

人工智能，这项在 21 世纪掀起科技狂潮的伟大力量，正以惊人的速度重塑着人们的世界！从日常生活到尖端科研，从医疗健康到金融贸易，人工智能的触角几乎延伸到每个角落，为人类社会带来前所未有的机遇和挑战。然而，正如硬币的两面，人们在惊叹于人工智能巨大潜力的同时，也必须对其伦理和社会责任问题保持高度警惕，因为这关乎着人类的未来命运！

公平与正义是人类社会永恒的追求，也是人工智能发展必须坚守的底线。然而，由于人工智能系统的决策往往依赖于海量数据，而数据本身就可能存在着历史偏见和不公正，这使得人工智能系统在应用过程中有可能放大这些偏见，导致不公平的结果。试想一下，如果用于招聘的人工智能系统因为数据偏差，更倾向于推荐男性求职者，或者用于贷款的人工智能系统因为算法缺陷，更容易拒绝弱势群体的申请，那将是多么可怕的场景！为了避免这种情况发生，必须积极探索解决方案，通过使用多样化的数据集、设计公平的算法以及实施透明的决策过程，最大限度地减少人工智能系统的偏见，确保每个人都能享受到科技进步带来的红利。

隐私是每个人不可剥夺的基本权利，也是人工智能时代需要格外守护的重要阵地。在大数据和人工智能技术的加持下，企业和机构能够以前所未有的深度和广度收集、分析和利用个人信息，这无疑为个人隐私保护带来了巨大的挑战。试想一下，如果用户的购物习惯、浏览记录甚至面部特征等都被人工智能系统记录和分析，并被用于精准推送广告，甚至进行非法监控，那将是多么可怕的场景！为了避免这种情况发生，必须加强数据安全和隐私保护，通过数据加密、匿名化处理等技术手段，以及完善相关法律法规，确保个人信息不被滥用，让每个人都能安心享受科技带来的便利。

安全与可控是人工智能发展必须牢牢把握的方向盘。随着人工智能系统越来越复杂，应用领域越来越广泛，其潜在风险也日益凸显。如果人工智能系统被恶意攻击或出现意外故障，将可能造成难以估量的损失。试想一下，如果用于自动驾驶的人工智能系统被黑客入侵，或者用于医疗诊断的人工智能系统出现误判，那将是多么可怕的场景！为了避免这种情况发生，必须加强人工智能系统的安全性和可控性研究，通过建立完善的安全测试机制、设计紧急停机方案等措施，确保人工智能系统始终处于人类的掌控之中，让科技力量为人类造福，而不是带来灾难（见图 1-3）。

图 1-3　把握人工智能的安全与可控

伦理规范和法律监管，是引导人工智能健康发展必不可少的护栏。

面对日新月异的人工智能技术，现有的法律法规可能存在滞后性，难以有效应对新问题、新挑战。因此，迫切需要建立一套与时俱进的伦理规范和法律框架，为人工智能的发展划定边界，明确责任，引导人工智能朝着符合人类价值观的方向发展。

# 1.2　AIGC 在游戏策划中的作用

## 1.2.1　提高游戏策划效率

在传统游戏开发流程中，游戏策划环节如同搭建一座宏伟宫殿的基石，其重要性不言而喻，但同时也伴随着耗时耗力的巨大挑战。从引人入胜的剧情构思、个性鲜明的角色设计，到巧妙合理的关卡设置，每个细节都需要策划人员投入大量的时间和精力进行打磨。而实际开发过程中，由于玩家反馈、市场趋势等因素的影响，策划方案还可能面临反复修改和调整，这无疑进一步加剧了策划工作的复杂性和工作量。

AIGC 技术的出现，为游戏策划领域带来了革命性的变革，犹如为这座宏伟宫殿的建造提供了一套高效智能的工具。AIGC 技术能够基于预设的参数和规则，自动生成丰富多样的游戏内容。例如，构建广阔逼真的游戏世界地图、生成 NPC 自然流畅的对话，甚至可以协助编写跌宕起伏的游戏剧情。这种强大的自动生成能力，极大地解放了策划人员的生产力，使其能够从烦琐重复的内容制作中抽身出来，将更多的时间和精力投入更具创造性的工作中，如游戏核心机制的设计、玩家情感体验的打磨，以及游戏世界观的构建等方面，从而提升游戏的整体品质和创新性。

不仅如此，AIGC 技术还赋予了游戏自我学习和进化的能力。通过分析玩家的游戏行为数据和反馈意见，AIGC 可以自动识别游戏设计中的不足之处，并进行动态调整，如优化关卡难度、平衡游戏数值、改进游戏交互体验等。这意味着在游戏测试和优化阶段，策划人员可以更快地获得玩家反馈，并据此进行针对性的改进，而无须花费大量时间进行手动数据分析和方案调整。这种数据驱动的优化方式，可以显著提高游戏开发效率，并确保最终呈现给玩家的游戏版本更具吸引力。

AIGC 技术还能化身为策划人员的"灵感引擎"，帮助他们探索全新的游戏概念和玩法。通过 AI 强大的模拟和预测能力，策划人员可以将脑海中的创意快速转化为可运行的原型，并在虚拟环境中进行测试和验证，观察其在实际游戏场景下的表现。这种低成本、高效率的试错方式，能够鼓励策划人员大胆尝试新颖的游戏机制和设计理念，突破传统思维的束缚，为玩家带来前所未有的游戏体验。

AIGC 技术通过自动生成内容、自动学习优化，以及辅助创意探索等多种方式，为游戏策划领域注入了强大的动力，全面提升了游戏策划的效率和质量。可以预见，在不久的将来，AIGC 将成为游戏开发"不可或缺的工具"，推动游戏产业迈向更加智能化、个性化和创意化的未来。

### 1.2.2　提高游戏内容的质量和多样性

AIGC 正以其强大的内容创作能力为游戏行业带来革命性的变化，赋予游戏世界前所未有的丰富性和可能性。AIGC 不仅能够显著提升游戏内容的质量，还能够打破传统游戏设计的桎梏，为玩家带来更加多元化和个性化的游戏体验，进而重塑游戏产业的未来格局。

在提升游戏内容质量方面，AIGC 能够以前所未有的精细度和真实感构建游戏世界。通过深度学习模型对海量数据的分析和学习，AIGC 可以生成高度逼真的游戏场景、自然流畅的 NPC 对话，以及引人入胜的游戏剧情。例如，利用 AIGC 技术可以根据历史游戏数据和玩家行为模式，自动生成与游戏背景设定相符、逻辑自洽且充满戏剧性的任务线和故事情节，甚至可以根据玩家的选择和行为实时调整剧情走向，使玩家仿佛置身于一个真实而充满变数的虚拟世界中。这种基于人工智能的内容生成方式不仅极大地解放了游戏策划人员的生产力，使其能够专注于更具创意和艺术性的工作，更重要的是，它保证了游戏内容的高质量和深度，为玩家带来更加沉浸式的游戏体验。

在丰富游戏内容多样性方面，AIGC 几乎打破了传统游戏设计的所有限制。通过算法生成的内容，如随机生成的地图、动态变化的环境、多变的任务和事件，以及根据玩家行为动态调整的故事线，都极大地增加了游戏的可玩性和重玩价值。试想，玩家每次进

图 1-4　电影《头号玩家》畅想了未来的游戏

入游戏都将面对一个全新的、未知的游戏世界，每次选择都将触发不同的剧情发展，这种高度的自由度和不确定性将为玩家带来无与伦比的游戏乐趣。此外，AIGC 还能够根据玩家的游戏习惯和偏好，推荐个性化的游戏内容，定制不同的游戏难度和挑战，使每位玩家都能获得独一无二的游戏体验（见图 1-4）。

更重要的是，AIGC 技术的应用能够帮助游戏开发者探索全新的游戏类型和玩法，突破现有游戏设计的边界。通过模拟和预测玩家的行为和喜好，AIGC 可以在游戏设计的早期阶段就帮助策划人员评估新玩法的可行性和潜在的市场反应，从而规避风险，大胆创新。可以预见，在 AIGC 的助力下，未来将涌现出更多融合多种元素、玩法新颖独特的游戏作品，游戏产业也将迎来一个充满无限可能性的黄金时代。

AIGC 技术通过提供高质量和多样化的游戏内容，为玩家带来了更加丰富、个性化和沉浸式的游戏体验，同时也为游戏开发者开拓了更广阔的创意空间和发展机遇。随着 AIGC 技术的不断发展和完善，其在游戏领域的应用前景将更加广阔，并将推动游戏产业朝着更加智能化、多元化和个性化的方向发展。

### 1.2.3　个性化游戏体验的提供

AIGC 正在深刻改变着游戏行业的格局，其核心价值在于能够根据玩家的行为和偏好提供个性化的游戏体验，这在当今游戏市场中显得尤为重要。随着玩家群体日益壮大，需求也更加多元化，提供定制化的游戏内容成为吸引和留存玩家的关键所在。AIGC 技术赋予了游戏开发者强大的能力，能够以前所未有的深度和广度来理解和满足玩家的个性化需求，从而打造出更具吸引力和竞争力的游戏产品。

AIGC 技术可以通过对玩家游戏行为的深度分析，如玩家的探索习惯、战斗风格、解谜能力等，来动态调整游戏的难度、内容和节奏。对于热衷于挑战自我的玩家，系统可以自动提升游戏难度，设计更复杂的关卡和更强大的敌人，为他们带来征服的快感；而对于更倾向于沉浸式剧情体验的玩家，系统则可以着重优化剧情的展现方式，如增加过场动画、丰富角色互动，让他们能够更好地融入游戏世界，感受故事的魅力。这种基于玩家行为的动态调整机制，能够确保每个玩家获得与自身能力和偏好相匹配的游戏体验，从而最大限度地提升玩家的参与感、成就感和满足感。

AIGC 技术不仅能够对现有游戏内容进行个性化调整，还能够生成全新的、专属于玩家的游戏内容。例如，根据玩家选择和行为动态生成的任务、故事线、游戏场景甚至是整个游戏世界。试想一下，在一个游戏中，玩家的每个选择都将影响故事的发展走向，玩家的每次行动都将塑造出一个独一无二的游戏世界，这种高度个性化的体验将极大地增强游戏的沉浸感和代入感，让玩家真正感受到自己是游戏世界中不可或缺的一部分。AIGC 技术还可以作为游戏设计师的得力助手，帮助他们更高效地收集和分析玩家反馈，从而不断优化游戏内容，提供更加贴合玩家需求的游戏体验。通过深度学习和数据分析技术，AIGC 能够识别出玩家群体的喜好趋势，预测未来的游戏设计方向，为游戏开发团队提供数据支持和决策参考，帮助他们打造出更具前瞻性和创新性的游戏产品，在激烈的市场竞争中保持领先地位。

AIGC 技术通过提供个性化的游戏体验，不仅提升了玩家的参与度和满意度，也为游戏设计师提供了强大的工具，帮助他们更好地理解和满足玩家的需求。这种以玩家为中心的设计理念，将成为未来游戏开发的重要趋势，引领游戏行业走向一个更加个性化、智能化和沉浸式的全新时代。

### 1.2.4　加速游戏测试与迭代过程

AIGC 技术在游戏策划和开发过程中的另一个重要作用是加速游戏的测试和迭代过程。在传统的游戏开发流程中，游戏测试和迭代是一个时间消耗巨大且烦琐的过程。然而，通过引入 AIGC 技术，这一流程可以变得更加高效和精确。AIGC 可以自动生成测试用例和场景，大幅减少手动创建测试内容的工作量。通过深度学习和模式识别，AIGC 能够理解游戏设计的核心要素，并基于这些要素生成多样化的测试场景。这些自动生成的场景不仅可以覆盖游戏的各个方面，还可以模拟真实玩家可能遇到的各种情况，从而更

图 1-5　AIGC 加速游戏的测试与迭代

加全面地测试游戏的稳定性（见图 1-5）。

这种快速迭代的能力极大地缩短了游戏开发周期，使得游戏能够更快地适应市场和玩家的需求。通过加速游戏测试和迭代过程，AIGC 技术不仅提高了游戏开发的效率，还提升了游戏的质量和玩家体验。这使得游戏策划和开发团队能够更加专注于创新和创意的实现，从而在激烈的市场竞争中脱颖而出。因此，AIGC 技术在游戏策划和开发过程中具有非常重要的意义，它可以帮助游戏开发者更快、更好、更高效地完成游戏开发，提高游戏的竞争力和市场占有率。

在具体的游戏开发实践中，AIGC 技术可以通过以下四方面来加速游戏测试和迭代过程（见图 1-6）。

图 1-6　AIGC 技术极大地缩短了游戏开发周期

（1）自动生成测试用例和场景，这大幅减少了手动创建测试内容的工作量。通过深度学习和模式识别，AIGC 能够理解游戏设计的核心要素，并基于这些要素生成多样化的测试场景。这些自动生成的场景不仅可以覆盖游戏的各个方面，还可以模拟真实玩家可能遇到的各种情况，从而更加全面地测试游戏的稳定性和可玩性。

（2）模拟玩家的行为，自动进行游戏测试。这包括但不限于自动寻路、战斗、完成任务等。通过模拟真实玩家的行为，AIGC 可以在游戏开发的早期阶段就发现潜在的问题和缺陷，使得开发团队能够及时进行修复和优化。这种自动化测试不仅提高了测试的效率，还能够确保游戏在面向真实玩家之前达到较高的质量标准。

（3）AIGC 技术可以根据测试结果自动进行游戏内容的调整和优化。通过分析游戏测试数据，AIGC 可以识别出游戏设计中的不足之处，并提出改进建议。在某些情况下，

AIGC 甚至可以直接调整游戏参数或生成新的游戏内容，以提升游戏体验。

（4）AIGC 技术可以极大地缩短游戏开发周期，使得游戏能够更快地适应市场和玩家的需求。通过加速游戏测试和迭代过程，AIGC 技术不仅提高了游戏开发的效率，还提升了游戏的质量和玩家体验。这使得游戏策划和开发团队能够更加专注于创新和创意的实现，从而在激烈的市场竞争中脱颖而出。

## 1.3　游戏策划的主要内容

游戏策划，这个职业仿佛是一场在无尽的创意海洋中的探险，每个游戏设计师都是寻找那颗能够点亮整个游戏世界明珠的探险家。在这个过程中，游戏设计师不仅需要拥有丰富的想象力和创意，还需要具备深厚的逻辑思维和系统规划能力。从游戏的最初构思到最终的实现，游戏策划的内容包罗万象，涉及游戏的构思、设计、故事线的发展、角色的创造、规则的制订，以及游戏世界的构建等多方面。接下来，将详细探索游戏策划的主要内容。

### 1.3.1　游戏概念的构思

游戏策划如同一次航海探险，而游戏概念的构思，正是为这艘创意之舟绘制航线的第一步。它决定了游戏将驶往何方，又将为玩家带来怎样的体验（见图 1-7）。在这个阶段，游戏设计师需要化身为经验丰富的船长，审慎思考游戏的核心要素，为游戏的成功奠定坚实的基础。

游戏设计师需要明确游戏类型，这如同确定航行的方向。是想扬帆起航，打造一款惊险刺激的动作游戏？还是驾驶策略战舰，进行运筹帷幄的卡牌对

图 1-7　游戏概念设计原画

决？或是掌舵冒险航船，带领玩家探索未知的角色扮演世界？不同的游戏类型吸引着不同的玩家群体，精准地定位才能在浩瀚的游戏海洋中找到属于自己的宝藏。

构建引人入胜的游戏世界观，如同为创意之舟绘制详细的海图。游戏世界观是游戏的背景设定，包括时代背景、地理环境、文化习俗、种族势力等。一个独特而自洽的世界观，能让玩家身临其境，仿佛真的踏上了一段奇幻旅程。

接下来，需要设计引人入胜的游戏玩法，如同为创意之舟装配强大的引擎。游戏玩法是玩家在游戏中的行为方式和目标，它直接决定了游戏的可玩性和趣味性。游戏设计师需要设计出简单易懂却又引人入胜的游戏机制，并在此基础上设置多样化的关卡、挑

战和奖励机制，才能让玩家保持持续的游戏热情，驾驶着创意之舟驶向更远的彼方。

为游戏注入深刻的主题，如同为创意之舟点亮指引方向的灯塔。游戏主题是游戏想要传达的核心理念和价值观，它可以是友谊、爱情、勇气、责任等。一个深刻的主题可以让游戏超越娱乐本身，引发玩家的思考和共鸣，为游戏注入灵魂，使其在玩家心中留下深刻的印象。

### 1.3.2　玩家

了解目标玩家群体的特征是游戏策划的重要前提。这包括玩家的年龄、性别、兴趣爱好、游戏习惯等多方面。不同的玩家群体可能对游戏的偏好有着截然不同的需求，因此，游戏设计师必须深入研究这些特征，以便在游戏设计上作出更合理的决策，从而提升游戏的吸引力和留存率。

玩家的年龄是一个重要因素。年轻玩家通常更喜欢快节奏、画面效果炫酷的游戏，因为这些游戏能够带给他们强烈的视觉和感官刺激。他们可能更倾向于选择动作类游戏或射击类游戏，这些游戏能够让他们在短时间内获得满足感和成就感。成年玩家的需求则有所不同。

图 1-8　电影《像素大战》中游戏玩家大战吃豆人

他们可能更偏好策略性强、情节丰富的游戏。这类游戏通常需要玩家投入更多的时间和精力去思考和规划，能够提供更深层次的游戏体验。成年玩家可能会被复杂的故事情节和多样的游戏机制所吸引，因为这些元素能够让他们在游戏中找到更多的乐趣和挑战（见图 1-8）。

除了年龄，性别也是影响玩家偏好的一个重要因素。男性玩家和女性玩家在游戏偏好上可能存在显著差异。男性玩家可能更喜欢竞争性强、对抗激烈的游戏，而女性玩家则可能更偏爱社交互动和合作元素丰富的游戏。了解这些性别差异能够帮助游戏设计师在游戏设计中更好地满足不同性别玩家的需求。

兴趣爱好也是一个不容忽视的因素。玩家的兴趣爱好决定了他们在游戏中寻找的体验。例如，喜欢体育的玩家可能更倾向于选择体育类游戏，而喜欢幻想和冒险的玩家则可能更偏爱角色扮演类游戏或冒险类游戏。游戏设计师需要根据玩家的兴趣爱好设计出能够吸引他们的游戏内容和玩法。

游戏习惯也是了解玩家特征的重要方面。不同的玩家在游戏时间、频率和方式上可能存在很大差异。有些玩家喜欢长时间沉浸在游戏中，而有些玩家则更喜欢利用碎片时间进行游戏。了解玩家的游戏习惯能够帮助游戏设计师在游戏设计中设计出更合理的时间安排和玩法，从而提升玩家的游戏体验。

### 1.3.3  游戏世界的构建

游戏世界的构建是游戏策划中至关重要的一环，它直接关系到玩家能否沉浸于游戏之中，并对其产生深刻的印象。一个成功且引人入胜的游戏世界，不仅需要精美的视觉呈现，还需要严谨的逻辑架构和丰富的文化内涵。

在视觉艺术设计方面，游戏世界需要构建地图、场景、道具等要素，为玩家呈现出一个可信且引人探索的虚拟空间。地图的设计需要考虑到游戏的类型和玩法，场景的构建需要体现出地域特色和文化氛围，而道具的设计则需要与游戏玩法和角色设定相契合。

游戏世界还需要构建其内在逻辑，包括世界观设定、文化背景、法则等。世界观设定是游戏世界的基石，它为整个游戏奠定了基础的规则和秩序，文化背景则赋予了游戏世界独特的个性和魅力，而游戏法则是维系游戏世界平衡的关键，它规定了玩家在游戏中的行为准则和后果。一个逻辑严谨、设定完善的游戏世界，能够让玩家在进行游戏时感受到强烈的代入感，并自发地去探索游戏世界的奥秘。例如，一个拥有完整历史背景、文化习俗以及社会阶层的游戏世界，能让玩家在进行任务、与 NPC 互动时感受到真实感，而一个拥有独特魔法体系、种族设定以及政治格局的游戏世界，则能让玩家在探索游戏世界、进行战斗时体验到策略性和挑战性。

游戏世界的构建是一个系统且复杂的过程，它需要游戏设计师兼顾视觉呈现和内在逻辑，并将两者有机地结合起来，才能打造出一个充满魅力且令人难忘的游戏世界，为玩家带来极致的游戏体验。

#### 1. 角色的创造

在游戏世界中，角色不仅是游戏剧情的推动者，也是玩家情感的寄托，更是连接玩家与游戏世界的重要桥梁。因此，游戏设计师在进行角色创造时，需要从多个维度进行构思和设计，力求打造出个性鲜明、深入人心的游戏角色。

角色的外观设计是吸引玩家的第一步。设计师需要根据游戏的整体风格和角色的定位，为角色设计出独具特色的外貌特征，包括服装、发型、配饰等。一个令人印象深刻的外观设计能够帮助玩家快速记住角色，并产生想要深入了解的兴趣（见图 1-9）。

图 1-9  《守望先锋》游戏角色莱因哈特设定图

性格特征是塑造角色灵魂的关键。设计师需要赋予角色独特的性格特点，如勇敢、善良、狡猾、冷酷等。通过角色之间的对话、行为以及与玩家的互动，将角色的性格特点自然而然地展现出来，使玩家能够感受到角色的喜怒哀乐，并与之产生情感共鸣。

背景故事是丰满角色形象的重要手段。每个角色都应该拥有属于自己的过去，这些经历塑造了他们的性格，也影响着他们在游戏中的选择和命运。通过背景故事的讲述，玩家能够更加深入地了解角色的内心世界，从而对角色产生更强的认同感。

角色之间的关系也是构建游戏世界的重要组成部分。设计师需要考虑角色之间的情感纠葛、利益关系以及互动方式，如亲情、友情、爱情、竞争、合作等。通过角色之间错综复杂的关系网络，可以使游戏世界更加生动有趣，同时也能够推动剧情的发展，引发玩家的思考。

一个成功的游戏角色，不仅要有令人印象深刻的外观，更要有丰满的性格、感人的故事，以及与其他角色之间错综复杂的关系。只有这样，才能使玩家真正沉浸在游戏世界中，与角色一同经历冒险，共同成长。

### 2. 故事线的发展

在游戏开发过程中，故事线的设计如同构建一座桥梁，将玩家引领至精心打造的游戏世界，并引导他们在其中探索、体验和感受。一个引人入胜的故事线不仅能极大地增强游戏的沉浸感，使玩家仿佛置身于游戏世界之中，还能激发玩家的情感共鸣，使他们与游戏角色同呼吸、共命运（见图 1-10）。

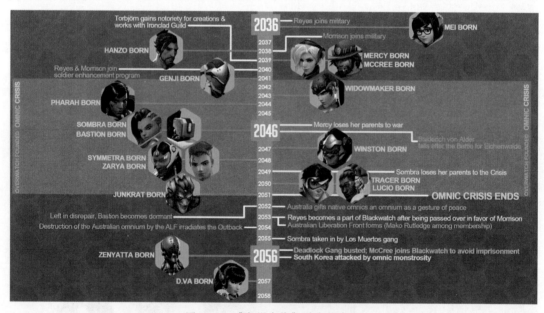

图 1-10　《守望先锋》游戏故事线

为了构建出令人难忘的游戏体验，游戏设计师需要将精心设计的故事情节融入游戏的各个环节之中。

首先，一个有趣且连贯的故事框架是基础。如同文学作品一般，游戏的故事也需要有起承转合，需要有铺垫、发展、高潮和结局。设计师需要设定好故事发生的背景、时间线以及主要矛盾冲突，并以此为基础，逐步展开游戏的剧情。

其次，主要和次要的情节发展是故事的血肉。设计师需要在主线剧情之外，设计一些支线剧情和随机事件，丰富游戏内容，使玩家在游戏过程中保持新鲜感。同时，设计师还需要关注人物之间关系的建立和发展，以及由此产生的冲突和矛盾。通过角色之间的互动和冲突，推动剧情发展，使故事更加丰满生动。

最后，也是非常重要的一点，故事线的发展必须与游戏的玩法紧密结合，才能相辅相成，互相成就。如果故事线的设计与游戏玩法脱节，就会显得突兀，甚至让玩家感到困惑和厌烦。相反，如果故事线能够自然地引导游戏进程，如通过剧情发展解锁新的地图、功能或角色，玩家就会在游戏的过程中不知不觉地被代入故事之中，获得更加沉浸的游戏体验。

### 3. 游戏机制

游戏机制是构成一款游戏核心体验的基石，它如同游戏的骨骼和血液，支撑起整个游戏的运作。游戏机制的设计涵盖两个至关重要的方面：游戏规则的制订和玩法的设计。这两方面相辅相成，共同决定了游戏的核心体验和乐趣。

在游戏规则的制订方面，游戏设计师的首要任务是明确游戏的核心目标。游戏想要传达什么？玩家在游戏中扮演什么样的角色？他们要完成什么样的目标？ 只有明确了这些核心目标，才能制订出与之相匹配的游戏规则。

游戏设计师需要思考玩家在游戏中将面临哪些挑战。这些挑战需要与游戏目标相一致，并且能够考验玩家的技巧、策略或智慧。挑战的设置需要循序渐进，难度适中，既能让玩家感受到挑战性，又不会让他们感到过于沮丧而放弃游戏。在明确了游戏目标和挑战之后，游戏设计师需要确定玩家在游戏中可以执行哪些操作。这些操作需要直观易懂，并且能够与游戏世界进行有效的互动。操作方式的设计需要符合玩家的直觉。例如，使用鼠标单击代表选择，使用键盘控制角色移动，等等。最后，设计师需要制订决定游戏胜负的条件。这些条件需要清晰明确，并且能够公平地反映玩家在游戏中的表现。例如，在一个射击游戏中，击杀数、死亡数、造成的伤害值都可以作为评判胜负的依据。

在游戏玩法的设计方面，设计师需要发挥创造力，设计出游戏的核心玩法机制。这部分内容是游戏的灵魂所在，它决定了玩家在游戏中的主要活动和体验。例如，一个角色扮演游戏的核心玩法机制可能是战斗、升级、收集装备等。在确定了核心玩法机制之后，设计师需要设计具体的关卡、任务和挑战。这些内容需要与核心玩法机制相结合，并且能够引导玩家逐步熟悉游戏规则、提升游戏技能。例如，在一个平台跳跃游戏中，关卡的设计需要考虑到跳跃的距离、障碍物的位置、敌人的攻击方式等（见图 1-11）。

在整个游戏机制的设计过程中，测试和调整是必不可少的环节。设计师需要不断地收集玩家的反馈，观察玩家在游戏中的行为，并根据实际情况对游戏规则和玩法进行调整，以确保游戏能够持续地为玩家带来新颖、有趣且富有挑战性的游戏体验。

图 1-11　游戏机制原型设计

### 4. 交互和界面

　　游戏交互和界面设计是连接玩家与游戏世界的桥梁，直接影响着玩家的操作体验和游戏乐趣。一个设计优秀的交互界面，应该如同一位经验丰富的向导，引导玩家轻松地理解游戏规则，并流畅自然地进行游戏操作，最终沉浸于游戏世界之中。

　　游戏界面设计如同游戏的脸面，需要做到清晰直观、易于理解。玩家在进入游戏后，应该能够快速地找到所需的信息，如角色状态、地图、任务目标等。界面元素的排布需要符合玩家的视觉习惯，避免信息过于繁杂或难以查找，导致玩家在游戏中产生困惑和沮丧。除了信息展示，游戏界面还需要提供便捷的操作方式，如清晰的按钮、菜单和快捷键，方便玩家进行各种游戏操作。操作方式的设计需要符合人体工程学，避免玩家因长时间操作而感到疲劳。同时，游戏还需要对玩家的操作提供及时有效的反馈。例如，单击按钮后按钮的变化、完成任务后的音效提示等，让玩家清楚地知道自己的操作是否成功（见图 1-12）。

图 1-12　游戏界面设计

游戏交互设计则更关注玩家与游戏之间互动的方式，目标是打造流畅自然的操作体验。这需要设计师站在玩家的角度思考问题，预判玩家的操作意图，并提供相应的交互方式。例如，在玩家需要进行某个操作时，游戏可以通过高亮显示、动画演示等方式进行提示，引导玩家完成操作。

此外，游戏交互设计还需要考虑到不同类型玩家的操作习惯。例如，一些新手玩家可能更倾向于使用鼠标进行操作，而一些资深玩家则更喜欢使用键盘快捷键。游戏可以提供多种操作方式供玩家选择，以满足不同玩家的需求，提升游戏的友好度。

### 5. 音效与音乐

音效与音乐虽然常常隐于幕后，却是构成完整游戏体验不可或缺的重要元素。恰到好处的背景音乐和逼真的音效，不仅能渲染游戏氛围，增强玩家的沉浸感，更能在潜移默化中影响玩家的情绪和行为，使游戏体验更加生动、深刻。

在游戏开发过程中，游戏设计师需要将音乐和音效视为游戏设计的有机组成部分，而非锦上添花的点缀。他们需要与经验丰富的音乐制作人紧密合作，共同探讨如何通过声音，将游戏的世界观、故事情节以及情感体验更好地传达给玩家。

背景音乐的选择和运用，对于营造游戏氛围至关重要。例如，舒缓的音乐可以为玩家营造轻松愉悦的氛围，而紧张刺激的音乐则可以渲染出危险和恐惧的氛围。设计师需要根据游戏场景和情节的变化，选择合适的音乐风格和节奏，并通过音乐的起伏变化，引导玩家的情绪，使他们更好地融入游戏世界。

音效设计则更注重于为玩家创造身临其境的体验。逼真的脚步声、武器碰撞声、环境音效等，能够使游戏世界更加真实可信，增强玩家的沉浸感。设计师需要仔细设计每个音效的细节，如声音的音调、音量、方位等，力求使每个音效都能够与游戏场景完美融合，为玩家带来身临其境的听觉体验。

音效还可以用于传递信息、引导玩家操作。例如，玩家在完成任务或获得奖励时，可以通过特殊的音效进行提示；在玩家接近危险区域时，可以通过警报声进行提醒；等等。通过巧妙地运用音效，可以使游戏界面更加友好，提升玩家的游戏体验。

### 6. 游戏原型制作

游戏原型制作是将脑海中的创意蓝图转化为可以体验的模型。它将抽象的游戏概念具体化、可视化，使开发者能够更直观地评估游戏创意的可行性，及早发现潜在的设计问题，并为后续的开发工作奠定坚实的基础。

游戏原型通常包含游戏的核心玩法机制、界面布局、初步的图形和音效等元素，其目的并非追求精美完善，而是以最简洁高效的方式展现游戏的核心玩法和设计理念。开发者可以通过游戏原型，快速验证游戏创意是否有趣、游戏机制是否合理、玩家体验是否流畅等。

在原型制作阶段，游戏设计师和开发团队需要紧密合作，不断进行沟通和交流。设计师负责将游戏创意转化为具体的游戏机制和界面设计，而开发团队则负责将设计稿转化为可运行的程序代码。双方通过不断迭代和修改，逐步完善游戏原型，使其更接近最终的游戏形态。

图 1-13　纸质游戏原型制作是高效的方法

原型制作的过程也是不断测试和调整的过程。开发者可以邀请玩家试玩游戏原型，收集玩家反馈，并根据反馈意见对游戏进行调整。例如，如果玩家反映游戏的操作方式过于复杂，开发者就需要简化操作方式，或提供更清晰的操作指南（见图 1-13）。

游戏原型不仅是开发者内部测试和交流的工具，还是向外部展示游戏创意的重要媒介。开发者可以利用游戏原型，向潜在的投资者或发行商展示游戏的核心玩法和市场潜力，争取更多的开发资源和支持。

### 7. 游戏测试

游戏测试如同谨慎的守卫，始终守护着游戏的质量关卡，确保玩家能够获得流畅、稳定且充满乐趣的游戏体验。游戏测试贯穿于游戏开发的始终，从最初的原型测试到最终的上线发布，每个阶段都需要进行严格的测试，以确保游戏的每个环节都精益求精。

游戏测试涵盖多个层面，针对游戏的功能、性能、用户体验等方面进行全方位的评估。功能测试旨在检验游戏的功能是否符合预期，如游戏角色是否能够正常移动、攻击、释放技能等；性能测试则关注游戏的运行效率，如游戏的帧率是否稳定、加载速度是否流畅等；而用户体验测试则更加关注玩家的感受，如游戏的操作是否便捷、界面是否美观、游戏内容是否有趣等。

在众多测试类型中，用户体验测试尤为重要。通过邀请目标玩家群体参与测试，收集他们对游戏的反馈和建议，开发者能够更加直观地了解玩家的需求，从而对游戏进行更有针对性的调整和优化。例如，如果玩家普遍反映游戏的某个关卡难度过高，开发者就可以根据反馈调整关卡难度或提供更多通关提示。

游戏测试并非一次性任务，而是需要贯穿于整个游戏开发周期。每次代码更新、功能添加、内容迭代，都需要进行相应的测试，以确保新版本的游戏不会引入新的问题。这种持续不断的测试和修复，能够有效提升游戏的稳定性和可玩性，为玩家带来更加优质的游戏体验（见图 1-14）。

图 1-14　游戏测试需要贯穿整个开发周期

## 思考与练习

在学习了本章关于 AIGC 技术及其在游戏策划中的应用后，读者需要深入思考并实践以下几个关键问题。

（1）如何有效利用 AIGC 技术提升游戏策划的效率？这不仅包括利用 AI 自动生成内容，如游戏剧情、角色设计、场景布局等，还涉及如何优化 AI 的工作流程，使其与人工设计无缝衔接，从而在确保质量的同时缩短开发周期。

（2）AIGC 技术在平衡游戏难度和个性化体验方面的潜力巨大。游戏设计师需要探索如何通过 AI 算法分析玩家行为，动态调整游戏难度，确保不同水平的玩家都能获得挑战与成就感。同时，如何根据玩家的偏好生成个性化的游戏内容，增加游戏的重玩价值和吸引力，也是需要着重实践的课题。

（3）伦理与隐私保护是应用 AIGC 技术时不可忽视的问题。我们应思考如何制订严格的数据保护措施，确保玩家数据的安全与隐私。在利用 AI 生成内容时，也要遵循伦理规范，避免创作出可能引发争议或不适的内容。

通过后面的学习和实践将加深对这些问题的理解，我们将能更好地掌握 AIGC 技术，为游戏策划注入新的活力与创意。

第 2 章

# 游戏的体验美学

## 2.1　游戏为什么有趣

　　探索游戏为何能够吸引人们并让人们沉浸其中，其实是在探讨游戏的体验美学——这是一门关于如何通过游戏来触动人类感性认知的艺术与科学。游戏设计师不仅是在设计一款产品，更是在创造一种能够被玩家共同体验并认可的抽象概念。这种概念随着游戏设计行业的发展，已经从最初的"乐趣"演变成了更加丰富且具有明确指向的关键词，如体验、情感、沉浸感和心流状态等。然而，尽管这些词汇被频繁使用，不同的游戏设计师对其具体含义却有各自的理解。

### 2.1.1　游戏体验模型

　　游戏之所以能成为一种受人喜爱的艺术形式，原因在于它们能够引发思想上的共鸣和情感上的体验。游戏的体验美学，特别是指玩家对于游戏的感知和情感体验，以及玩家对游戏内外感受的总和。学习的目的，不是去定义这些有限定性的名词，而是通过分析，展示一种能够映射玩家体验的"游戏体验模型"（见图 2-1），帮助游戏设计师创造出能够深刻影响玩家体验的机制和玩法。

　　从游戏设计师的视角来看，让游戏变得有趣的关键在于游戏的机制，这些机制直接

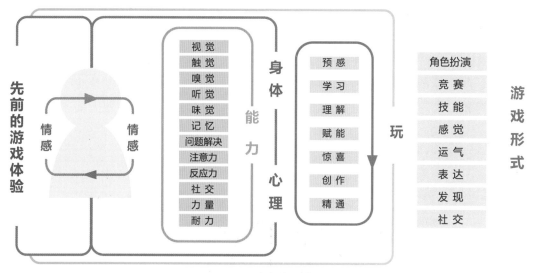

图 2-1 游戏体验模型

与玩家的能力相联系。玩家的能力可以大致分为身体和心理两大类。身体能力涵盖了视觉、触觉、嗅觉、听觉等，而心理能力则包括记忆、问题解决、注意力、反应力等。

理解游戏状态是游戏体验模型的另一个重要方面。游戏设计文献中经常提到的"心流状态"概念，其实就是在无聊和受挫之间找到一种平衡。游戏体验模型识别出了几种随游戏进程波动的状态。为了让游戏持续地提供乐趣，设计师应该让玩家在游戏的不同阶段体验到预感、学习、理解、赋能、惊喜、创作和精通等七种状态。如果游戏中缺少了任何一种状态，玩家就可能觉得游戏无聊或者令人沮丧。

游戏的魅力还在于它们能够激发玩家使用不同的能力，这是通过不同的游戏原型实现的——包括角色扮演、竞赛、技能、感觉、运气、表达、发现、社交等。这些原型之所以重要，是因为它们能够刺激玩家使用不同的能力，从而提供丰富多样的游戏体验。

在游戏设计的早期阶段，"乐趣"这个词足以概括游戏设计的目标。然而，随着行业的不断发展和成熟，这个词逐渐被更具体的词汇所取代。这些新的关键词，如体验、情感、沉浸感和心流状态，虽然成了游戏设计的热门词汇，但它们与游戏设计之间的具体关系却并不明确，游戏设计师们对此并没有达成共识。这些词汇实际上只是表面现象，它们并不能全面覆盖游戏设计的深层次目标。

游戏设计师们努力创造的，不仅是一个让玩家消磨时间的工具，还是一种能够促进玩家之间共鸣、提供情感体验和宣泄的艺术形式。通过深入理解游戏体验的模型，设计师们可以更好地掌握如何利用游戏机制来满足玩家的需求，从而创造出更加吸引人、能够持续吸引玩家参与的游戏。游戏设计的核心在于创造出能够与玩家的身体和心理能力相匹配的游戏机制。这些机制不仅需要挑战玩家，还需要提供足够的空间让玩家学习、理解和最终精通游戏。通过精心设计的游戏机制，玩家可以在游戏中体验到从预感到精通的完整过程，这个过程本身就是一种乐趣。

### 2.1.2　游戏体验美学

游戏设计的另一个重要方面是如何通过游戏触动玩家的情感和认知。情感的触动不仅依靠剧情和角色设定，还依赖于游戏中每个细节的设计，包括画面、音效、操作反馈等。一个好的游戏设计师会注重每个细节，通过细腻的设计让玩家在游戏中感受到情感的共鸣和心灵的震撼。为了更好地理解游戏的体验美学，下面从四方面来分析（见图 2-2）。

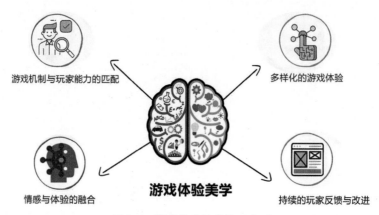

图 2-2　游戏体验美学的四方面

**游戏机制与玩家能力的匹配**：游戏机制需要与玩家的能力相匹配，既不能太简单让玩家感到无聊，也不能太难让玩家感到挫败。合理的难度设计和挑战能够激发玩家的兴趣，并促使他们不断探索和尝试。

**多样化的游戏体验**：通过多种多样的游戏原型，设计师可以激发玩家使用不同的能力。例如，竞赛类游戏可以激发玩家的竞争心理，解谜类游戏可以锻炼玩家的逻辑思维能力，而角色扮演游戏则可以让玩家体验不同的人生和故事。

**情感与体验的融合**：优秀的游戏设计不仅是技术上的成功，还需要在情感上打动玩家。通过剧情的起伏、角色的塑造、音乐和音效的搭配，游戏可以带给玩家丰富的情感体验，让他们在游戏中感受到喜悦、悲伤、紧张和满足等多种情感。

**持续的玩家反馈与改进**：玩家的反馈是游戏设计中非常重要的一环。通过收集玩家的意见和建议，设计师可以不断改进游戏，提高游戏的可玩性和体验感。良好的玩家反馈机制不仅能帮助游戏设计师发现问题，还能增强玩家的参与感和归属感。

游戏的体验美学不仅涉及游戏设计的技术层面，更重要的是如何通过这些技术手段来触动玩家的情感和认知。通过理解和应用游戏体验的美学模型，游戏设计师可以创造出不仅有趣还深具影响力的游戏，让玩家在游戏的世界中找到乐趣、挑战和成就感。这样的游戏不仅能吸引玩家长时间的投入，还能在他们心中留下深刻的印象，成为他们美好记忆的一部分。

## 2.2 游戏的定义和分类

### 2.2.1 游戏的广泛存在与意义

游戏是一种广泛存在于社会生活中的现象，不论是在公园里快乐玩耍的孩子们、球场上激烈比赛的学生们，还是在工作岗位上比拼技能的青年人，都可以看到游戏的影子。游戏像空气和水一样，渗透在人们生活的各个角落，是不可或缺的一部分。从古至今，随着人类社会的不断发展，游戏也在不断进化，成为人们日常生活的重要组成部分。

对游戏的研究一直是心理学家和教育学家感兴趣的话题，他们从各自的角度探讨游戏的意义和作用，并提出了许多有趣的理论（见图 2-3）。由于研究的视角不同，各家对游戏的本质也有不同的解释。加上不同年代的专家在心理学发展水平上的差异，这就导致了各种各样的游戏理论应运而生。这些理论，如同一座丰富多彩的理论大厦，每层都有着独特的风景。游戏不仅是孩子们的玩物，还是各种学术讨论和理论探索的重要主题，反映了人类社会的多样性和复杂性。

图 2-3　游戏的定义是什么

从古至今，众多学者对游戏进行了定义，他们的观点各异，但都在一定程度上揭示了游戏的本质。下面回顾历史中的学者们对游戏的定义。

**柏拉图**[1]认为，"游戏是一切幼子（动物和人）的生活和能力条约需要而产生的有意识的模拟活动。"他强调游戏在成长和学习中的重要作用。

**亚里士多德**[2]则把游戏视为"劳作后休息消遣的一种行为活动"。这种观点将游戏视为一种恢复和放松的手段。

**弗里德里希·席勒**[3]提出，"人类在生活中要受到精神与物质的双重束缚，在这些束缚中失去了理想和自由，于是人们利用剩余的精神创造一个自由的世界，它就是游戏。这种创造活动，产生于人类的本能。"席勒的观点强调了游戏作为一种逃避现实束缚的方式。

---

1　柏拉图（Plato），古希腊伟大的哲学家、思想家、教育家、数学家，也是整个西方文化中最伟大的哲学家和思想家之一。

2　亚里士多德（Aristotle），古代先哲，古希腊人，世界古代史上伟大的哲学家、科学家和教育家之一，堪称希腊哲学的集大成者。他是柏拉图的学生、亚历山大的老师。

3　弗里德里希·席勒（Friedrich Schiller），德国 18 世纪著名诗人、作家、哲学家、历史学家和剧作家，德国启蒙文学的代表人物之一。

赫伯特·斯宾塞[1]认为，"人类在完成维持和延续生命的主要任务后，还有剩余的精力存在，这种精力的释放就是娱乐。游戏本身没有功能性目的，游戏的过程就是游戏的目的。"他的观点强调了游戏作为能量释放的手段。

西格蒙德·弗洛伊德[2]将游戏视为"被压抑欲望的一种替代行为"。他认为，"游戏能使儿童得以逃避现实生活中的紧张、约束，为儿童提供一条安全的途径来发泄情感，减少忧虑，发展自我力量，以实现现实生活中不能实现的冲动和欲望，使心理得到补偿。"弗洛伊德的观点关注游戏的心理补偿作用。

卡尔·吉鲁斯[3]指出，"游戏不是没有目的的活动，游戏并非与实际生活没有关联。游戏是为了将来面临生活的一种准备活动。"他强调了游戏的教育和准备功能。

约翰·赫伊津哈[4]认为，"游戏承担文化的社会性活动，并通过游戏学习技能与社会运转规则。"他的观点突出游戏在社会化过程中的作用。

路德维希·维特根斯坦[5]则认为，"游戏是松散的、无法定义的，各种游戏之间的联系只是'家族的相似性'。"维特根斯坦的观点反映了游戏定义的多样性和复杂性。

爱利克·埃里克森[6]指出，"游戏是一种身体的过程与社会性的过程同步的企图，游戏可以降低焦虑，使愿望得到补偿性的满足。"他强调游戏在心理和社会适应中的作用。

伯纳德·舒兹[7]简洁地定义游戏为"自愿尝试不必要的障碍"。这种观点突出了游戏中挑战和规则的重要性。

综合以上学者的观点，可以发现游戏具有两个最基本的特性："快感"和"障碍"。直接获得快感（包括生理和心理快感）与刺激方式及刺激程度有着直接联系。显然，不同类型的游戏设置了不同规则和目标（障碍）来让游戏中的任务变得更有挑战性，以此来吸引玩家。

## 2.2.2　游戏的基本特征

综合历史上学者们对游戏的理解和分析，这里总结出游戏的八个基本特征（见图 2-4），这些特征帮助读者理解为什么游戏能够吸引玩家并让他们乐在其中。

**自愿参与：**游戏是玩家自愿参与的活动，玩家自由选择是否参与游戏。

**明确目标：**游戏通常有明确的目标，吸引玩家的注意力和兴趣。

**存在冲突：**游戏中设置了各种障碍和挑战，增加游戏的可玩性。

**规则约束：**游戏有着明确的规则，规定了玩家在游戏中的行为。

---

1　赫伯特·斯宾塞（Herbert Spencer），英国哲学家、社会学家、教育家，被誉为"社会达尔文主义之父"。

2　西格蒙德·弗洛伊德（Sigmund Freud），奥地利精神病医师、心理学家、精神分析学派创始人。

3　卡尔·吉鲁斯（Karl Groos），德国哲学家、心理学家和美学家。曾任吉森大学、巴塞尔大学、杜宾根大学教授。

4　约翰·赫伊津哈（Johan Huizinga），荷兰语言学家和历史学家。莱顿大学教授、校长。

5　路德维希·维特根斯坦（Ludwig Wittgenstein），哲学家，出生于奥地利，逝世于英格兰。

6　爱利克·埃里克森（Erik H. Erikson），美国精神病学家，著名的发展心理学家和精神分析学家。

7　伯纳德·舒兹（Bernard Suits）加拿大哲学家，以其关于游戏和运动的研究而闻名。他被认为是游戏哲学的重要人物之一。

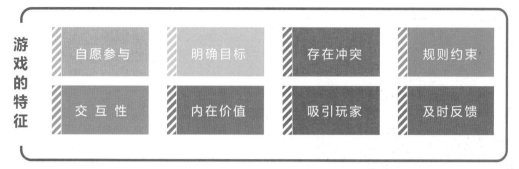

图 2-4 游戏的特征

**交互性：** 游戏是交互式的，玩家通过与游戏系统或其他玩家的互动来体验游戏。

**内在价值：** 游戏能产生内在价值，满足玩家的心理需求。

**吸引玩家：** 游戏设计应具备吸引力，能够持续吸引玩家的兴趣。

**即时反馈：** 游戏提供及时反馈，告诉玩家他们的进展和成就，激励他们继续游戏。

### 2.2.3 游戏的分类

游戏可以根据多个维度进行分类，包括游戏媒介、游戏目的、玩家参与方式以及游戏风格或主题。这些分类有助于读者更好地理解游戏的多样性和它们所提供的独特体验。

#### 1. 按平台分类

平台是决定游戏运行环境的基础，玩家选择不同的硬件设备来进行游戏体验。游戏平台的多样性为各种不同偏好的玩家提供了丰富的选择。技术的不断进步使这些平台在用户体验和功能上不断完善，为未来的游戏市场带来更多可能性。

**PC 游戏：** 个人计算机（personal computer, PC）游戏是在台式计算机或笔记本电脑上运行的游戏（见图 2-5）。它们通常具有强大的硬件性能和高度的可定制性，可以提供顶级画质和复杂的游戏机制。PC 游戏通常通过数字发行平台（如 Steam、Epic Games Store、GOG）分发，也可以通过实体光盘或者下载文件安装。PC 平台支持各种外设（如键盘、鼠标、游戏手柄），提供广泛的控制选择。PC 游戏还包括独立游戏开发者的作品，这是因为 PC 开发环境相对低成本且操作灵活。

图 2-5 PC 上运行的《原神》

**主机游戏：** 主机游戏是专门设计用于家用游戏主机（如 PlayStation、Xbox、Nintendo Switch）的游戏。这些游戏主机由各大硬件厂商生产，具有闭源系统和专属硬件配置。主

图 2-6　*PlayStation 产品的升级*

机游戏通常通过实体光盘或数字商店购买和下载。与 PC 游戏相比，主机游戏的研发周期和更新频率较低，但它们提供了更稳定和优化的游戏体验。主机游戏常常有独占标题，这些游戏只能在特定平台上运行。例如，《最后生还者 2》是 PlayStation 独占游戏（见图 2-6），而《光环 4》系列则是 Xbox 独占游戏。

**移动游戏：** 移动游戏是在智能手机和平板电脑上运行的游戏。随着移动设备硬件性能的提升和触摸屏技术的进步，移动游戏质量不断提高。移动游戏通常通过应用市场（如 AppStore、Google Play）分发。它们普遍采用免费模式，收入主要来源于广告和应用内购。一些移动游戏具有社交功能，如排行榜和多人在线模式，这些功能增加了玩家的黏性和互动性。著名的移动游戏，如《糖果传奇》《部落冲突》，都是通过创新玩法和商业模式吸引到大量用户的。

**Web 游戏：** Web 游戏是通过网页浏览器运行的在线游戏。这类游戏无须下载和安装客户端，玩家只需通过 URL 即可访问。Web 游戏通常使用 HTML5、JavaScript、WebGL 等技术，早期一些 Web 游戏还使用 Flash。由于技术限制，Web 游戏通常较为简单，但近年来技术的进步使复杂和高质量的 Web 游戏成为可能。Web 游戏的优势在于跨平台能力，几乎所有具有浏览器的设备都可以运行。

**VR/AR 游戏：** 虚拟现实（virtual reality, VR）和增强现实（augmented reality, AR）游戏利用先进的技术为玩家提供沉浸式体验。VR 游戏通过头戴式显示器（如 Oculus Rift、HTC Vive）让玩家身临其境；AR 游戏则通过移动设备或专用眼镜（如 Microsoft HoloLens）将虚拟元素与现实环境融合。VR/AR 游戏不仅需要专门的硬件设备，还需要大量的计算资源来渲染复杂的图形。通过这些技术，游戏可以提供前所未有的互动体验，如 *Beat Saber* 和 *Pokemon Go* 分别是 VR 和 AR 游戏的代表作（见图 2-7）。

图 2-7　*Pokemon Go* 游戏画面

## 2. 按游戏类型分类

游戏类型是指将不同游戏按照其玩法、核心机制以及提供的体验进行分门别类的一种方法。通过对游戏进行类型划分，玩家可以更好地了解每种游戏的特点，选择适合自己的游戏类型，获得理想的游戏体验。同时，这种分类方式也为游戏开发者提供了重要参考，有助于其明确自身定位，设计出符合目标玩家需求的游戏作品。以下是常见的游戏类型。

**动作游戏（action games）**：动作游戏是最广为人知的游戏类型之一。这类游戏重视玩家的反应速度、手眼协调及即时决策能力。游戏中通常包含大量的战斗、跑跳、躲避障碍等动态元素，玩家需要通过灵活的操作和快速的判断来应对各种挑战。著名的动作游戏系列，如《魔鬼猎人》《刺客信条》等（见图 2-8），都以快节奏的战斗和惊险刺激的场景设计为特色，带给玩家酣畅淋漓的打击感和紧张刺激的体验。动作游戏还可以进一步细分为多个子类别，如动作冒险游戏、平台游戏、砍杀游戏等。其中，动作冒险游戏如《塞尔达传说》系列，在动作元素的基础上加入了探索和解谜要素，丰富了游戏内容；平台游戏如《超级马里奥》系列，则以精准的跳跃和灵活的平台设计为亮点；砍杀游戏如《忍者龙剑传》系列，更强调武器格斗和连招技巧，对玩家的操作要求更高。

**冒险游戏（adventure games）**：与注重操作技巧的动作游戏不同，冒险游戏则更加重视游戏的故事情节和探索元素。在冒险游戏中，玩家通常需要扮演一个角色，通过与游戏世界的互动和解谜来推进剧情发展。一些经典的冒险游戏，如《猴岛小英雄》《神秘岛》等，都以其引人入胜的故事和巧妙的谜题设计而闻名。现代冒险游戏如《古墓丽影：崛起》（见图 2-9）、《神秘海域》等，则在传统冒险游戏的基础上加入了更多动作元素，让玩家在体验剧情的同时，也能享受到战斗和探索的乐趣。冒险游戏通常包含大量的对话、物品收集和场景互动等要素，考验玩家的观察力和逻辑思维能力，带来独特的沉浸式体验。

图 2-8　《刺客信条》战斗界面

图 2-9　《古墓丽影：崛起》剧情画面

**角色扮演游戏（role-playing games）**：角色扮演游戏，简称 RPG，是一种让玩家沉浸于角色成长和剧情体验的游戏类型。在 RPG 中，玩家通常会扮演一个或多个角色，跟随其冒险旅程，见证其成长历程。游戏中角色的能力提升、装备收集和技能培养是 RPG 的重要玩法元素。玩家可以通过执行任务、战斗、探索等方式来获得经验值和装备，并逐步强化自己的角色。RPG 通常拥有庞大而复杂的世界观设定和剧情脉络，玩家在游戏

图 2-10　《辐射》剧情对话选择界面

过程中不仅能体验到扣人心弦的故事，还能与丰富多彩的 NPC 进行互动，获得不同的支线任务和结局。根据风格和侧重点的不同，RPG 可以分为两个主要流派：西方 RPG 和日式 RPG。西方 RPG 如《辐射》（见图 2-10）、《上古卷轴》等，通常拥有广阔的开放世界，注重玩家自由度和选择的影响力，玩家可以自由探索、对话、作出选择，并通过行为和决定来影响故事走向。而日式 RPG 如《最终幻想》《勇者斗恶龙》等，则更侧重于线性的故事叙述和人物刻画，通过精心安排的剧情段落和 CG 动画来渲染故事，角色之间的羁绊和成长也是其重要卖点。

**策略游戏**（strategy games）：策略游戏是一种注重思考和规划的游戏类型。玩家在游戏中需要运用策略和谋略，合理调配资源，制订行动计划，以达成特定的游戏目标。策略游戏分为即时策略（RTS）和回合制策略（TBS）两种主要形式。RTS 游戏如《星际争霸》系列，要求玩家在实时的游戏环境中快速作出决策和操作，考验手速和反应能力；TBS 游戏如《英雄无敌》系列（见图 2-11），则允许玩家在每个回合中慢慢思考，制订长远的发展规划。无论是哪种形式，策略游戏都非常考验玩家的判断力、计划能力和资源管理水平。玩家需要在军事、经济、外交等多个层面进行权衡和取舍，才能在游戏中取得胜利。

图 2-11　《英雄无敌》游戏画面

**模拟游戏**（simulation games）：模拟游戏是一种让玩家体验特定行业或角色的游戏类型。玩家在游戏中需要扮演特定的角色，如城市规划师、农场主、商业大亨等，并通过游戏提供的各种机制和玩法来经营和发展。模拟游戏的核心玩法通常包括资源管理、建筑规划、人员调配等方面，玩家需要根据游戏设定的规则和目标，合理分配资源，作出明智的决策，以达到最佳的经营效果。一些著名的模拟游戏如《模拟城市》（见图 2-12）、《主题医院》《过山车大亨》等，都以其独特的题材和有趣的玩法吸引了大量玩家。这类游戏通常拥有较高的自由度和可玩性，玩家可以根据自己的

图 2-12　《模拟城市》中玩家建造的古城

喜好和策略来经营，并在不断地尝试和优化中获得成就感。同时，模拟游戏也常常融入一定的社会元素，如城市发展中需要兼顾环保和民生，医院经营中需要平衡医疗质量和盈利等，这些元素让游戏不仅具有娱乐性，还能引发玩家对现实问题的思考。

**体育游戏（sports games）**：体育游戏是一种以现实世界中各种体育运动为蓝本，通过数字化的方式在游戏中进行模拟和再现的游戏类型。足球、篮球、橄榄球等热门体育项目往往是体育游戏的首选题材。这些游戏不仅拥有与现实体育赛事同步的球员、球队和赛事授权，更为玩家提供了栩栩如生的比赛场景和细致入微的数据统计，让玩家能够身临其境地体验体育竞技的魅力。*FIFA* 系列（见图 2-13）和 *NBA 2K* 系列等优秀作品以其出色的游戏品质和真实的模拟体验，成了体育游戏领域的佼佼者，拥有广泛的用户基础。除了注重模拟现实的体育游戏外，一些加入了街机风格元素的体育游戏如《火焰之路》系列，则以其独特的视觉风格和欢快的节奏，为玩家带来了不一样的游戏乐趣。

**竞速游戏（racing games）**：竞速游戏是以驾驶各种交通工具进行速度竞赛为主要玩法的游戏类型。玩家可以选择自己心仪的赛车、摩托车，甚至是卡车等各类车辆来参与刺激的竞速比拼。竞速游戏追求速度与激情的完美结合，给予玩家操控车辆奔驰疾行的快感体验。业界知名的竞速游戏 IP 如《极限竞速》（见图 2-14）、《马里奥赛车》等，凭借精致的画面表现、流畅的操控手感以及丰富的游戏内容，吸引了大量车迷和竞速爱好者的青睐。按照模拟程度的不同，竞速游戏可以进一步细分为模拟竞速和街机竞速两个子类。模拟竞速游戏注重通过物理引擎和精细的数值调校，为玩家营造高度仿真的驾驶体验，代表作品如 *Gran Turismo* 系列；而街机竞速游戏则更加强调爽快的操作和欢乐的氛围，代表作如《疯狂出租车》系列。

图 2-13　*FIFA 14* 游戏足球比赛画面

图 2-14　《极限竞速》游戏宣传画面

**射击游戏（shooter games）**：射击游戏是当今游戏市场中最受欢迎和火爆的游戏类型之一。顾名思义，射击游戏中玩家需要通过使用枪支等远程武器消灭敌人来推进游戏进程。按照视角和操作方式的差异，射击游戏可分为第一人称射击（FPS）和第三人称射击（TPS）两大类。第一人称射击游戏如《使命召唤》《战地》等，以第一人称视角呈现游戏画面，玩家仿佛置身于激烈的战场之中，更加注重射击的真实感和代入感；而第三人称射击游戏如《战争机器》《荒野大镖客》等，则采用第三人称视角，玩家能够更加全面地观察周围环境，同时角色的动作表现也更加丰富生动。射击游戏通

图 2-15 《绝地求生》游戏宣传画面

图 2-16 《纪念碑谷》游戏场景

常拥有复杂的多人竞技模式，考验玩家的反应能力、战术素养和团队协作能力。近年来，以《绝地求生》（见图 2-15）、《堡垒之夜》为代表的"大逃杀"游戏异军突起，将射击游戏的多人竞技玩法推向了一个新的高度。

**益智游戏（puzzle games）：** 益智游戏是专门为玩家的智力提供挑战的游戏类型。通过设计巧妙的谜题和关卡，益智游戏考验玩家的逻辑思维、空间想象和策略规划等综合能力。从早期的《俄罗斯方块》到近年来大热的《纪念碑谷》（见图 2-16），优秀的益智游戏往往以其简洁的操作、明确的目标以及循序渐进的难度设计，吸引玩家不断尝试、思考，在寻求解谜之道的过程中，收获成就感和满足感。益智游戏代表着一种更加休闲和放松的游戏体验，它们不需要玩家投入大量的时间和精力，但能带来轻松愉悦、有益身心的游戏乐趣，因此广受玩家们的喜爱。

### 3. 按画面风格分类

画面风格是指游戏在视觉呈现上的艺术手法和设计理念，不同的画面风格能够带来独特的视觉感受，营造出特定的游戏氛围，满足玩家的审美需求。纵观游戏发展历程，无论是简洁明快的 2D 游戏，还是细腻逼真的 3D 游戏；无论是复古怀旧的像素艺术游戏，还是唯美梦幻的手绘风格游戏，都以独特的方式吸引着玩家，满足他们的审美需求和情感诉求。游戏开发者根据游戏的主题、类型和目标受众，选择合适的画面风格，力求在视觉表现和游戏性上达到完美的平衡，为玩家营造难忘的游戏体验。

**2D 游戏：** 2D 游戏使用二维平面图形进行呈现，这类游戏通常具有简洁明了的设计和直观的操作。经典的 2D 游戏如《超级马里奥》《恶魔城》系列。2D 游戏是游戏发展的起点，其以二维平面图形的方式呈现游戏内容。早期的 2D 游戏受限于硬件条件，画面相对简陋，但仍然凭借优秀的游戏性吸引了大量玩家。随着技术的进步，2D 游戏的画面质量不断提升，出现了大量精美的作品。如任天堂的《超级马里奥》系列，其可爱的人物形象、丰富的关卡设计和流畅的操作体验，成为 2D 平台跳跃游戏的典范。再如《恶魔城》系列（见图 2-17），其哥特风格的城堡设计、华丽的背景音乐和严谨的探索要素，让玩家沉浸在一个黑暗神秘的世界中。这些 2D 游戏凭借精巧的像素艺术和创新的游戏机制，在游戏史上留下了不可磨灭的印记。

**3D 游戏**：3D 游戏采用三维建模和实时渲染技术，营造出更加逼真和沉浸式的游戏场景。玩家可以从多个视角观察游戏世界，与环境进行更深层次的互动。3D 游戏画面的表现力远超 2D 游戏，尤其在表现大场景、复杂地形和动态光影效果方面，3D 技术展现出无可比拟的优势。如《巫师 3》通过精致的人物和场景模型、实时光影渲染和动态天气系统，将一个中世纪奇幻世界完美地呈现在玩家面前（见图 2-18）。玩家在游戏中可以自由探索广阔的大地图，欣赏美轮美奂的自然景观，沉浸在剧情引人入胜的主线任务和丰富多彩的支线任务中。类似《上古卷轴》系列也以宏大的世界观、细腻的场景刻画和自由度极高的游戏方式，吸引了无数玩家。3D 游戏凭借出色的视觉表现力，让玩家获得了前所未有的沉浸感和代入感。

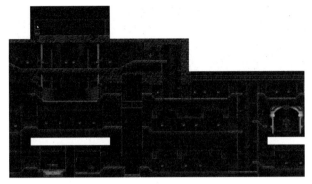

图 2-17　《恶魔城》城堡部分地图

图 2-18　《巫师 3》3D 游戏界面

**像素艺术游戏**：像素艺术游戏使用低分辨率像素图形进行呈现，通常具有复古和怀旧的视觉效果。这类游戏通常采用低分辨率的像素图像，通过点阵的排列组合，创造出别具一格的视觉效果。尽管像素艺术游戏的画面看似简陋，但其往往蕴含着深思熟虑的设计和独特的美学追求。如 Undertale 通过极简的像素风格，配合出色的剧情和音乐，讲述了一个关于选择和救赎的故事，引发玩家的深度思考。又如《星露谷物语》以田园牧歌的像素美术风格，营造出一种宁静祥和的氛围，让玩家在农场经营和人际交往中获得心灵的慰藉（见图 2-19）。像素艺术游戏以独特的视觉风格和创意设计，吸引了一大批忠实拥趸。

**手绘风格游戏**：手绘风格游戏则通过绘画般的图像表现，营造出优美梦幻的游戏氛围。这类游戏往往由艺术家手工绘制游戏场景和人物，再经过数字化处理，呈现出如同油画般的视觉效果。手绘风格游戏的每帧画面都如同艺术品般精美，让人流连忘返。如《奥日与黑暗森

图 2-19　《星露谷物语》像素艺术游戏界面

图 2-20　《奥日与黑暗森林》手绘风格游戏画面

林》以唯美的手绘场景和细腻的光影表现（见图 2-20），讲述了一个关于自然与文明的寓言故事。玩家在游戏中探索奇幻的森林世界，与形态各异的生物互动，感受大自然的神奇与美好。又如《空洞骑士》以哥特风格的手绘场景和流畅的动作设计，营造出一种苍凉悲壮的氛围。玩家在游戏中探索地下王国的废墟，揭开那些曾经辉煌文明的神秘面纱。手绘风格游戏不仅视觉上独具魅力，而且往往蕴含着深刻的主题和情感表达，是游戏艺术的重要组成部分。

### 4. 按受众分类

受众分类是根据玩家的年龄、兴趣和需求对游戏进行分类。通过深入分析玩家群体的差异化特征和多元化需求，因材施教地设计和优化游戏内容，才能不断提升游戏的市场竞争力和玩家满意度。这种分类方法有助于开发者和发行商更精确地定位市场，并设计符合特定群体需求的游戏内容。未来，游戏行业还将进一步细化受众分类，利用大数据、人工智能等先进技术，实现更加精准、智能的玩家画像和游戏推荐，为玩家提供更加个性化、沉浸式的游戏体验，推动游戏行业的健康、可持续发展。

**成人向游戏：** 成人向游戏指内容针对成年玩家的游戏，对于成年玩家而言，他们通常追求更加成熟、复杂和深度的游戏内容。成人向游戏往往包含暴力、色情、复杂情节等元素，能够提供更加真实、刺激和富有挑战性的游戏体验。这类游戏在叙事、角色塑造和环境设计等方面有着较高的要求，需要开发者投入大量的时间和精力来打磨细节，以期带给玩家身临其境的沉浸式体验。然而，由于成人向游戏涉及的伦理和法律风险较高，开发和发行过程中需要格外谨慎，严格把控游戏内容，并采取必要的年龄认证和内容审查措施，以免引发不必要的争议和法律问题。经典的成人向游戏如《巫师 3》，以其复杂的故事情节和深度互动体验吸引了成年玩家。这类游戏在叙事、角色发展和环境设计上往往有较高的要求，以提供成熟、复杂的游戏体验。

**儿童向游戏：** 儿童向游戏指内容适合儿童和青少年的游戏，通常具有明亮的画面和简单的操作。儿童向游戏则要求内容更加健康、积极和富有教育意义。这类游戏通常采用明亮、多彩的画面风格，以可爱的人物形象和简单有趣的玩法吸引儿童玩家。儿童向游戏需要避免暴力、色情等不良元素，注重培养儿童的想象力、创造力和逻辑思维能力，给予其快乐和启发。优秀的儿童向游戏不仅能够为儿童提供健康的娱乐方式，还能在潜移默化中传递正面价值观，助力其身心健康发展。经典的儿童向游戏如《马里奥》《动物森友会》（见图 2-21），通过可爱的人物设计和简单有趣的玩法吸引儿童玩家。这类游戏通常避免暴力和色情内容，注重教育意义和娱乐性，旨在提供安全且充满乐趣的游戏环境。

**家庭向游戏：** 家庭向游戏是适合全家一起玩的游戏，具有高度的互动性和易接受性。家庭向游戏是近年来备受关注的一大类游戏。这类游戏致力于为家庭成员提供欢乐、和谐的互动体验，增进家人之间的情感交流。家庭向游戏通常包含多人游戏模式，鼓励家庭成员之间的合作和竞争，让游戏成为连接家人情感的纽带。这类游戏内容积极向上，难度适中，老少皆宜，能够满足不同年龄层玩家的需求。许多家庭向游戏还融入了益智、运动等元素，在娱乐的同时锻炼玩家的身心。经典的家庭向游戏如《马里奥派对》（见图 2-22）、《乐高》游戏系列，通过多样的玩法和丰富的游戏

图 2-21　儿童向游戏《动物森友会》

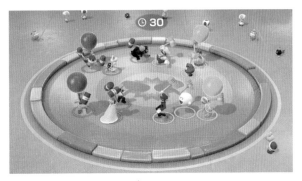

图 2-22　家庭向游戏《马里奥派对》多人游戏画面

内容，吸引各个年龄层的玩家。家庭向游戏通常具有合作和竞争模式，提供家庭成员共同体验的机会，增进家庭关系。

## 2.3　游戏创造出的体验

### 2.3.1　游戏体验的元素

游戏作为一种独特的娱乐形式，其魅力在于能够为玩家创造出与现实世界截然不同的沉浸式体验。而游戏中所呈现的体验，是由机制（mechanics）、故事（story）、美感（aesthetics）和技术（technology）四个基本元素共同作用、相互影响而构建而成的（见图 2-23）。

**机制：** 机制是游戏的核心，它定义了游戏的规则、目标以及玩家可以采取的行动。游戏机制直接决定了玩家如何与游戏世界互动，影响着游戏的可玩性和挑战性。精心设计的游戏机制能够引导玩家进行探索、作出选择，并从中

图 2-23　构成游戏体验的四个基本元素

获得成就感和满足感。例如，在角色扮演游戏中，玩家通过升级角色、获得装备、完成任务等一系列机制，逐步提升自己的实力，最终达成游戏目标。这一过程中，玩家不断作出决策，克服困难，获得成就，从而获得了丰富的游戏体验。

**故事：**故事为游戏提供了背景和情感基础。一个精彩的游戏故事能够吸引玩家的注意力，激发其探索游戏世界的欲望，并在情感上产生共鸣。游戏中的故事可以是预设的线性叙事，也可以是玩家通过自己的选择和行动塑造的非线性故事。无论哪种形式，游戏故事都能够为玩家提供一个富有吸引力的目标，使其更加投入游戏体验之中。同时，故事还能够赋予玩家的行为以意义，使其感受到自己是游戏世界中重要的一部分，从而增强游戏的代入感和沉浸感。

**美感：**美感是游戏中视觉、听觉等感官元素的综合体现。精美的画面、动人的音乐、细腻的特效等都能够营造出独特的游戏氛围，吸引玩家的注意力，提升游戏的沉浸感。游戏的美术风格不仅是为了赏心悦目，更重要的是与游戏的主题、故事相匹配，共同塑造游戏的整体氛围。例如，一款恐怖游戏中阴暗、压抑的场景和音效设计，能够渲染出恐怖氛围，使玩家感到紧张和不安；而一款休闲游戏中明快、色彩斑斓的画面和欢快轻松的音乐，则能够营造出轻松愉悦的游戏氛围。

**技术：**技术是支撑游戏实现的基础。从游戏引擎的选择，到服务器架构的搭建，再到客户端优化和反作弊机制的设计，技术的各个方面都直接影响着游戏的运行表现和玩家体验。先进的游戏技术能够实现更加复杂精细的游戏机制，呈现更加逼真震撼的视听效果，同时确保游戏在各种设备上的流畅运行。技术的发展也不断推动着游戏形式的革新，如 VR、AR 等技术的应用，使得游戏为玩家创造出更加身临其境的沉浸体验成为可能。

游戏的机制、故事、美感、技术，这四个基本元素共同构成了游戏的整体框架，它们相互交织，彼此影响，共同塑造出游戏所呈现的丰富多彩的体验。对于游戏设计师而言，深入理解这四个元素的作用机理，并在实践中找到平衡，对其进行巧妙地融合与调配，是创造出优秀游戏作品的关键。只有当这四个元素形成和谐统一的整体，并相得益彰地发挥作用时，游戏才能够为玩家提供最佳的游戏体验。

同时也要认识到，游戏所能够创造的体验是多种多样的。不同类型、不同风格的游戏，其侧重点和表现方式也各不相同。例如，一款竞技类游戏可能更侧重机制设计，通过公平有趣的竞技机制，为玩家创造刺激紧张的对抗体验；而一款叙事性的冒险游戏则可能更注重故事和美感，通过引人入胜的故事情节和精美的视听呈现，带给玩家身临其境的冒险体验。因此，游戏设计师需要根据游戏的定位和目标受众，有针对性地设计和调整游戏的各个元素，才能够创造出令玩家满意的游戏体验。

除了游戏本身的设计外，游戏所处的社会文化背景、玩家的个人特质等外部因素，也会对游戏体验产生影响。不同地区、不同文化背景下的玩家，对游戏内容的接受度和理解可能存在差异；不同年龄、性别、职业的玩家，其游戏偏好和游玩习惯也各不相同。因此，游戏设计师还需要考虑这些外部因素，尽可能地创造出符合目标玩家群体特点和需求的游戏体验。

游戏之所以能够吸引和打动玩家，正是源于其所创造的独特体验。通过机制、故事、美感、技术四个基本元素的精心设计与融合，游戏能够构建出一个与现实世界平行，却又有着自己独特运行规则和价值观的虚拟世界，供玩家探索、互动、感悟。游戏所提供的，不仅是一种娱乐消遣方式，更是一次思想和情感的旅程。在这个过程中，玩家能够获得挑战与成就、快乐与感动、洞见与启迪。而创造这些难忘的游戏体验，正是每位游戏设计师所追求的终极目标。

## 2.3.2　游戏体验的构建方法

游戏设计师在构建游戏体验时，需要综合运用多种方法和技巧，以期打造出引人入胜、娱乐性与艺术性兼备的游戏作品。游戏设计师需要对游戏的目标受众有清晰的认知，了解他们的年龄、性别、文化背景、兴趣爱好等特征，从而确定游戏的主题、风格、难度等要素。只有游戏设计师对玩家的需求有深刻的理解，才能创造出贴合玩家口味、满足玩家期待的游戏内容（见图 2-24）。

图 2-24　游戏体验的构建方法

游戏设计师需要精心设计游戏的核心玩法和游戏机制。游戏玩法是指玩家在游戏中的基本操作和互动方式，如跳跃、射击、解谜、对话等。游戏机制则是指游戏中各系统的运作规则，如成长系统、战斗系统、经济系统等。优秀的游戏玩法和游戏机制能够带来新鲜有趣的体验，激发玩家的参与热情，提升游戏的耐玩性和可重复性。同时，游戏设计师还需要注重玩法和机制的创新，在传统的类型中注入新的元素，以差异化的内容吸引玩家。

故事情节和人物塑造也是构建游戏体验的重要方法。游戏中的故事背景、角色设定、剧情发展等叙事要素能够营造出引人入胜的游戏氛围，激发玩家的代入感和情感共鸣。游戏设计师需要精心设计故事脉络，合理安排情节起承转合，适时穿插高潮和转折，既要保证故事的连贯性，又要避免过于冗长和拖沓。在人物塑造方面，丰满立体的性格特点、鲜明个性的言行举止、细腻动人的情感描摹，都能让游戏角色更加可信而有吸引力，引导玩家建立角色认同，代入角色视角体验游戏。

视听感受的设计也是游戏体验构建中不可或缺的环节。游戏中的画面风格、色彩搭配、光影效果、动画表现等视觉元素，能够塑造出独特的美学风格和艺术感染力。而背景音乐、音效、配音等听觉元素则能烘托气氛、渲染情绪、配合画面感受，产生声画合一的沉浸体验。出色的视听设计不仅能提升游戏的艺术品位，也能在潜移默化中影响玩家的情绪和体验。游戏设计师需要发挥创意和审美能力，打造出令人耳目一新的视听盛宴。

节奏控制是游戏体验构建的另一重要方面。游戏节奏主要体现在关卡设计、难度曲线、任务密度等层面。游戏设计师需要合理规划游戏进程，把握任务间隔和频率，避免玩家感到单调和疲劳。在关卡设计上，要遵循由易到难、循序渐进的原则，既要让新手玩家快速上手，也要给老练玩家以挑战性。在难度曲线方面，应做到曲线平滑，高潮迭起，让玩家体验到成长和突破的喜悦。总之，节奏控制需要在游戏各系统中寻求平衡，调动玩家的参与积极性。

社交互动也是构建游戏体验的有效途径。合作、竞争、交流等社交元素的加入，能够拓展游戏的乐趣和体验维度。玩家通过组队副本、排位对战、家族活动等社交玩法，不仅可以结识志同道合的伙伴，体验团队协作的默契，也能从比拼和自我提升中获得成就感。游戏设计师需要开发丰富的社交功能，搭建便捷的互动平台，用机制设计引导玩家积极社交，激发玩家的归属感和认同感，让玩家在虚拟世界中也能收获真情实感。

游戏体验的构建是一项系统而复杂的工程，需要游戏设计师从玩家洞察、玩法机制、故事人物、视听感受、节奏把控、社交互动等多方面下足功夫，以匠心独具的创意和扎实过硬的实现，为玩家打造出幻想与现实交织、艺术与技术融合的精彩游戏体验，引领游戏行业的发展潮流。

## 2.4　AIGC 技术在提升体验中的应用

随着 AIGC 技术的不断发展和成熟，其在提升美学体验方面展现出了巨大的应用潜力。AIGC 技术利用机器学习算法，通过对海量数据的学习和训练，能够自动生成高质量、富有创意的内容，如图像、视频、音乐、文本等。这些内容不仅在视觉、听觉等感官方面给人以美的享受，更能够根据用户的喜好和需求，提供个性化、沉浸式的体验。

### 2.4.1　动态和适应性设计

AIGC 的蓬勃发展，为游戏设计领域注入了前所未有的活力，也为实现"千人千面"的个性化游戏体验和动态、自适应的游戏内容打开了大门。AIGC 不再仅仅是设计师的辅助工具，更将成为推动游戏设计范式革新的强大引擎，引领游戏交互体验迈向更加智能、多元、个性化的未来。

传统的静态游戏设计受限于技术和理念，往往采用"一刀切"的模式，难以满足玩家日益增长的个性化需求。而 AIGC 赋予了游戏设计"理解"玩家的能力，能够根据玩家的个体差异，动态生成个性化的游戏内容和体验。通过分析玩家的游戏行为数据，如游戏时长、关卡进度、道具使用、社交互动等，AIGC 可以洞察玩家的潜在需求和偏好，构建起独特的玩家画像，包括玩家的游戏风格、目标动机、技能水平等。基于这些画像，AIGC 可以实现游戏内容的动态生成和个性化推荐。例如，根据玩家的喜好生成不同的任务线、调整游戏难度、推荐合适的队友或对手，甚至定制个性化的游戏界面和音效等，真正实现"千人千面"的个性化游戏体验，极大地提升游戏的沉浸感和吸引力。

　　AIGC 的应用不仅局限于个性化定制，还能赋予游戏环境智能感知和动态交互的能力。试想一下，在 RPG 中，AIGC 可以根据昼夜交替、天气变化等环境因素，动态调整游戏场景的光线、音效、NPC 行为等，为玩家营造更加真实沉浸的游戏世界；在策略游戏中，AIGC 可以根据玩家的行为和决策，动态调整敌军的战术策略，使游戏更具挑战性和趣味性。这种与环境智能交互的动态设计，将极大地增强游戏的可玩性和耐玩性，为玩家带来更加丰富、生动、不可预知的游戏体验（见图 2-25）。

图 2-25　AIGC 引领游戏个性化的未来

　　当然，AIGC 的引入并非要取代游戏设计师，而是要将设计师从烦琐重复的劳动中解放出来，让他们专注于更具创造性的工作。AIGC 可以帮助设计师自动生成游戏场景、角色、道具等基础元素，并根据设计师的创意和需求，快速生成多种设计方案，提供更丰富的创作灵感。设计师则可以将更多精力投入游戏叙事、玩法机制、情感体验等更具创意和深度的设计工作中，与 AIGC 形成高效协作，共同打造更加精彩的游戏世界。

　　AIGC 在游戏设计领域的应用也面临着一些挑战。首先，数据安全和隐私保护是首要问题，如何合法合规地采集和使用玩家数据，避免数据泄露和滥用，是需要重点关注的伦理问题。其次，AIGC 的算法设计需要更加注重公平性和透明度，避免出现算法歧视和偏见，影响玩家的游戏体验。人类设计师的价值和定位也需要重新思考，如何与 AIGC 协同合作，发挥各自优势，创造出更具人性化和艺术性的游戏作品，是未来游戏设计领域需要不断探索和思考的课题。

## 2.4.2　个性化体验的实现

　　想象一下，当你打开一款游戏，它不再是千篇一律的画面和设定，而是根据你的喜好量身打造的专属体验。你偏爱的色彩、钟情的画风、渴望的角色扮演，甚至是你内心深处潜藏的英雄梦，都化作游戏世界中栩栩如生的细节，将你完全包裹。这不是遥不可及的未来，而是 AIGC 技术为游戏设计带来的无限可能。

　　AIGC 如同赋予游戏灵魂的魔法，让"千人千面"的个性化体验从梦想走进现实。它不再局限于简单的问卷调查或预设选项，而是通过深度学习用户的行为数据，构建起对玩家审美偏好、情感需求、游戏习惯的精准画像。就像一位经验丰富的游戏策划师，AIGC 能洞察玩家的内心世界，将他们的喜好融入游戏的每个角落。

　　我们正站在一个体验美学设计的新时代入口。AIGC 技术为个性化体验的实现开辟了广阔的想象空间，它以前所未有的方式理解用户、连接用户，将"千人千面"的体验美学梦想转化为触手可及的现实。但同时，我们也要认识到，科技始终来源于人性，服务于人性。只有人机协作、优势互补，才能创造出最动人心魄、最具感染力的美学体验。在这个过程中，设计师将扮演越来越关键的角色，成为人工智能时代体验美学创新的中流砥柱。

图 2-26　AIGC 技术提供个性化的游戏体验

　　AIGC 技术的核心优势在于，它能够通过对用户历史行为和偏好的深入学习，构建出精准、全面的用户"审美画像"。这种画像不仅包含了用户偏好的色彩、风格等表层元素，还深入用户的情感特征、认知模式等深层次信息。基于如此立体、细致的用户理解，AIGC 算法可以生成真正匹配用户内在需求的视觉内容和交互方式，提供前所未有的个性化体验（见图 2-26）。

　　举例来说，在一个角色扮演游戏中，AIGC 算法可以智能分析玩家的游戏历史、选择的路径以及所做的行为，实时生成与玩家风格契合的游戏场景和剧情对话。通过这种方式，每个玩家都能获得一个专属的游戏世界，不仅增加了游戏的沉浸感，还大大增强了玩家的归属感和满意度。更进一步，算法还可以根据游戏中的情节进展和玩家的即时反应，自动生成与之呼应的动态视觉和音效元素，营造身临其境的沉浸式游戏氛围。类似地，在一个在线多人竞技游戏（MOBA）中，AIGC 技术则可以根据玩家的游戏风格和策略偏好，动态优化用户界面的布局和视觉效果，甚至能够根据玩家个人的操作习惯调整技能按钮的位置。通过这种个性化的界面设计，每位玩家都能拥有最佳的操作体验，极大地提升了游戏的可玩性和用户留存率。

　　AIGC 技术的另一大亮点，在于它能够让玩家以更加主动、直接的方式参与游戏内容的生成过程中。在传统的游戏个性化设计中，玩家往往处于被动接受的地位，只能在预设的选项中进行有限的选择。而 AIGC 则打破了这种创作与体验的边界，赋予玩家"共创者"的身份，提供更加开放、自由的互动可能。以沙盒游戏为例，玩家可以输入自己的喜好、创作灵感，AIGC 算法即可实时生成与之匹配的地图、任务和角色设计方案，并根据玩家的反馈意见持续优化、迭代。玩家还可以对生成的内容直接进行编辑、调整，与 AI 算法一同完成创作的过程。这种交互式的游戏体验不仅高度匹配玩家的个性化需求，更激发了玩家的创造力和参与热情，带来了与传统游戏模式完全不同的效果和乐趣。

## 思考与练习

　　围绕游戏的基本特征、分类以及定义，进行深入的思考与练习。

　　（1）游戏定义再思考：根据你对游戏本质的理解，尝试给出一个新颖且全面的游戏定义。这个定义应涵盖游戏的自愿参与性、目标导向性、规则约束性、交互性等多方面，并探讨这些特征如何共同构成了游戏的独特魅力。

　　（2）游戏分类探索：除了本书中提到的按平台、类型、画面风格和受众分类外，你还能想出哪些新的游戏分类方式？这些分类方式能否更细致地揭示不同游戏之间的差异和共性？尝试进行实践分类，并分析各类游戏的核心特点和受众偏好。

　　（3）游戏体验的多元性：结合自身的游戏体验，分析不同游戏类型（如射击游戏、角色扮演游戏、益智游戏等）在提供体验上的差异。探讨这些差异如何影响玩家的沉浸感、成就感以及持续参与的动力。

　　（4）游戏的基本特征应用：选择一款你熟悉的游戏，详细分析它是如何体现游戏的八大基本特征（自愿参与、明确目标、存在冲突、规则约束、交互性、内在价值、吸引玩家、即时反馈）的。进一步思考，如果去除或改变其中某个特征，游戏体验将会如何变化？

　　通过这些思考与练习，你将更加深入地理解游戏的本质、分类与定义，为未来的游戏设计或分析奠定坚实的理论基础。

# 第 3 章

# 玩 家 特 征

## 3.1　认识玩家

要创造出优秀的游戏体验，必须了解玩家喜欢什么和不喜欢什么，甚至要比他们自己更了解此事。

爱因斯坦有一次被当地一个组织以贵宾的身份邀请出席一个午宴，在席间要做一个关于他研究的演讲。当他站上舞台看到下面是一群非学术听众，他解释说他可以谈论关于他工作的东西，但是那有些无聊，也许大家更愿意在这里听他演奏一段小提琴。他亲手演奏了一段大家熟悉的曲目，为他的听众营造了一次令人愉快的体验。他清楚他的听众未必真的对物理感兴趣，这些听众所真正感兴趣的是"一次与著名的科学家亲密接触"（见图3-1）。同样的道理，在游戏设计中，了解玩家的需求和期望至关重要。这不仅包括游

图 3-1　爱因斯坦在聚会上演奏小提琴

戏机制和图形设计，还涉及情感共鸣和沉浸体验。通过全面研究和了解玩家的行为模式、喜好以及反感的元素，开发者可以创造出更具有吸引力和持久吸引力的游戏内容，这将显著提升玩家的满意度和游戏生命周期。因此，深刻理解玩家心理和需求是每个游戏设计师需要具备的基石，对于构建成功的游戏作品不可或缺。

游戏设计师需要从游戏玩家的角度思考，因为游戏使用者都是人类，所以要了解人类学。花时间和目标受众接触，和他们交谈，观察他们，了解他们会是什么样子（见表 3-1）。

表 3-1 不同年龄段的群体特征

| 年龄分段 | 时 期 | 群 体 特 征 |
|---|---|---|
| 0~3 岁 | 婴儿 | 婴儿对玩具非常感兴趣，但复杂的游戏和问题解决对他们来说过于困难 |
| 4~6 岁 | 学龄前儿童 | 这一阶段开始对游戏产生兴趣。游戏应设计得非常简单，由父母陪同玩耍，因为父母能调整规则以保持愉快和趣味 |
| 7~9 岁 | 儿童 | 这一阶段儿童具备阅读和思考能力，能够解决一些较难的问题。他们对游戏非常感兴趣，并开始有自主选择玩具和游戏的意识 |
| 10~13 岁 | 青少年早期 | 这一阶段正经历巨大的心理成长，思维更加深入和多样化，被称为"观点的年龄"。他们对感兴趣的事物表现出极大的热情 |
| 14~17 岁 | 青少年 | 这一阶段男孩和女孩的兴趣开始明显分化。男孩倾向于竞争和征服，而女孩则更关注现实问题和人际沟通。两性都对尝试新体验非常感兴趣，游戏能够提供这些体验 |
| 18~24 岁 | 成年早期 | 成年初期的阶段，是一个重要的转变时期。年轻成年人形成了明确的游戏和娱乐偏好，通常既有时间又有金钱，成为游戏市场的重要消费群体 |
| 25~35 岁 | 成年中期 | 这个年龄段的时间变得更加宝贵，许多人开始建立家庭。大多数成年人成为休闲游戏玩家，游戏成为偶尔的消遣或与孩子一起的活动。核心玩家将游戏视为主要业余爱好，能够购买大量游戏，并明确表达他们的喜好 |
| 36~50 岁 | 成年晚期 | 这一阶段被称为"家庭稳定期"，成年人因事业和家庭责任而时间有限，通常是休闲游戏玩家。随着孩子长大，他们倾向于购买昂贵的游戏，并寻找全家都能享受的游戏体验 |
| 50 岁以上 | 中年及以上 | 这一阶段通常被称为"空巢期"成年人，孩子们已经搬出家门，他们即将退休。一些人重新开始玩年轻时喜爱的游戏，另一些人则寻求新的游戏体验，尤其对社交性强的游戏感兴趣 |

　　一名优秀的游戏设计师应当经常思考玩家的喜好和行为，并且成为玩家们的拥护者。有经验的游戏设计师们会在手中同时握住"玩家"和"全息设计"，同时思考玩家、游戏体验、游戏机制。观察他们玩你设计游戏时的反应，问自己如下问题：他们喜欢什么？他们不喜欢什么？为什么？他们希望在游戏中看到什么？如果我站在他们的位置上，我会希望在游戏中看到什么？他们特别喜欢或者特别讨厌我设计游戏中的什么东西？

### 3.1.1　男性喜欢的游戏元素

　　男性玩家在游戏中往往追求征服和掌控的感觉，他们喜欢解决难题、击败对手和克服挑战，从中获得满足感和成就感（见图 3-2）。竞争是男性玩家的一个重要乐趣来源，他们享受在排行榜和竞赛模式中证明自己的实力和技巧。破坏元素也很吸引男性，无论是摧毁建筑物还是击败敌人，这种行为带来独特的娱乐体验。在空间推理和三维谜题方面，男性玩家通常表现更为出色，喜欢处理涉及空间移动和定位的挑战。他们倾向于通过反复尝试和失败来学习游戏机制，享受从实践中掌握技能的过程。男性玩家也更能在某一时间集中精力于单一任务，因此，设计具有深度和专注度的任务，如复杂的战斗系统或策略性任务，特别能吸引他们。这些特征使得男性玩家在面对高度集中的游戏环境时，能够全身心投入并享受其中的挑战（见图 3-3）。

　　**征服：**男性玩家喜欢感受到掌控和征服的快感，无论挑战是多么微不足道或是相关的成就有多么无关紧要。他们享受解决难题、击败对手以及克服障碍的过程。这种征服的欲望不仅体现在竞技游戏中，也表现在单人游戏的挑战上。而对于女性玩家来说，征服只在目标有实际意义时才更具吸引力，如故事驱动或者有正向情感回报的情节。

　　**竞争：**男性玩家往往享受与他人竞争，以此证明自己的实力和技巧。他们喜欢排行榜和竞赛模式，通过获得高分和成就来提升自我价值。相反，女性玩家更容易受到失败的负面情绪影响。有时，游戏中的失败或让其他玩家失败所带来的挫折感，会超过取得胜利的喜悦感。

图 3-2　男性玩家全身心投入并享受挑战

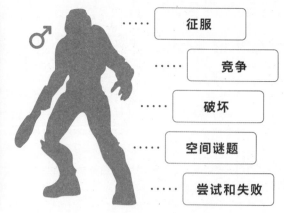

图 3-3　男性喜欢的游戏元素

**破坏**：破坏行为为男性玩家带来独特的满足感和娱乐性。无论是物理环境中的破坏，如摧毁建筑物，还是在游戏中击败敌人，他们都能找到乐趣。例如，许多动作游戏和战斗游戏中有大量的破坏元素，这在男性玩家中格外受欢迎。而对于女性玩家，破坏往往不是主要的吸引力，除非它有明确的目的或剧情价值。

**空间谜题**：男性玩家通常具有较强的空间推理能力，他们擅长处理三维空间中的问题和挑战。例如，涉及空间移动、定位和视觉识别的谜题在男性玩家中更受欢迎。然而，这类谜题可能会提高女性玩家的挫败感，使游戏体验受到影响。因此，设计游戏时需要平衡这类挑战的难度和吸引力。

**尝试和失败**：男性玩家倾向于通过反复尝试和失败来学习游戏机制和策略，而不是依赖于阅读游戏说明书或教程。这种探究式学习方法使他们能够快速适应并掌握游戏要领。因此，在设计游戏界面和体验时，应该注重提供即时反馈和清晰的学习路径，让玩家可以通过实践来提高技能。

### 3.1.2 女性喜欢的游戏元素

女性玩家在游戏中倾向于追求丰富的情感体验，她们喜欢通过剧情和角色发展来获得情感共鸣（见图 3-4）。与现实生活有密切关联的游戏，如模拟生活类游戏，更能吸引她们的兴趣，因为这些游戏能反映现实生活中的许多方面。照顾虚拟角色和其他玩家也是女性玩家特别钟爱的活动，她们对支持和治疗类角色有明显的偏好。女性玩家在语言和文字技能方面表现出色，这使得她们更喜欢对话和文字解谜类游戏。她们更喜欢通过详细的教程和实例来学习游戏机制，欣赏明确的指导步骤。女性玩家具备出色的多任务处理能力，能同时管理多个任务，并记住所有的细节。这些特点使得她们在复杂的游戏环境中能够高效地完成各种任务（见图 3-5）。

**情感**：女性玩家喜欢在游戏中体验丰富的人类情感。这种情感体验可以通过角色发展、剧情叙述和互动关系来实现。对于男性玩家来说，情感可能只是游戏体验的一个有

图 3-4　女性玩家能够高效完成各种任务

图 3-5　女性喜欢的游戏元素

趣组成部分，但对于女性玩家，情感体验可以是游戏的核心。例如，很多女性玩家喜欢剧情驱动的游戏，因为这些游戏能够提供深刻的情感共鸣和复杂的人物关系。

**真实世界：** 女性玩家更倾向于那些与现实生活有密切关联的游戏。她们喜欢在游戏中看到或体验到与现实世界相关的元素，这使得她们能够更好地投入和共情。例如，模拟生活类游戏，如《模拟人生》或《动物之森》，就非常受女性玩家的欢迎，因为这些游戏反映了现实生活中的许多方面，如社交互动、家庭生活和职业发展。相较之下，男性玩家则更喜欢控制幻想中的角色和世界。

**照料：** 女性玩家热衷于照料和关怀的活动。她们喜欢照顾虚拟的角色、宠物或其他玩家。在竞技游戏中，女性玩家可能会牺牲自己的优势去帮助弱势玩家，因为她们更重视与其他玩家的关系和感受。例如，在多人在线角色扮演游戏中，女性玩家通常喜欢选择支持和治疗类角色，因为这些角色能够为她们提供帮助和照料的机会。

**对话和字谜：** 女性玩家通常在语言和文字技能方面表现更为出色，喜欢涉及对话和文字解谜的游戏。例如，文字冒险游戏、填字游戏和其他语言类游戏对女性玩家具有很大的吸引力。女性玩家比男性玩家更倾向于购买书籍，并且喜欢参与需要语言技巧的游戏活动。

**照实例学习：** 女性玩家更喜欢通过实例和详细教程进行学习。与男性玩家通过尝试和失败来学习不同，女性玩家更欣赏细心指引的教程，这些教程按部就班地进行，确保她们在处理任务时知道可以做什么。例如，女性玩家在游戏中更倾向于阅读说明和遵循步骤，这使得她们能够更有效地掌握游戏机制。

### 3.1.3　游戏乐趣的分类

游戏中的乐趣不仅限于简单的分类，因为其中还包含了许多微妙而奇特的体验（见图 3-6）。

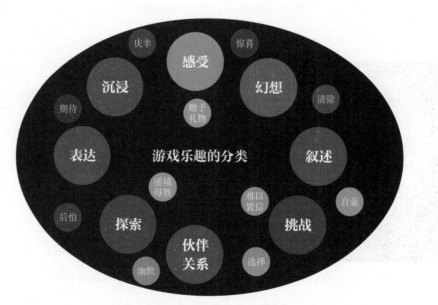

图 3-6　游戏乐趣的分类

**感受：** 感受的乐趣在于通过视觉、听觉等感官体验游戏。这种乐趣虽然不能拯救一个糟糕的游戏，但却能让一个好游戏更加出色。例如，精美的画面、动听的音乐和逼真的音效都能增强游戏的沉浸感。

**幻想：** 幻想的乐趣源于沉浸在虚构世界中，扮演现实中无法成为的角色或体验无法实现的情境。这种乐趣让玩家能够暂时逃离现实，享受成为英雄、魔法师或外星探险家的感觉。

**叙述：** 叙述的乐趣并不局限于固定的、线性的故事线，而是通过时间推移逐步揭示的戏剧性过程。玩家在游戏中体验到的故事和角色发展，使他们能够更深层次地投入游戏世界中。

**挑战：** 挑战是游戏的核心乐趣之一。它通过设置目标和障碍，让玩家在克服困难、提升技能的过程中获得成就感。虽然对一些玩家来说，这已经足够，但也有玩家会寻求更多元的体验。

**伙伴关系：** 伙伴关系的乐趣源于友谊、合作和社区互动。无论是与朋友共同完成任务，还是在社区中分享经验和策略，这种乐趣能够增强玩家之间的联系和协作。

**探索：** 探索的乐趣在于发现新事物，无论是游戏世界中的未知区域，还是隐藏的特性或策略。玩家通过探险和探索，获得新奇和惊喜的体验。

**表达：** 表达的乐趣在于自我表达和创造。游戏允许玩家设计自己的角色、编辑并分享自制关卡，甚至创建独特的游戏内容，从而展示个人创意和风格。

**沉浸：** 沉浸的乐趣在于完全投入游戏世界中，暂时逃离现实生活。玩家进入一个全新的、有趣的世界，遵循其中的规则，享受与现实不同的体验和意义。

**期待：** 当你知道一种乐趣即将来临时，期待本身就是一种乐趣。例如，等待游戏中的重大事件或奖励的到来，这种期待感能增加游戏的吸引力。

**庆幸：** 当看到不幸的事情发生在游戏中的其他角色或玩家身上时，人们会庆幸自己没有遭遇同样的命运，这种感受也能带来一种特殊的乐趣。

**赠予礼物：** 赠送礼物给其他玩家并看到他们的开心反应时，会感到一种特殊的满足感。这种乐趣源于人们能够通过自己的行动使他人快乐，而不仅是分享他们的快乐。

**幽默：** 当两种毫不相关的事物通过一种颠覆性的方式被联系在一起时，会让人们感到愉悦。游戏中的幽默元素往往能带来意想不到的乐趣。

**选择：** 玩家拥有多种选择并能够自由挑选的乐趣。玩家在游戏中能够作出自由选择，探索不同的路径和结果，这种自由感是游戏的重要魅力之一。

**自豪：** 获得成就后的自豪感是一种能持续很长时间的乐趣。无论是完成艰难的任务还是获得稀有的奖励，这种成就感能让玩家长时间感到满足。

**清除：** 将事物变得清洁和有序会让玩家感到非常愉快。许多游戏利用了这种清洁的乐趣，如"吃光所有的豆子"或清理游戏中的障碍物。

**惊喜：** 人类的大脑喜欢惊喜。游戏中的意外事件、隐藏奖励或剧情反转都能带来惊喜的乐趣。

**后怕：** 后怕是经历恐惧并回到安全区域后感到安全的乐趣。这种乐趣在恐怖游戏中尤为常见，玩家在紧张刺激后会享受安全的感觉。

**逆境得胜：** 这是完成自认为希望渺茫的任务后产生的乐趣。克服巨大困难后的成就感能带来极大的满足。

**难以置信：** 这是一种压倒一切的敬畏和吃惊的感觉。游戏中的宏大场景、惊人的剧情或壮丽的视觉效果都能带来这种乐趣。

当然，还有许多其他类型的乐趣，上面这些只是经验法则。保持开放的思维非常重要，游戏的目标是给予玩家乐趣。通过检查这些已知的乐趣列表并思考游戏中如何传达每种乐趣，你可能会从中获得灵感并改进游戏。可以问自己以下问题：游戏会给玩家带来什么乐趣？这些乐趣可以被提升吗？你设计的游戏在体验中缺失了什么乐趣？为什么会缺失呢？它们能够被加进来吗？

### 3.1.4 玩家的分类

1996 年，理查德·巴图（Richard Bartle）在一篇名为《红心、梅花、方块、黑桃：MUD 游戏玩家分类》的文章中，提出了 MUD 玩家的四种分类方法，这套分类方法是基于玩家的需求来进行分类的，所以称其为基于玩家需求的分类方法（见图 3-7）。

图 3-7　游戏玩家的分类

**杀手型玩家：** 杀手型玩家的主要目的是在游戏环境中造成破坏，发泄他们在现实生活中积累的精神压力。他们攻击其他玩家纯粹是为了杀戮，因此得名"杀手型玩家"。他们追求更高的等级和更强的装备，以便在游戏中更有效地制造混乱和破坏。探索游戏世界的目的是发现新的消灭敌人的方法（见图 3-8）。尽管杀手型玩家也有社交需求和行为，但他们的社交主要是为了更好地攻击其他玩家，甚至嘲弄受害者。他们通过给他人造成伤害来获得成就感。杀手型玩家通常不害怕其他玩家的反击，对游戏环境的质量也不太关心，他们的交流主要通过行动而非语言。

**成就型玩家：** 成就型玩家把提升装备和等级作为主要游戏目标。探索地图只是为了获取新资源或完成任务需求（见图 3-9）。社交对他们来说是一种调剂，用来缓解单调的升级过程，同时交流如何更有效地升级和挑战。成就型玩家可能会杀死其他玩家以减少竞争，或是在某些游戏中通过击败敌对阵营的玩家来获取装备。组队的原因通常是为了获得经验加成，从而更快地完成任务和提升等级。

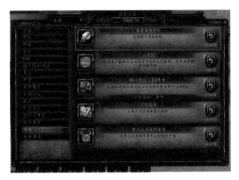

图 3-8  *Hitman 2* 中的狙击刺杀模式　　　　　图 3-9  《魔兽世界》中的成就系统

**探索型玩家：**探索型玩家可以进一步细分为审美型玩家和学习型玩家。审美探索型玩家以感性思维为主，他们会跑遍游戏的每个角落，尝试各种不同的行为，看看会发生什么。他们喜欢将自己看到的景象截成图（见图 3-10），把自己和其他玩家的故事写成小说发布到论坛上。他们期待在游戏中遇到有趣的玩家，并发生一些有趣的故事，甚至会将这些经历制作成视频分享。

学习探索型玩家以理性思维为主，他们喜欢尝试游戏的各种系统，乐趣在于了解游戏内部的机制，尤其是独特的新系统。他们热衷于在论坛发帖，分享自己的游戏经验并指导他人。对他们来说，升级和挑战只是为了更好地探索游戏，而这些过程本身往往是无聊的重复行为。杀戮对他们也没有太多吸引力，他们更倾向于通过插旗 PK（player killing, 挑战）来提高自己的技术和研究游戏的技能系统。

**社交型玩家：**对社交型玩家而言，游戏本身只是一个背景，他们更看重的是与其他玩家的互动和建立关系。他们喜欢与人约会、在公会频道聊天、一起下副本以及在论坛上阅读和分享心情故事（见图 3-11）。探索游戏有时也是必要的，这有助于他们理解其他玩家在谈论什么，更高等级的装备使他们能够参与到高级别玩家的圈子中。

图 3-10  《剑网 3》中的玩家"一竹芥子"的截图　　图 3-11  《模拟人生 4》中玩家在虚拟城市里交谈

通过理解这些玩家分类，游戏设计师可以更好地满足不同类型玩家的需求，从而提升游戏的吸引力和玩家的满意度。每种类型的玩家都有其独特的动机和乐趣来源，设计游戏时应考虑如何为每种类型的玩家提供相应的体验。

## 3.2　玩家头脑中的体验

　　玩家在玩游戏的过程中，体验到的并不是直接存在于游戏世界中的事物，而是游戏设计师预先设定的各种体验。这些体验实际上发生在玩家的大脑中。每个人的大脑都是独一无二的，尽管人类在研究自己的大脑方面已经取得了一些进展，但距离完全理解它的运行机制还有很长的路要走。大脑是一个像宇宙一样神奇且复杂的对象。

　　人们对自己的大脑如何运作仍然知之甚少。举个例子，你可能没有意识到自己在阅读这段文字时，视线是如何移动的；当翻动书页时，不需要计算用多大的力气和什么样的运动轨迹才能舒适地翻到下一页。这些潜意识的行为包括听见上课铃声加快步伐前往教室，看见足球飞来迅速作出反应，想起妈妈做的饭菜后开始流口水，等等。这些运作过程都是隐形的，人们无法直接看到它们的发生。

　　下面来做两个小实验。

图 3-12　图形推理实验

**实验一：** 看以下的图形（见图 3-12）。当看到这个问号，大多数人会联想到三角形。你的答案是什么呢?

**实验二：** 朗读"果汁"这个词十遍。回答问题："你把什么放到了果汁机中?"

　　大多数人的答案很可能是"果汁"，尽管实际上果汁是从果汁机中倒出来的，而不是放进去的。如果没有先大声朗读"果汁"这个词，大多数人的答案通常会是"水果"。这是因为大脑已经建立了足够的关联，潜意识控制了人们的回答，所以大多数人会冲动地说出错误的答案。

　　人们在脑海中运作的绝大部分内容被意识所隐藏。心理学家逐渐发现了一些潜意识的运作机制，但总体来说，仍然不完全清楚它们是如何完整运作的。大脑的运作大部分都是超出人们理解和控制的，但这恰恰是游戏体验产生的地方。因此，必须尽可能了解其运作过程。

　　在前面的章节中，我们讨论了如何利用潜意识的力量成为更出色的游戏设计师。现在必须考虑玩家头脑中的显意识和潜意识是如何交互的。当然，人类思维的知识足够写满多部百科全书，这里只讨论与游戏设计相关的关键因素。

　　人类有四种主要的心智能力（见图 3-13），这些能力使得游戏过程变得可能。它们分别是建模、聚焦、移情和想象。

图 3-13　人类的四种主要心智能力

**建模（modeling）**：大脑通过创建内部模型来理解和预测现实世界的运行方式。这种能力帮助玩家在游戏中理解规则、机制和逻辑。

**聚焦（focusing）**：大脑可以选择性地集中注意力，这不仅包括视觉和听觉，还包括思维和情感。游戏设计师利用这一能力，通过各种手段引导玩家的注意力，以达到更好的体验效果。

**移情（empathy）**：大脑能够理解和分享他人的感受和情绪。游戏利用移情能力，通过塑造角色和故事，使玩家产生情感共鸣，从而更加投入游戏世界。

**想象（imagination）**：大脑能够创造和操作非现实的场景和概念。这种能力使玩家能够沉浸在虚构的游戏世界中，体验超越现实的冒险和挑战。

通过理解和运用这些心智能力，游戏设计师可以创造出更加引人入胜和富有挑战性的游戏体验。虽然人们对大脑的了解仍然有限，但不断探索和应用这些关键因素，可以使游戏设计更上一层楼。下面将详细介绍一下这四种心智能力。

## 3.2.1　建模

现实复杂得令人望而生畏。人们的大脑理解现实的唯一方法是对其进行简化，从而形成可以认知的模型。因此，人们的大脑理解的并不是客观的现实本身，而是经过主观处理后的各种现实模型。大多数情况下，人们并不会意识到这一点。大脑在认知的底层建立现实模型，潜意识让人们觉得这些内在体验是真实的，但事实上它们只是对人们永远无法完全理解的事物的一种不完美、主观的虚拟模拟。这种幻觉能够满足人们的主观认知，但也可能让人们陷入主观逻辑的混乱之中。以下图片就是一个例子（见图 3-14）。

图 3-14　视觉错觉实验

事实上，这些色块的大小是一样的，但大脑让人们觉得它们是有弧度的。

人们大多数时候依赖主观判断和理解来认识周围的客观事物。例如，从物理学的角度来看，可见光、红外线、紫外线和微波都是电磁辐射，只是波长不同而已。肉眼只能看到这个连续光谱中极小的一部分，称之为可见光。看到其他类别的光是非常有用的，如红外线能让人们在黑暗中轻易察觉到各种生物，因为所有具有生命的对象都会发出红外线。但不幸的是，眼球内部也会发出红外线，因此即使能看到红外线，很快也会被自身发出的光线所混淆，导致任何超出可见光范围的有用数据都无法成为人们感知的现实的一部分。

即使是可见光也会被眼睛和大脑奇怪地过滤掉。由于眼睛的构造，可见光波长的分布看起来像是落在多个不同的分组里，这些分组称为颜色。当看到棱镜产生的彩虹时，能画出线条来分隔每种颜色，但这只是视网膜机制产生的一种人为加工品。实际上，颜色之间并没有明显的划分，所有波长都是平滑渐进的。即便是被眼睛告知的蓝色和淡蓝色，其实与淡蓝色和绿色极其相近。这种眼睛结构得以进化，是因为将波长区分成组有助于更好地理解世界。"颜色"只是一种幻觉，根本不是现实的一部分，但却是现实的一个非常有用的模型。

现实中充满了各种因素，而日常建模过程中很多因素并不存在。例如，身体、房子、食物都充满了显微镜才能看到的细菌和微粒，或是存活在睫毛毛孔及毛囊中的毛囊脂螨。大部分情况下，是不需要了解这些细小生物的，因为它们通常不属于人们头脑中的模型。

一个了解人们头脑中各种模型的好方法是寻找那些在仔细思考前感觉是自然而然的东西。下面这张史努比的漫画（见图 3-15），在第一眼看上去时，感觉没什么不妥：一群

图 3-15　史努比漫画中的角色

小孩，有男生和女生。但仔细思考后会发现，他们看上去完全不像真实的人。他们的脑袋几乎和身体一样大，手指头就像隆起的小肉团，全身都是由线条组成的。再低头看看自己，身体没有任何一部分是由线条组成的，所有的结构都是由肌肉和骨骼组成的。这种构成在客观地认真思考分析前并没有发现是不真实的，而这正是探寻头脑对事物进行建模过程的一条线索。

史努比漫画中的儿童角色并不是按照人们认识的真实儿童去绘制的，但他们看起来就像人们身边的儿童，因为他们的形象匹配了人们大脑内部模型中的某些特征。人们接受了他们巨大的脑袋，是因为大脑存储的信息更多是关于人类的头部和脸部，而不是身体的剩余部分。当人们记忆某个人的特征时，众多的信息都来自脸部。假如漫画家查尔斯·舒尔茨[1] 将这些儿童角色反过来设计：一个很小的头，一双巨大的脚，看起来就会觉得荒谬，因为他们完全不匹配人们大脑内部的模型。

那他们的线条组成又该如何解释呢？对于大脑来说，看到一个场景后要把各种对象分离开来是一个不小的挑战。当它在意识层级底下做这件事时，内部的视觉处理系统会围绕每个单独的对象绘制出线条。意识思维永远看不到这些线条，但它能感觉到场景中的哪些物件是分离的对象。当看到一张已经画好线条的图画时，从某种意义上来说，它就是已经"预先消化"过了，完美地匹配了大脑内部的建模机制，并且帮它们省去了不少工作。这也是为什么人们觉得动漫看起来如此赏心悦目的一部分原因——大脑在理解事物时喜欢那些只需更少工作量的模型。

---

1　查尔斯·舒尔茨（Charles Schulz）是一位著名的美国漫画家，1922 年 11 月 26 日出生于美国明尼苏达州。他是《花生漫画》的创始人，这个漫画系列自 1950 年开始，广受欢迎。

大脑做了大量工作才把现实的复杂性加工成更简单的心智模型，从而让人们能更轻易地存储、思考和处理。而这个过程不仅用在可视的对象上，还会把这个过程用在人际关系、风险和报酬评估，以及决策制订上。大脑对复杂情形瞄一眼后就尝试将其理解成一个简单的规则和关系，以便在内部进行处理。

作为游戏设计师，需要关注这些心智模型，因为有着各种简单规则的游戏，就像查理·布朗那样，是一种能轻易吸收和处理的预先消化过的模型。也正是这个原因让它们玩起来感觉很放松——相比于现实世界，它们只需大脑做更少的工作就能处理，大部分复杂性因素早已被剥离。像"#字过三关"以及"西洋双陆棋"（见图 3-16）那样的抽象策

图 3-16  西洋双陆棋

略游戏，完全就是一个一个赤裸裸的模型。而像计算机上的 RPG，则采用一个简单的模型加上一些吸引人的美感元素，使得消化整个模型的过程令人感到快乐。这和现实世界完全不同，在现实世界里，需要花很大力气才能找出游戏的规则，然后要付出更大的努力才能达成目标，并且永远不确定所做的是不是对的。这也是为什么有时候游戏是现实世界中最好的练习工具，为什么西点军校到现在还在教授国际象棋？因为游戏能让人们练习如何消化和试验较简单的模型，从而在面对现实世界中复杂的事物时，能够更好地处理它们。

这里要理解的一个重要观点是，人们所体验和思考的一切事物都是一个模型，而不是事实。事实是超出人们理解的，人们所能理解的只是现实的模型。有时候，这个模型会被打破，然后必须修复它。人们所体验到的现实只是一种幻觉，但这也是唯一能够了解的现实。作为游戏设计师，如果能理解和控制玩家头脑中这种幻觉的形成过程，就能创造出让玩家觉得真实的感受，这种感受甚至能比事实本身更令人信服。

### 3.2.2  聚焦

大脑拥有一种关键能力，那就是选择性地聚焦注意力。这种能力使得人们能够忽略一些事物，而将更多的心力投入目标事物上。一个典型的例子是"鸡尾酒会效应"：当整个房间的人都在同时谈话时，人们能够专注于单个的谈话。即使周围的各种谈话声波不断地同时击中人们的耳膜，人们仍然有能力让一个谈话进入耳里，忽视其他的谈话。为了研究这一现象，心理学家进行了"二重听觉研究"。在这些实验中，受测个体会佩戴耳机，耳机里会对两边的耳朵播放不同的音频。例如，受测个体的左耳可能听到莎士比亚戏剧的朗读，右耳可能听到一串数字的朗读。在声音不太相近的前提下，实验要求受测个体聚焦其中一种声音，并在听的同时复述出来。通常来说，受测个体都能做到。然而，

当实验结束后问他们另一边的声音内容时，受测个体往往一无所知。他们的大脑只会挑选出需要的信息，忽视剩下的信息。

在任何时刻，人们聚焦的内容是由人们无意识的欲求以及有意识的意志共同决定的。当制作游戏时，目标是创造出一种足够有趣的体验，让玩家能够尽可能长时间、高强度地聚焦在游戏中。当某样东西能长时间吸引人们的全部注意力和想象力时，就会进入一种特殊的心智状态，这种状态被称为"心流"。在心流状态下，世界的其他一切似乎都不存在了，没有任何其他事物打扰人们的思维。人们当前思考的只有正在做的事情，并完全失去了对时间的追踪。心流是一种持续的专注、愉悦和快乐的状态，是心理学家米哈里·契克森米哈赖[1]和其他人一起进行大规模研究的主题（见图 3-17）。心流被定义为"一种将个人精神力完全聚焦在某种活动上，并在这个过程中产生高度的兴奋和充实感的感觉"。

图 3-17　心流理论创始人米哈里·契克森米哈赖

图 3-18　玩家进入心流的四个关键元素

对游戏设计师来说，仔细研究心流是值得的，因为它正是希望玩家在游戏中体验到的感觉。为了让玩家进入心流状态，游戏设计需要具备以下四个关键元素（见图 3-18）。

**清晰目标：**当目标清晰时，更容易持续聚焦在手头的任务上。当目标不明确时，无法投入任务中，因为不确定当前的行动是否有效。

**拒绝分心：**分心会偷走人们对任务的聚焦。没有聚焦就没有心流。

**直接反馈：**如果每次行动后都必须等待才能知道结果，很快就会被分散注意力，失去对任务的聚焦。当反馈立即发生时，更容易保持聚焦。

**连续挑战：**人们喜欢挑战，但挑战必须在能够达成的范围内。如果认为挑战无法完成，就会产生挫败感，大脑会寻找其他更值得去做的事情。另外，如果挑战太简单，会感到无聊，大脑同样会寻找新的行为。

为了保持玩家在心流状态中，游戏设计需要将挑战程度控制在一个狭窄的范围内，介于无聊感和挫败感之间。契克森米哈赖称这个范围为"心流通道"。他用一个游戏来解

---

1　米哈里·契克森米哈赖（Mihaly Csikszentmihalyi, 1934.9.29—2021.10.20），毕业于芝加哥大学，匈牙利籍心理学家，积极心理学奠基人之一，"心流"理论、"精神熵"和"自成目标"的提出者。前美国心理学会主席马丁·塞利格曼将其誉为"世界积极心理学研究领军人物"。

释心流通道的概念（见图 3-19）：以篮球为例，图 3-19 展示了玩家在四个不同时间点的情况。当玩家最初开始玩篮球时（$A_1$），他几乎没有任何技巧，唯一的挑战是把球投进篮筐。这并不难，但玩家可能会喜欢这个过程，因为难度适合他初学的技巧水平。随着时间推移，玩家的技巧提升，他可能会对拍球运球感到无聊（$A_2$），或者遇到更熟练的对手，感到焦虑（$A_3$）。

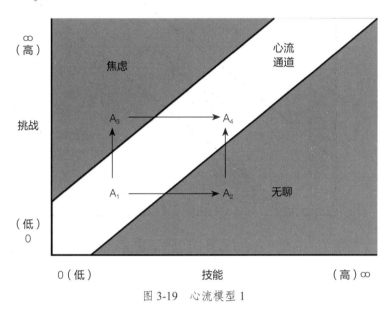

图 3-19　心流模型 1

无论是无聊还是焦虑都不是积极体验，玩家本能地想回到心流状态。无聊时（$A_2$），他需要提高挑战，如设定一个新的更难的目标，突破稍微强一点的对手，从而回到心流状态（$A_4$）。焦虑时（$A_3$），他需要提升技能水平，减少面临的挑战，回到心流状态（$A_4$）。

这种动态不稳的特点正是解释了为什么心流行为会引导出人们的成长和发现。一旦无法在相同的等级下长时间享受做同一件事的过程，就会变得无聊或者挫败，而后想要重新享受这个过程，就会进一步扩展技能或者主动去发现一些新的机会。把一个人保持在心流通道中需要有技巧的平衡，因为玩家的技术水平极少是会一直停留在原地的，随着他们技术的提升，必须向他们呈现出程度相当的挑战。在传统游戏里，这种挑战主要来自寻找更多更具挑战的对手的过程。在视频游戏里通常有着一系列挑战逐步提升的关卡，这种不断提升关卡难度的模式是一种很不错的自我平衡。那些有着很不错的技术水平的玩家能快速通过前面的关卡，直到遇到一些对他们具有挑战的关卡。这种在技术和通关速度上的关联能有助于让技术熟练的玩家一直不会感到无聊。不过很少有玩家能坚持到整个游戏的通关，大部分玩家在最终到达一个让他们经历了过长时间挫败感的关卡后，就会放弃这个游戏。很多人会争议这点到底是一种好事（因为只有那些技术熟练且坚持下去的玩家能通关游戏，这让最终的成就感显得很特别）还是一种坏事（很多玩家会因此感到挫败）。

许多游戏设计师很快就会意识到，虽然让玩家始终保持在心流通道中非常重要，但在通道内移动的方式也至关重要。简单地保持在心流通道中移动，确实比让玩家陷入焦虑或无聊状态要好得多。然而，如果能设计出一种像图 3-20 所示的轨迹，这种体验过程会让玩家感觉更加有趣和充实。

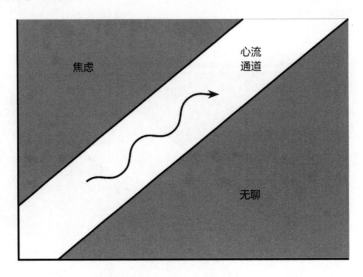

图 3-20　心流模型 2

这种轨迹描述了一种"紧张—放松—紧张—放松"的循环体验。

**提升挑战：**游戏开始时，玩家面临一个较高的挑战。例如，玩家可能需要用一把需要三发子弹才能杀死敌人的枪来对抗敌人。

**给予奖励：**当玩家成功克服了这个挑战，他们会获得奖励，如一把新枪，这把新枪只需要两发子弹就能杀死敌人。

**短暂的轻松期：**获得新枪后，游戏变得相对轻松，敌人更容易被击败，玩家体验到一种放松的感觉。

**再次提升挑战：**很快，游戏难度再次提升，出现需要三发甚至四发子弹才能击败的敌人，挑战再度增加。

心流状态很难在短时间内测试出来，需要长时间观察玩家的行为和反应。更棘手的是，一个游戏可能在前几次让玩家保持在心流状态，但随后可能会让玩家感到无聊或挫败。因此，游戏设计师需要学会辨认心流状态，并密切观察玩家的行为变化。

处于心流状态的玩家通常很安静，可能会喃喃自语。他们的注意力高度集中，如果在此过程中问他们问题，他们可能会感到恼怒或反应迟缓。在多人游戏中，心流状态的玩家会热情地互相交流，注意力始终集中在游戏上。一旦注意到玩家进入心流状态，需要密切观察他们，特别是促使他们移出心流通道的事件。了解这些事件可以帮助游戏设计师在下一个游戏原型中避免类似情况。

作为游戏设计师，也可以将心流理论应用到自己的工作中。心流状态下的你能够完成最多的工作，因此合理安排设计时间，确保能频繁进入这种特殊的思维状态，将大大提升工作效率和创作质量。

### 3.2.3 移情

人类拥有一种独特而强大的能力：移情。这种能力能够将自己投射到他人的境况中，去感受他们所感受的，思考他们所思考的。这种共情能力不仅帮助人们理解和连接他人，还能被巧妙地整合到游戏设计中，从而增强玩家的体验。

一个有趣的戏剧练习展示了移情的力量。练习中，演员们被分为两组。第一组的每个演员选择并表演一种情绪（如快乐、悲伤、愤怒等），通过腰肢、步伐和面部表情来表达这种情绪。第二组的演员不选择具体的情绪，他们只是随机地绕着第一组的演员走，并尝试与之进行眼神接触。当第二组演员与第一组演员进行眼神接触时，发生了一件奇妙的事情：第二组演员发现自己不知不觉中开始模仿第一组演员的情绪表现。无论是面部表情还是情感状态，感应和模仿几乎是自发的，甚至在他们未曾意识到之前就已经发生了。这展示了移情的自然力量及其对行为的深远影响。

这种无意识的情感转移证明了移情的强大。人们不仅能感受到他人的情绪，还能在一瞬间将这种情感转移到自己身上。看到某人开心时，也会感受到一丝快乐；看到某人悲伤时，也会感受到他们的痛苦。艺术家利用这种移情能力，使人们在他们创造的故事世界中感同身受。

图 3-21 展示了一只狗通过眼睛和眉毛表达情感的样子。狗比其他动物拥有更丰富的面部表情，它们通过进化发展出这种能力来捕获人们的移情能力。与驯化前的狼相比，狗的面部表情更加丰富多样，这使人们更容易对它们产生移情，从而更好地关照它们。

图 3-21　狗通过眼睛和眉毛来表达情感

事实上，移情过程并不总是针对真实的人或动物，而是针对人们对它们的心智模型。这使得人们非常容易被欺骗，即使面对毫无情感的实体，也能产生情感反应。一张照片、一幅画，或者视频游戏中的一个角色，都能轻易引发移情。电影摄影师深谙这一点，他们运用技巧巧妙地操纵人们的情感，使同情心在不同角色之间转移。下次看影片或玩游戏时，不妨注意一下你的情感流动，思考是什么引导你体验那些感觉。

作为游戏设计师，可以像小说家、画家和电影制作人一样，利用移情带来的巨大影响力。但游戏设计中还存在一种独一无二的移情方式：互动性。游戏不仅涉及问题解决，还在其中发挥着重要作用。当在游戏中设身处地思考和行动时，游戏设计师不仅将感情投射到角色上，还将所有的决策能力也一并投射过去，从而深切地体验角色的世界。游戏提供了一个独特的平台，不仅让玩家感受到角色的情感，还让他们在解决问题和作出决策时完全化身为角色。这种深度体验是任何非互动媒体无法提供的。

### 3.2.4　想象

在游戏设计中，想象力不仅是创作者的工具，也是将玩家与游戏世界紧密连接的桥梁。通过想象力，可以创造出梦幻般的奇幻世界，但人类想象力的作用远不止于此。它在交流和问题解决中发挥着关键作用，是每个人天生具备的神奇能力。

每个人每天都在利用想象力与他人交流和解决问题。例如，当我说"昨天猴子偷了我的计算机"时（见图 3-22），尽管这句话信息量很少，但你的大脑已经自动填充了许多细节，形成了一幅完整的画面。

图 3-22　猴子偷走了我的计算机

下面思考这个场景，并回答以下问题。

这是一只什么样的猴子？

猴子是从哪里来的？

计算机放在哪里？

这是什么样的计算机？

昨天什么时候发生的？

猴子是如何偷走计算机的？

为什么猴子要偷计算机？

尽管这些问题在描述中没有明确提到，但想象力已经生成了大量的细节，使你能够轻松理解和思考这个故事。如果进一步补充信息，比如"那并不是一台台式计算机，而是一台笔记本电脑"，你会迅速调整想象，重新组织心中的画面。这种自动填补细节的能力对游戏设计有着深远的影响，因为它意味着不需要提供所有的细节，玩家会自行填补空白。这种艺术在于知道哪些细节应该展示给玩家，哪些应该留给他们去想象。

想象的力量是巨大的。人们的脑海能够简化并处理复杂的现实模型，从而轻松操纵这些模型，甚至是那些在现实中不存在的情景。例如，当看到一把扶手椅时，可以想象它有不同的颜色和尺寸，甚至可以想象它是用麦片做的或在地上自己走动。通过这种方式可以解决许多问题。例如，如果让你不用筷子吃火锅，你会立刻开始想象各种可能的解决方案。

想象力有两个关键功能：交流和问题解决。交流通常用于表达故事，而问题解决则涉及思考和创造解决方案。游戏显然包含了这两个要素，因此，游戏设计师必须懂得如何激发玩家的想象力，使其成为讲故事和问题解决过程中的强大助手。

在游戏设计中，利用想象力的关键在于掌握如何有效地激发玩家的创造力。以下是一些方法（见图 3-23）。

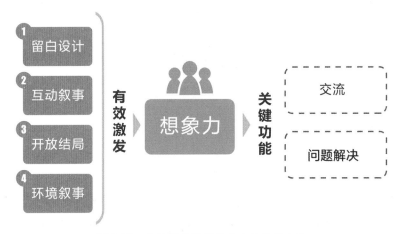

图 3-23　有效激发玩家想象力的设计方法

**留白设计：** 不要提供所有细节，而是留下空白让玩家自行填补。例如，在游戏的背景故事中提供一些模糊的信息，让玩家自己去推测和想象。

**互动叙事：** 通过互动元素让玩家参与故事的构建。例如，玩家的选择可以影响故事的发展，使他们感到自己在创造游戏世界。

**开放结局：** 设计多种可能的结局，让玩家根据自己的想象和决定来体验不同的结局，从而增加游戏的重玩价值。

**环境叙事：** 通过游戏环境中的线索和细节来讲述故事，而不是通过直接的叙述。这种方法让玩家通过观察和推理来理解故事，激发他们的想象力。

想象力是游戏设计中不可或缺的元素。通过巧妙地利用玩家的想象力，可以创造出更加引人入胜和互动性更强的游戏体验。游戏设计师需要懂得如何激发和引导玩家的想象力，使其成为讲故事和问题解决过程中的一大帮手。最终将带来更丰富、更深刻的游戏体验，让玩家不仅是游戏的参与者，更是游戏世界的共同创造者。

## 3.2.5　玩家的需求

在探索游戏设计的过程中，本书已经讨论了四种关键的心智能力：建模、聚焦、移情和想象。下面将深入探讨为什么大脑会运用这些能力，以及它们如何满足玩家的需求。

　　1943 年，心理学家亚伯拉罕·哈罗德·马斯洛[1]提出了"人类动机理论"，并创建了一个人类需求层次体系，通常以金字塔形式展示（见图 3-24）。

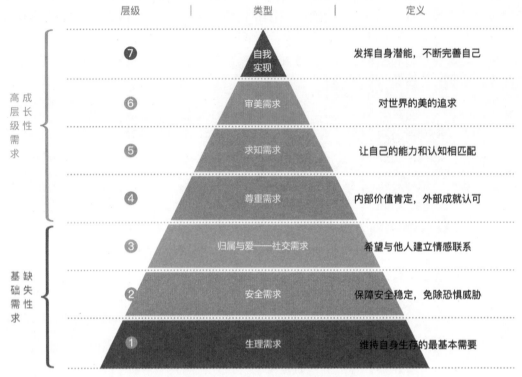

图 3-24　马斯洛的人类需求层次体系

　　关键概念在于，人们在低层需求未被满足前，是缺乏动机追求更高层需求的。例如，若一个人已濒临饿死，此时首要任务是满足生理需求，生理需求的优先级自然高于安全需求。他们会首先寻求食物、水和温暖，而不会在意周围环境的安全。生理需求是最优先的，因为它们直接关系到生存。在低层需求未满足前，人们无法投入精力在其他方面。

　　这时，读者或许能想到一些不符合这个模型的例外情况，但总体来看，这个模型在考量玩家在游戏中的动机时，是一个非常有效的工具。游戏玩家的行为可以很好地映射到需求层次模型中。不同的游戏行为，在需求金字塔中的位置各不相同，探讨这些行为的分布本身就很有趣。许多游戏的行为集中于成就和统治，这些行为说明人们对自尊的需求，它们属于第四层的需求——尊重需求。

　　但是，也有一些游戏行为和体验处于较低的层次。例如，某些生存类游戏，玩家需要通过获取食物和躲避危险来满足生理和安全需求。理解这一点，可以更清晰地看到多人游戏吸引玩家并使其长期停留的原因。相比单人游戏，多人游戏能更全面地满足玩家

1　亚伯拉罕·哈罗德·马斯洛（Abraham Harold Maslow），美国著名社会心理学家，主要成就包括提出了人本主义心理学和马斯洛需求层次理论，代表作品有《动机和人格》《存在心理学探索》《人性能达到的境界》等。

的基础需求，包括归属感和社交需求。因此，很多玩家更热衷于多人游戏，因为它能够提供更多层面的满足感。

在马斯洛需求体系的第四层，自尊心与游戏有着紧密的关联。这是因为评判对于所有人而言，是一种深层次且普遍的需求。或许有人会认为人们都厌恶被评判，但事实并非如此。实际上，人们只是不喜欢不公正的评判。每个人都有一种深层次的需求，想知道自己做得如何，是否得到了应有的认可和尊重。当面临不满的评判时，人们会不断努力，直到达到自己希望的评判结果。游戏提供了一种出色且有目的的评判系统，成为其极具吸引力的一个重要原因。无论是通过排行榜、成就系统还是玩家之间的比较，游戏都能满足玩家对公平和明确评判的渴望。因此在确定游戏是否对玩家进行了良好的评判时，问一下自己以下的问题。

我设计的游戏会评判玩家哪些方面呢？

它是如何传达这种评判的？

玩家感觉这种评判公正吗？

玩家在意这些评判吗？

这些评判让玩家有自我提升的欲望吗？

人类的大脑无疑是最迷人、最惊人且最复杂的事物，当前甚至尚未揭示其所有的秘密。当了解得更为深入时，就能创造出更为卓越的体验，因为它正是所有游戏体验产生的场所。并且千万牢记！你自身也受大脑的掌控。你同样能够运用建模、聚焦、移情和想象的力量，从而了解这些力量是如何在你玩家的大脑中发挥作用的。在这一了解的过程中，自我倾听将是倾听你的受众的关键。

## 3.3　兴趣曲线

想象一下，你正在策划一场表演，包含五个相对独立的小节目。你知道观众对每个小节目的兴趣和兴奋程度，那么如何安排这五个节目的顺序呢？图 3-25 和图 3-26 展示了观众的兴趣（纵坐标）和节目顺序（横坐标）。哪种排序会让观众感觉更好呢？

事实证明，第二种（见图 3-26）排序会让观众感觉更棒。因为观众从最开始就被吸引，随着表演的进行，兴奋度经历了跌宕起伏，然后为最后的高潮蓄力，直到最后爆发。而第一种（见图 3-25）排序在开始时没有抓住观众的兴奋点，尽管中间有两个小高潮，但对

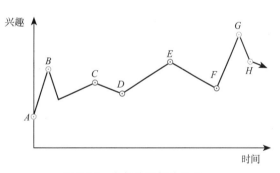

图 3-25　良好的兴趣曲线之一

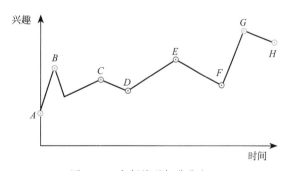

图 3-26　良好的兴趣曲线之二

比不够强烈，紧接着最大高潮之后的结尾也没能给人留下深刻印象，无法使观众尽兴。那么问题就来了："如何排列事件的展现顺序才能抓住客人的兴趣点呢？"这里用"客人"，是因为不单是游戏玩家，任何体验都可以运用这个模式。

### 3.3.1 良好的兴趣曲线

这个问题不仅适用于游戏玩家，还适用于任何体验的设计。以下是设计一条良好的兴趣曲线的关键点。

**A 点：初始吸引力。** 在 A 点，观众需要感受到一定级别的愉悦体验，否则他们很可能会立即失去兴趣并离开。这里希望初始的兴趣尽可能高，以确保能留住观众。不然可能会引起整体体验缺乏乐趣，甚至留不住观众。

**B 点：诱饵。** 这个点称为"诱饵"，通过一个吸引人的元素抓住观众的注意力，就像一段乐曲的前奏，给观众一个"接下来会发生什么"的提示，同时帮助他们度过那些并不是很有趣的部分。这一阶段逐渐展开娱乐体验，但高潮还在后面。

**C 点和 E 点：高潮。** 一旦诱饵的效果结束，观众的情绪会稳定下来。通过良好的排序，观众的兴趣会逐渐上升，在 C 点和 E 点达到峰值，偶尔在 D 点和 F 点稍微下降，这是为下一个高潮预先设计的缓冲。

**G 点：最终高潮。** 最后在 G 点达到一个高潮，然后迅速在 H 点结束故事，观众得到了满足。体验结束后，希望观众仍然意犹未尽，甚至带着更多的渴望离去。

值得注意的是，兴趣曲线与总时长无关。它可以应用在 5 分钟的表演上，也可以应用在 5 小时的游戏中，甚至可以应用在 500 小时的大型游戏体验中。兴趣的测量有时可以定量化，如在《半条命》中，可以以玩家的死亡次数为纵轴绘制曲线图，清晰地看到游戏难度设定的曲线同样符合兴趣曲线。在 500 小时的大型游戏体验中，每个小段落都能运用兴趣曲线的规律。

**全局设计：** 用开场动画和接下来的关卡提升玩家兴趣，然后跌宕起伏，最后以一个大高潮结束。

**关卡设计：** 每个关卡有开场的美术场景或小挑战来鼓舞玩家斗志，接下来不断给玩家各种挑战，直到关卡末尾，一般都会有个小 Boss（首领）作为结尾。

**挑战设计：** 每个玩家遭遇的挑战本身可以作为一个良好的兴趣曲线来设计，初始占优，继而苦战，坚持到最后挑战成功。

### 3.3.2 不成功的兴趣曲线

图 3-27 展示了一个不成功的娱乐体验的兴趣曲线。糟糕的兴趣曲线有各种原因，但这条曲线特别糟糕，而且可能经常会碰到。观众带着一定程度的兴趣从 A 点进入，但马上就感到失望，因为缺少一个吸引人的点，兴趣开始渐渐减弱。尽管在 B 点有一些让人

感兴趣的事情发生，但持续时间不长。
观众的兴趣在经历这个小高峰后又回到
$C$ 点的低谷，这已经是兴趣的最低界限。
此时观众开始对体验不抱任何兴趣，可
能会改变频道、离开电影院、合上书，
或者关掉游戏。尽管在 $D$ 点有一些有趣
的事情发生，但持续时间同样不长，最
终在 $E$ 点消失。然而，这也无关紧要，
因为观众很可能在某段时间之前就已经
放弃了体验。

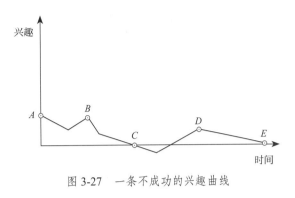

图 3-27　一条不成功的兴趣曲线

　　兴趣曲线是一种非常有用的工具。通过绘制出在体验过程中人们所期望的兴趣程度变化
图，一些问题点会变得清晰，可以趁早纠正。进一步而言，当观察观众感受体验的过程时，
可以与实际观察到的兴趣程度变化进行对比。为不同特征的人群绘制不同的曲线是一项有用
的练习。例如，"面向男性的电影"和"面向女性的电影"，或者"为所有人打造的"体验。

　　评估兴趣，事实上量化的兴趣评估基本上是不可能的，目前还没有一个客观的指标
来评估玩家的"有趣度"。不过，只需要知道相对的兴趣程度和兴趣的变化就够了。总体
来说，有以下三个兴趣因素。

　　**与生俱来的兴趣点：**一般来说，冒险比安全更有趣，奇幻比简单更有趣，特殊比普
通更有趣。对于男性玩家来说，决斗比吃饭更有趣，因为他们有着天生的偏好有趣的驱
动力。

　　**艺术的表达方式：**在展示体验时使用越强的艺术手法，玩家感受到的刺激就会越强。
当然，需要尽量在玩家能理解的范围内加强。普通玩家不理解的话，就作为"彩蛋"给
那些粉丝玩家吧。

　　**代入感：**可以驱使玩家用他们的想象力融入体验，让他们觉得这些故事像发生在自
己身上一样。创造出能让玩家产生共鸣的角色。从陌生人逐渐了解，慢慢成为朋友，当
玩家开始关心他们的成长、经历、选择时，他们已经在精神上把自己放到角色身上了。
代入感的关键是要有完整的世界观和相对稳定的角色设计。角色可以成长，但根本性的
人格不能改变，否则玩家会感到虚假、矛盾，从而离开体验世界。游戏周边产品也是玩
家接触幻想世界的另一途径，增加代入感。

　　观看街头表演"胸口碎大石"满足了内在冒险的兴趣，却缺乏艺术性和代入感。小
提琴演奏会有很高的艺术性，但不一定有内在兴趣或代入感，除非你能从音乐家身上感
受到共鸣。俄罗斯方块则是强代入感、低内在兴趣和艺术表现的游戏，玩家决定了一切，
成功与否完全取决于玩家的表现。大多数游戏擅长于让玩家产生代入感，这也是游戏体
验的核心之一。将三种兴趣因素结合起来，画三条兴趣曲线，就能对设计的游戏产生更
深的洞见。从设计兴趣曲线的角度设计游戏，将会拥有更强的设计能力。

## 3.4 社区与玩家互动

### 3.4.1 什么是玩家社区

玩家社区是游戏爱好者们聚集和讨论游戏的地方。社区是由若干社会群体或社会组织在某一领域内聚集而形成的一个相互关联的大集体，是社会有机体的最基本组成部分，也是宏观社会的缩影。除了鼓励玩家分享他们的游戏体验，玩家社区还赋予了玩家话语权，使他们能够影响游戏的未来发展。这对于游戏开发者而言，能够显著提高用户终身价值（life time value, LTV）。[1]

游戏本身能够激发出玩家的巨大热情，这也就解释了为什么围绕游戏诞生的各种社区比比皆是。这些社区可能是各类爱好者的聚集地，如专业电竞选手的社区；也可能是玩家的聚集地，如《魔兽世界》的社区（见图 3-28）；还有可能是专注于游戏设计的社区，如《模拟人生》的社区。这些社区力量强大，通过不断吸纳新玩家，能够显著延长一个游戏的生命周期。

图 3-28    《魔兽世界》"艾泽拉斯国家地理"玩家社区

---

1 用户终生价值是公司从用户所有的互动中所得到的全部经济收益的总和。用于衡量企业用户对企业所产生的价值，被定为企业是否能够取得高利润的重要参考指标。

优秀的游戏开发者会深入挖掘玩家社区中的反馈，以此来完善游戏的机制和规则，进而对游戏进行升级和推出新的游戏角色。此外，开发者还可以通过如奖励性视频等个性化的营销手段，提供独特的营销体验。有些玩家社区由玩家自发运营，这对游戏发行商来说几乎不需要付出额外的维护成本。

玩家社区的另一个重要功能是帮助游戏发行商提升游戏知名度，并有效传达市场信息。在电子竞技领域，玩家社区甚至能够通过一些有影响力的个人或团队账号，为游戏背书并产生积极影响。随着玩家社区的不断发展壮大，游戏开发者能够在提高用户体验的过程中，实现游戏的盈利策略。

通过有效利用玩家社区，游戏开发者能够打造一个强大的生态系统，持续吸引和留住玩家，从而确保游戏的长久生命力和商业成功。玩家社区不仅是一个交流和互动的平台，更是一个重要的战略资源，能够为游戏的长远发展提供持续动力和价值。

到底什么是社区呢？这个问题的答案并不简单。社区不仅是由一群相互认识或做着相同事情的人组成。你可能每天都与同样的人一起坐地铁，但这并不会给你带来任何社区的感觉。然而，当遇到那些和你喜欢一样的明星的人，即使他们是完全的陌生人，也会让你有一种社区的感觉。因此，社区感觉是非常特别的。虽然它很难用语言准确描述，但当感受到时却能清晰地识别出来。研究社区感觉的心理学家最终发现，社区体验包括四个主要的元素（见图 3-29）。

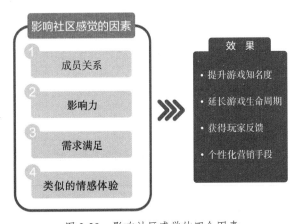

图 3-29  影响社区感觉的四个因素

**成员关系：** 某些显著特征能明确你是这个团体的一部分。例如，穿着某个品牌的衣服或使用某种特定的语言，都会让你与其他成员产生联系。

**影响力：** 成为团体的一部分能让你在某些事物上施加影响力。这种影响力不仅是个人的力量，更是集体的力量。例如，一个游戏社区的成员可以通过集体反馈来影响游戏的开发方向。

**需求满足：** 成为团体的一部分能帮助你达成某些目标或满足某些需求。例如，一个摄影爱好者社区可以帮助成员提高摄影技巧，分享摄影资源。

**类似的情感体验：** 在某种程度上保证了你和团体里的其他成员对某些事件有着类似的情感体验。这种共享的情感体验能增强成员之间的联系和认同感。

社区是一群有着共同兴趣、目的和目标的人，他们随着时间的推移变得越来越了解对方。作为游戏设计师，需要围绕游戏建立和形成各种社区。这不仅是为了游戏的成功，更是为了满足玩家的社会需求。具体来说，有三个主要原因会直接影响游戏社区的建立。

成为社区的一部分能满足玩家的社会需求。人们都有强烈的归属感需求，希望成为某个团体的一员。游戏社区提供了这样一个平台，让玩家可以找到志同道合的朋友，分享游戏体验。

社区能延长"传染期"。假如人们真的相信对一个游戏的兴趣会像病毒一样传播，那么当玩家成为游戏社区的一部分后，他很可能会停留在"传染期"更长的时间。这样，游戏就会成为他们生活中更深层的一部分，给予他们更多可以谈论的内容。

社区能延长游戏时间。玩家开始玩一个游戏通常是因为游戏本身带来的快乐，但长时间地停留在游戏里通常是因为社区带来的快乐。如果一个游戏拥有自己的社区，那它就会被玩家玩很长的时间，而不管它缺少了哪些其他的特征。

社区是非常复杂的，它包含了许多相互关联的心理现象。但理解这些基础的常识有助于打造出一个围绕游戏的社区，从而提高游戏的吸引力和玩家的忠诚度。建立一个成功的游戏社区，不仅能满足玩家的需求，还能为游戏带来长久的生命力和持续的发展动力。

## 3.4.2　好友关系

在现代游戏世界中，好友关系的概念看似简单，实际上却蕴含着丰富的内涵和复杂的机制。游戏中的好友关系如同现实生活中的朋友关系，只不过其互动和交流的场景发生在虚拟世界中。要在游戏中建立有意义的好友关系，需要满足以下三点：交谈的能力、值得交谈的人以及值得交谈的内容。

交谈的能力是建立好友关系的基础。一个社区的形成离不开自由的交流。在当今的绝大多数游戏中，玩家可以通过文字或语音进行直接的交流，这为玩家之间的互动提供了便捷的途径。无论是通过实时聊天还是通过留言板，玩家都能找到适合自己的交流方式，从而拉近彼此的距离。

值得交谈的人是维系好友关系的关键。了解玩家想和谁交谈以及为什么会选择这些人，是游戏设计师需要深入思考的问题。不同的玩家群体有着不同的兴趣和需求，游戏必须满足这些多样化的需求，才能吸引玩家留下来。如果玩家无法找到与自己兴趣相投的人，他们很可能会逐渐失去兴趣并离开游戏。因此，游戏设计师需要创造一个多样化的环境，让玩家能够轻松找到志同道合的朋友。

值得交谈的内容是维持好友关系的核心。一个好的社交软件能够满足前两点，但要打造出一个真正的玩家社区，游戏还需要不断提供丰富的谈资。这些谈资可以是游戏中深层次的策略、任务或活动。好的在线游戏需要在社区和游戏内容之间找到良好的平衡。如果游戏本身不够有趣，社区将缺乏讨论的内容；反之，如果社区对游戏的支持不足，即使玩家喜欢这个游戏，他们最终也会离开。因此，游戏设计师需要不断更新和丰富游戏内容，以保持玩家的兴趣和参与度。

满足以上三点并不一定能保证游戏中会形成稳固的好友关系。好友关系通常经历三个阶段：打破僵局、变成朋友和维系关系（见图 3-30）。每个阶段都有其独特的

图 3-30　游戏中好友关系发展的三个阶段

挑战和需求，游戏必须很好地支持每个阶段，才能使这些好友关系得以发展和存活。

在友情的第一个阶段——打破僵局中，两个人在成为朋友之前，首先必须要遇见对方。第一次遇见别人往往是尴尬的。理想情况下，游戏应该有一种方式能让人们轻易找到他们想交的朋友类型，并在较低的社会压力下接触这些人。这可以通过游戏中的匹配系统或社交活动来实现，让玩家有机会表达自己，从而了解对方是否是志同道合的人。

在友情的第二个阶段——变成朋友中，两个人成为朋友的时刻是神秘而微妙的。通常，这一时刻会因为共同关心的话题而出现。在游戏中，这种话题通常是关于两个人共同的游戏体验。因此，在一次紧张的游戏体验后，给玩家提供互相聊天的机会，是鼓励他们建立友谊的最佳方法。另一种有效的方法是在游戏中建立一种正式的交友流程，如允许玩家将其他玩家添加到"好友列表"中。

在友情的第三个阶段——维系关系中，遇见别人和交朋友是一回事，维系关系则是另一回事。要维系关系，玩家需要在游戏中一起进行更多的活动。在现实世界中，这大多是基于朋友的互动，而在在线游戏中，游戏需要提供某种方式让玩家能够再次找到对方。这可以通过好友列表、公会或各种可以记住的昵称来实现。如果游戏没有为此作出相应的设计，玩家将很难维系他们的友谊，而这种友谊是维系整个社区的黏合剂。

不同的人喜欢不同类型的友情关系。成年人往往对有着相近爱好的朋友最感兴趣，而孩子则更喜欢和现实生活中的朋友一起玩游戏。好友关系对社区和游戏过程来说都是至关重要的。

### 3.4.3　维系社区活力

游戏中的好友关系不仅是简单的互动，更是社区形成和维系的重要力量。通过满足交谈的能力、值得交谈的人和内容，支持友情的各个阶段，明确冲突，建立社区公有财产，促进自我表达，增强互相依赖以及组织社区事件，游戏设计师可以创造出一个充满活力和凝聚力的玩家社区。这不仅能提升玩家的游戏体验，还能延长游戏的生命周期，带来更多的商业价值。

明确冲突是另一个关键因素。一支运动队伍之所以能够形成一个强健的社区，是因为他们与其他队伍存在竞争；教师和家长之所以能够形成一个社区，是因为他们都关注学生的学习进步。幸运的是，冲突是游戏中天生就有的部分，但并非所有的游戏冲突都能导致社区的形成。例如，单人游戏中的冲突很难产生一个社区。游戏中必须同时包含两类冲突：一类是刺激玩家证明自己优于他人的对抗性冲突，另一类是需要玩家合作解决的任务性冲突。通过这种方式，游戏可以激发玩家的竞争和合作精神，从而促进社区的形成和发展。

建立社区公有财产也是促进社区形成的有效途径。当游戏中创造出能够让多个玩家共同拥有的财产时，这些财产能鼓励玩家联合起来。例如，游戏中单个玩家可能无法购买一座城堡，但一群玩家可以共同拥有。这群人实际上就变成了一个即时建立的社区，因为他们需要频繁交流并保持相互的友情。当然，公有财产不一定是有形的，如公会的地位、成就、荣誉和排名等也可以成为社区公有财产。

自我表达在任何一个多人游戏中都是非常重要的。丰富且富有表现力的角色自定义系统深受玩家喜爱。同样，聊天系统中允许玩家发送表情或选择不同颜色和字体的文字显示，也很受欢迎。这些自我表达的方式使玩家能够展示个性，增强互动的趣味性。

互相依赖是社区形成的另一重要因素。单独产生冲突并不能形成社区，只有当玩家在解决冲突时得到其他人的协助，社区的价值才能体现出来。如果游戏设计成让玩家可以单独完成所有任务，那么社区的价值将被削弱。相反，如果游戏设计了许多需要玩家相互沟通和合作才能成功的场合，那么社区的价值将得到真正的体现。帮助别人的过程能够带来深层次的满足感，而游戏设计师需要创造出让玩家需要互相帮助且容易寻求帮助的场合，从而使社区变得更加活跃。

社区事件也是维系社区活力的重要手段。社区事件可以达到多种目的：它们给予玩家一些期盼的东西，创造共有的体验，让玩家感觉与社区有更多的联系；打破漫长的时间，给玩家一些可以记住的东西；保证玩家有机会与他人联系；频繁的通知让玩家不断回顾，以推测接下来要发生的事件。

### 3.4.4　游戏社区的未来

游戏社区作为人类生活中重要的一部分，已经经历了若干世纪的演变，其中绝大多数是由专业或业余的体育团队所形成的。随着互联网时代的到来，各种新型的游戏社区也开始变得重要起来。在如今这个新时期，一个人的网络身份已经变得非常重要且具有浓厚的个人色彩。选择一种线上的称呼和身份已经成为孩子和年轻人一种重要的仪式。大多数人在网上建立的身份会伴随他们一生，他们在 20 年前建立的昵称可能到今天还在使用，并且没有打算在将来改变它。

一个人能够获得的许多印象深刻的在线体验都是通过多人游戏世界实现的。结合这一点，可以很容易地想象到，在未来，玩家会在年幼时就在游戏中建立角色，并在他们成长过程中始终将其视为个人和职业生活的一部分。就像现在的人们通常终生支持一个特定的球队一样，一个玩家在年幼时加入的公会可能会影响他们一生中的个人社交网络。那么，在玩家去世后，这些在线身份和社交网络会发生什么情况呢？也许这些玩家会以某种形式的在线陵墓被纪念，或者他们的角色会被流传下来，传给他们的孩子和孙子，让未来的子孙与他们的祖先有一种奇特的联系。这是在线游戏开发的一个令人兴奋的时刻，因为正在创造的新型社区可能会成为未来几个世纪里人类文化中长存的元素。

几乎所有成功的社区都有许多常规事件。在现实世界中，这些事件可以是聚会、派对、竞技赛、练习赛或颁奖仪式。在虚拟世界中也是如此。这些事件在社区中能达到多种目的（见图 3-31）。

**给予玩家一些期盼的东西：**定期的社区事件让玩家有了期待，可以让他们有计划地参与游戏。

图 3-31　事件在游戏社区中能达到的目的

**创造共有的体验：**这些事件能让玩家感觉与社区有更多的联系，因为他们共享了同样的体验。

**打破漫长的时间：**定期的事件可以打破日常游戏的单调，给玩家一些可以记住的时刻。

**保证玩家有机会和其他人联系：**这些事件提供了一个平台，让玩家有机会与其他社区成员互动，建立和加强友谊。

**频繁通知：**这些事件的频繁通知让玩家不断回顾，以期推测接下来会发生什么，从而保持他们的兴趣和参与度。

通过这些策略，游戏设计师可以有效建立和维护一个强大的玩家社区，增强游戏的吸引力和持久性。社区不仅是一个交流和互动的平台，更是一个重要的战略资源，能够为游戏的长远发展提供持续的动力和价值。社区事件的成功举办不仅能增强玩家的归属感，还能为游戏带来更多的活力和创新。

**思考与练习**

本章深入剖析了玩家在游戏世界中的角色与体验，强调了玩家与游戏之间的深层次互动。在学习本章内容后，可以从以下五方面进行深入思考与练习。

（1）玩家行为与心理分析：通过案例分析，尝试识别并分类不同玩家的游戏动机、行为模式和心理特征，理解这些特征如何影响游戏体验设计。进一步探索如何运用心理学原理提升玩家满意度和沉浸感。

（2）个性化体验设计：基于玩家画像，设计并实施个性化游戏体验方案。思考如何通过动态难度调整、个性化角色定制、定制化内容推荐等方式，满足不同玩家的个性化需求。

（3）社交与社区建设：探讨如何构建有效的社交机制，促进玩家之间的互动与合作。设计并实施玩家互动活动，评估其对增强社区凝聚力和延长游戏生命周期的影响。

（4）反馈机制优化：建立多渠道的玩家反馈系统，收集并分析玩家意见。思考如何高效整合反馈，指导游戏内容的持续优化与迭代，确保游戏设计与玩家需求保持同步。

（5）新技术应用探索：研究 VR、AR 等新技术在游戏领域的应用案例，探讨如何将这些技术融入游戏设计，为玩家带来更为真实、沉浸的互动体验。同时，评估新技术应用对游戏开发流程、成本及市场推广的潜在影响。

通过以上这些思考与练习，将能更全面地理解并优化玩家体验，为打造引人入胜的游戏作品奠定坚实基础。

第4章

# 游戏故事创作

## 4.1 游戏故事的世界观

游戏世界观构建作为游戏设计的基石，其重要性不言而喻。它不仅奠定了游戏的背景与环境，更深刻影响着游戏的叙事逻辑和玩家的沉浸式体验。游戏世界观犹如文学作品中的世界观一般，是构建虚拟世界的灵魂所在。一个独特且引人入胜的世界观，能够为玩家提供一个充满未知与惊喜的虚拟空间，使他们在探索与冒险的过程中，获得无与伦比的刺激与乐趣。

很多人对于游戏世界与世界观的认知存在着一定的误区，将其视为空洞且不切实际的概念，认为其价值远不及玩法机制的优化来得直接有效。这种观点忽视了游戏世界观作为艺术表达的重要意义。一个优秀的游戏世界及世界观，能够将游戏从单纯的娱乐方式提升至艺术的高度。它如同文学作品中的世界观一样，承载着创作者的思想与情感，能够引发玩家的共鸣与思考，甚至影响其价值观与人生观。

在构建游戏世界之前，必须深刻理解"世界"的概念以及人们对于世界观的定义。这不仅能够帮助设计师明确游戏世界的构建方向，还能让玩家在游戏中获得更加深刻的体验与满足感。游戏设计师需要思考：这个世界运行的规则是什么？其中蕴含着怎样的历史与文化？不同种族与势力之间存在着怎样的关系？只有对这些问题进行深入的思考和构建，才能创造出一个真实可信、引人入胜的游戏世界，并将其作为一种文化表达和艺术创造的载体，赋予游戏更深层的意义。而 AIGC 技术在这一领域的应用，无疑为世界观的构建带来了前所未有的可能性，使得游戏设计师能够创造出更加丰富、细致和动态的游戏世界，为玩家带来更具沉浸感的游戏体验。

## 4.1.1 世界观

世界观（world views）是一个人对整个世界以及人与世界关系的总体看法和根本观点。它是个人生活实践的总结，在普通人那里往往是自发形成的，需要思想家进行自觉的概括和总结并给予理论上的论证，才能上升为哲学。简而言之，世界观就是从根本上去理解世界的本质和运动根源，解决世界是什么的问题。

尽管世界观看似庞杂模糊，但更重要的是认识到世界的客观性。大多数人习惯带着成见看待现实世界，并将自己的偏见强加于现实。人们往往依靠既有观念而非亲身观察来理解现实，假定现状与预设的观念相似，这比亲眼观察要来得方便得多。

游戏故事的世界观很难有一个统一的定义。正如"一千个读者就有一千个哈姆雷特"一样，一千个游戏参与者（包括开发者和玩家）可能就有一千个不同的概念。这里可以将游戏故事的世界观定义为：对游戏场景的主观先验性假设，它与游戏系统概念相对应。

游戏系统是指通过玩家的操控，对一个游戏世界观进行阐释，并保证游戏世界观在游戏中发挥作用的综合手段。游戏世界观和游戏系统有交融之处，涉及游戏世界规则的部分，游戏世界观需要通过游戏系统的解读来传达。二者的区别在于，游戏世界观偏重描述性，而游戏系统则偏重操作性（见图 4-1）。前者告诉玩家这是一个什么样的游戏世界，后者则规定在游戏中能做什么、不能做什么以及做了会有什么后果。

游戏世界观、核心价值观、游戏系统三者通过游戏的核心价值观连接，形成一个 X 型的稳定结构。游戏价值观是在游戏世界观基础上抽绎出的对游戏世界根本规则的评判。在成熟

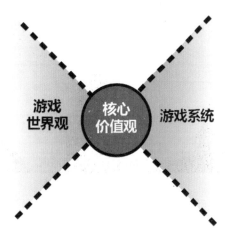

图 4-1　游戏世界观和游戏系统通过核心价值观连接

的游戏设计里，游戏世界观像金字塔的底座，支撑着上层的核心价值观和游戏系统，共同构筑出完整的游戏结构。

不同于偏重操作性的游戏系统，世界观的特点在于描述性，它利用各种手段来展现一个怎样的游戏世界。讲述是传达世界观的重要方式，如游戏开头的 CG 动画，可以揭示游戏的画面风格、角色形象、武器道具乃至人物关系等，帮助玩家理解和探索游戏世界。进入游戏后，场景设计、对话语气、出行工具甚至怪物设定，无不在展现游戏特有的世界观。

　　游戏中几乎所有元素都是世界观的一部分，包括时代背景、画面风格、政治经济文化、人物造型、色彩音乐等。像《魔兽争霸》这样的游戏大作，世界观极其丰满，从宇宙起源、种族历史到政治军事、信仰习俗，现实中的各个方面在游戏里都能找到对应，共同构成一个有机而逼真的虚拟世界。玩家可以领略其中丰富的神话元素，感受哥特、巴洛克等风格的建筑服饰，体验"平行宇宙"的奇思妙想。所有这些显性或隐性的因素，都在塑造一个完整的世界观。

　　事实上，不存在没有世界观的游戏。因为游戏是人类的创造物，制作过程中必然要搭建场景、制订规则，主观假设不可避免地参与其中，否则游戏无从成型。而无论是玩家、设计师还是欣赏者，也都会将自己的主观思考代入游戏之中，对游戏的假设作出回应。这种互动正是游戏的本质属性之一，也是游戏世界观发生效果的表现。

　　在诸如《最终幻想》《魔兽争霸》等大制作游戏中，世界观表现得比较明显且完整，而在一些小品游戏特别是桌面小游戏中，世界观的表现则相对隐蔽，容易被忽视，甚至被认为不存在，但这只是一种误解。以《俄罗斯方块》为例，可以这样描述其世界观："这是一个幻想的世界，天空中经常会出现四个一组的宝石，在和现实世界一样的重力作用下下落到一口井中。当宝石接触到井的上沿时，这个世界就将毁灭。如果宝石将井的一层全部填满，那这一层的宝石就会全部消失，堆在上面的宝石也将落下，填补空间。这时一位勇者出现了，他能用自己的念力控制空中的宝石旋转并改变位置，他的任务就是将宝石放到适当的地方来阻止世界的毁灭……"（见图 4-2）。

图 4-2　《俄罗斯方块》的世界观

　　这样一来，《俄罗斯方块》作为一款看似简单的游戏，其实也有构成世界观的基本要素。虽然它的世界观表现得较为隐蔽，但仍然形成了一套自洽的逻辑体系，为玩家理解和参与游戏提供了基础。

　　所以，世界观是游戏不可或缺的一部分。它以显性或隐性的方式，通过各种元素来塑造游戏独特的时空背景、事件逻辑、价值取向等，从而营造出一个虚拟而逼真的世界，吸引玩家沉浸其中、体验其乐趣。对玩家而言，理解游戏的世界观，有助于更好地把握游戏的精髓，获得游戏的乐趣；而对于游戏开发者来说，精心构筑完整而有吸引力的世界观，是开发优秀游戏不可或缺的一环。

## 4.1.2　游戏世界观的层次和要素

　　游戏世界观的构建是一个复杂且有机的过程，可以分为三个层次：表象、规则和思想。这三个层次相互影响，形成了一个完整的游戏世界观结构。任何一个层次的变化都可能对其他层次产生重要影响，甚至颠覆整个世界观系统。因此，游戏设计师在描绘世界观时必须非常谨慎，尤其是在开发游戏续作时，更要努力保证世界观的连续性，以便让老玩家感到熟悉和亲切，从而愿意继续消费该系列。就像蝴蝶效应一样，几个看似不起眼的改变可能会改变一个游戏系列的未来（见图4-3）。

**构建游戏世界观的三个层次**

表象层次 ⟶ 规则层次 ⟶ 思想层次

图 4-3　构建游戏世界观的三个层次

### 1. 游戏世界观的第一个层次：表象层次

表象层次是指游戏中可以直接被感官所感知的信息，如图像、文字、声音和动作等。这些是游戏世界观最基础的表达方式。游戏作为一种多媒体艺术，通过综合运用各种艺术形式，向玩家传递有关游戏世界观的信号，是最方便的选择。在这个层次，本书总结出以下三个世界观元素：图像、音乐、剧情（见图4-4）。

图像　色彩　形象　构图　动作　……

音乐　古典音乐　摇滚乐　民族音乐　New Age音乐　……

剧情　起源历史　种族文化　风土人情　英雄与反派　……

图 4-4　表象层次中的世界观三元素

1）图像

数字游戏首先是一种视觉传播媒体，因此图像在讲述世界观的过程中发挥着首要作用。构成游戏图像语言的主要方面包括色彩、形象、构图和动作等。

**色彩：**马克思曾经说过，"色彩是大众最普遍的美学表现形式"。在游戏中，色彩往往给人最直观的印象，让人对游戏的风格有一个初步的认识。例如，暗黑风格的游戏多采用灰暗、冷峻的色调，而卡通风格的游戏则多用明亮、鲜艳的色彩。

**形象：**形象是最直接反映游戏世界观的视觉元素。人们经常会说某个游戏的世界观是西方魔幻式的，另一个游戏是东方神话式的，这种判断在很大程度上来源于游戏中各种形象的设计，如人物造型、服装设计、建筑设计和背景设计等。

**构图：**构图是为了表现作品的主题思想和美感效果，在一定的空间内安排和处理人、物的位置和关系，把个别或局部的形象组合成一个艺术的整体。它在图像语言中有重要地位，但却很少被人理解。人们有时会说一个游戏的视角有问题，这就是游戏画面的构图出现了偏差。

**动作：**动作通过角色的肢体语言来展示角色的性格和归属。特别是在角色扮演游戏和动作格斗游戏中，不同种族、职业之间的动作往往代表游戏角色的个性和不同文化。例如，在《魔兽世界》中，不同种族和职业的动作设计各具特色，展现了游戏角色的独特性。

通过色彩、形象、构图和动作等图像语言的要素，游戏能够向玩家传达其特有的世界观。例如，游戏《鬼泣》在图像语言上就很好地烘托了游戏主题。游戏中的主角但丁身着火红色的风衣，银色短发和手中的兵器相映成趣，而周围环境基本以灰黑色为主，突出怪物藏身处的阴森恐怖。怪物本身则大量运用冷色调，如蓝色、紫色和绿色，表现出它们的危险和凶恶。整个游戏场景的色彩构成有浓郁的哥特艺术气息，红色和黑色的强烈对比不仅带来了视觉震撼，还营造出一种躁动不安的情绪，完美契合了游戏与怪物搏斗的主题。更值得一提的是《鬼泣》中的人物动作设计。就是但丁自然流露的耍酷表演，大张大合的招式配合敌人的压迫力，加上激烈、快节奏的电子乐，使得游戏氛围提升到了极致。虽然还有很多不完善的地方，但这些特点让它在 PS2 的早期成为一款完成度极高的"双白金"（超过 200 万套）经典之作。

2）音乐

作为多媒体传播工具，游戏自然不会把音乐排除在外。音乐在游戏中起到的作用类似于"红花虽好也要绿叶的陪衬"，它能够增强游戏的氛围，深化玩家对游戏世界观的理解。在不同类型的游戏中，音乐的风格往往与游戏主题紧密相关。

**古典音乐：**常出现在背景悠久、气势磅礴的游戏中，如经典 RPG 游戏《最终幻想》系列；这些游戏的世界观庞大复杂，使用古典音乐可以营造出一种历史悠远、神秘庄严的感觉。

**摇滚乐：**多用于激烈、充满动作的游戏，如《魂斗罗》和许多战争题材的射击游戏。摇滚乐的强烈节奏和张力能够使玩家感受到战斗的紧张和刺激，使人热血沸腾。

**民族音乐：**结合传统乐器，如中国古典乐器，更适用于背景设定在历史或神话中的游戏。如《三国志》系列和《仙剑奇侠传》，使用中国传统音乐能够让中国玩家感受到亲切感，并准确传递游戏中的文化背景。

**New Age 音乐：**以其空灵、深邃的旋律，适合描述梦幻、神秘的世界，如《仙剑奇侠传》。通过这种音乐，玩家能够更轻松地沉浸在游戏世界的情节和氛围中。

音乐不仅是游戏进行时的背景元素，它还承载了游戏场景的感情和氛围，甚至在某些情况下，它能够成为游戏的标志之一。正如大家熟悉的《超级马里奥》《塞尔达传说》《最终幻想》中的主题曲，这些音乐在初次接触便能令人倍感亲切，深深印刻在玩家的记忆中。

3）剧情

剧情是世界观最集中的表现形式。通过讲述故事，游戏能够系统地介绍其假想世界的起源、发展、种族、文化、历史等方面。在某种意义上，好的游戏剧情与文学作品相似，都是通过叙述、对话和描述等手法来表达某种思想或情感。以下是游戏剧情中世界观的几个核心要素。

**起源历史：**游戏的背景通常会从世界的起源开始讲起，逐步展示各个种族或国度的发展历史。这些故事不仅有利于世界观的建立，还能够为玩家的角色提供背景和动机。

**种族文化：**不同的种族、文化和国家构成了游戏世界的多样性。例如，《魔兽世界》中有多个种族，每个种族都有自己独特的文化、宗教和习俗。这些元素都显著地增强了玩家对世界的理解和代入感。

**风土人情：**通过具体场景的展示，游戏能够表现出其独特的风土人情。例如，游戏中的村庄、城市、市场、宫殿等地方，通常会有特定的建筑风格、服装、语言和生活方式，这些都能反映出游戏世界的特点和背景。

**英雄与反派：** 如同电影和小说，游戏也需要通过展示英雄和反派的故事来传达其世界观。英雄往往代表了游戏所宣扬的价值观，而反派则是其对立面的体现。通过英雄和反派的交锋，玩家得以体会到游戏想要传达的情感和理念。

游戏剧情以其连贯、系统的叙述方式，将一个充满奇思妙想的世界完整地呈现在玩家面前。例如，《魔兽世界》的剧情通过丰富的任务线和故事线，将不同种族的历史、人际关系和世界大事件结合在一起，形成一个庞大而复杂的世界观。这不仅让玩家在游戏中有了更多的目标和动力，也让玩家对游戏世界有了更深的了解和互动。

所以，游戏世界观的构建是一个综合性的过程，涉及图像、音乐、剧情等多个层面和要素。通过这些丰富多彩的元素，游戏能够打造出一个独特而引人入胜的世界，让玩家在其中尽情探索、体验和享受。

2. 游戏世界观的第二个层次：规则层次

在探讨游戏世界观的构建时，通常会先注意到其表象层次，如画面、音效、故事背景等显而易见的要素。然而，隐藏在这些表象之下的规则层次却常常被忽视，这些规则对于游戏世界的运作起到至关重要的作用。规则层次的世界观虽然不直接显露，但却是描绘游戏世界运作方式的核心工具（见图 4-5）。那么，如何理解和运用这一层次的世界观呢？

图 4-5　规则层次中的要素

1）《龙与地下城》的规则层次

这里通过深入分析具体的例子，如已经在中国玩家中广为熟知的《龙与地下城》（*Dungeons & Dragons*，D&D）来探索这一话题。提到《龙与地下城》，大多数人首先想到的是其丰富的历史背景、种族设定、职业选择、城镇建筑、人物形象以及绚丽的魔法效果。这些都是 D&D 世界观的重要组成部分，但它们只是冰山一角，更深层次的世界观则依赖于游戏设计师所构建的一套规则体系，这些规则决定了这个虚拟世界是如何运作的。自桌面游戏时代开始，《龙与地下城》便拥有一套独特的运作规则。简而言之，D&D 的核心是一套数学规则：每个动作是否能成功，如何判定动作效果，效果是必然的还是随机的，均由这套数学规则决定。这套数学架构主要基于概率论，尤其体现在使用 7 颗（6 种）骰子产生的随机数之上，其中特别重要的是 20 面骰（D20），用于进行大多数的"成功率检定"。

在实际游戏中，每当玩家尝试进行一个有失败概率的动作时，都需要掷一次 D20 骰子，并将结果加上相关的调整值，与目标数值相比较。如果结果大于或等于目标数值，动作成功；否则，动作失败。这一过程被称为 "D20 系统"。除了 D20 外，D&D 还使用 D12、D10（两颗，用于投百分比）、D8、D6 和 D4 等骰子，几乎可以计算整个 D&D 世界的所有事件。这个看似简单的 D20 系统实际上包含了丰富的元素和复杂的机理。通过这套系统，D&D 不仅能清晰地模拟角色在游戏世界中的行为和事件，还能为游戏的各方面提供明确的数值依据。举个例子，要 "打开一个箱子"，如果箱子只是稍微卡住，可以直接设定其难度为 5，普通人一次成功的机会极高；如果箱子锁住，难度可能提升至 20，普通人则需要多次尝试；而如果箱子上的锁极其坚固，难度可能超过 20，只有训练有素的锁匠才能成功。这种理性数值判断正是游戏设计师对世界运作规律的写照。

《龙与地下城》的数学系统不仅让游戏中的一切事件可以通过数据来判断和解析，而且这种基于数据的概率设定符合西方文化中从文艺复兴到现代化发展的中心思想之一：通过概率保证事件发展的指向性，同时也满足了突发事件出现的可能。例如，在游戏中，每次战斗、每个魔法、每个角色的决定都可以通过掷骰子来确定成功与否和效果强弱，从而让玩家在体验游戏的过程中感受到一种动态的紧张感和不确定性。《龙与地下城》从桌面游戏逐步演化到计算机游戏和网络游戏时，这些数学规则几乎无缝地融入了新的电子平台中。玩家在游戏过程中无须再手动掷骰和查阅规则，因为规则的执行和监督都由计算机完成。然而，不论游戏系统如何进化，其背后的规则体系始终如一，这使资深 D&D 玩家可以轻松从一个版本切换到另一个版本，因为这些游戏形式都指向了同一个基于数学规则构建的世界。

2）小游戏的规则层次

一些桌面小游戏的世界观在表现上没有那么明显，经常容易被忽视，甚至被认为是没有世界观的，但是事实上，这些游戏通过规则层面的设计精确传达了其核心世界观。例如，《俄罗斯方块》（见图 4-6）看似简单，但其背后却蕴含着清晰且严谨的规则体系，揭示了一个别具一格的游戏世界观。下面来详细分析《俄罗斯方块》。

系统从七种方块组合中随机产生一个方块下落，每种方块均由 4 个块组成。

在方块下落的过程中，玩家可以对其进行 90° 旋转；如果下落方块的下方已有其他方块阻挡，则结束下落，并产生新的下落方块。

当已停止方块中有一行没有空隙时，该行会被消除，其上方的方块会全部下落。

图 4-6　EA 出品的《俄罗斯方块》

当系统产生新的下落方块时，如果下方空间不足以放置完整的下落方块，游戏结束。

可以看出，《俄罗斯方块》实际上是建立在 "下落—填充—消除" 这一基础假设之上的。其表象层面的世界观仅是"方块、下落、消除",但这个游戏的与众不同之处在于其规则层面。正是这种规则体系让不同的玩家在相同的基础上体验到不一样的策略和挑战。

深入分析上述经典游戏的规则层次,可以发现游戏规则不仅是操控角色的手段,它更是帮助玩家理解和互动游戏世界的重要工具。游戏设计师在创建规则时,往往将规则与世界观紧密结合,通过规则传达游戏世界的独特性和运作机制。例如,在 RPG 中,规则往往不仅限于战斗和动作判定,还包括角色成长、资源管理等系统。一个典型的 RPG 可能会设定角色通过经验值(XP)提升等级,进而提升各项能力。这种基于等级的成长机制实际上也是世界观的一部分:它传递了一种历练和成长理念,角色通过不断地冒险和战斗才能变得更强。

再举一个例子,策略游戏(如《文明》系列)的规则层次往往涉及更为复杂的经济系统、外交关系、科技树等。玩家通过执行这些规则来拓展领土、发展科技、管理资源,从而体验到一个完整的历史模拟世界。这种基于规则的互动不仅是游戏的玩法,还是对游戏世界观的精确展示:一个复杂多变的社会和历史进程。深入分析上述经典游戏的规则层次,可以发现游戏规则不仅是操控角色的手段,还是帮助玩家理解和互动游戏世界的重要工具。游戏设计师在创建规则时,往往将规则与世界观紧密结合,通过规则传达游戏世界的独特性和运作机制。

### 3. 游戏世界观的第三个层次:思想层次

游戏世界观不仅是游戏机制和设定的外在框架,更重要的是思想层次,即游戏设计师通过游戏向玩家传达的深层主张和理念。数字游戏作为一种艺术形式,承载着设计师的独特视角和深刻思考,正如其他艺术作品一样,数字游戏也具有传达思想、引发思考的功能(见图 4-7)。

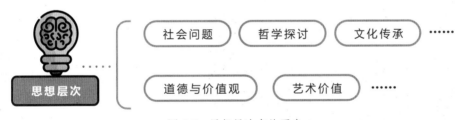

图 4-7　思想层次中的要素

尽管数字游戏在公众视野中仍然存在一些偏见,类似于在电影早期,人们对其商业动机和技术背景的质疑,但随着时间的推移,这些偏见正在逐渐被事实和实际影响所驳斥。电影已经被认作一种永久的艺术形式,数字游戏也正在走向同样的认可。数字游戏不仅是娱乐工具,还是数字时代的艺术创作,设计师们通过游戏表达他们对世界的独特见解和主张。

1)小岛秀夫与《合金装备》的思想深度

在讨论游戏中的思想层次时,不能不提到小岛秀夫和他的《合金装备》系列。小岛秀夫作为一位极具创造力的游戏设计师,通过《合金装备》系列传递了深刻的世界观和思想。在创作《合金装备 3》时，小岛秀夫亲自体验了一次与游戏场景相似的真实环境，希望能够将自己的真实感受代入游戏中。这种体验不仅体现在游戏的画面和机制上，还深层次地影响到了游戏的思想内涵。

《合金装备》系列中的每部作品都围绕一个主题展开，如《合金装备 1》的主题是"基因"，探索父母将基因传递给孩子的过程。通过主角 Snake 和反派 Liquid（均为 Big Boss 的克隆体）的对立，游戏探讨了基因的可能性和命运的博弈。在《合金装备 2》中，主题转向"知识基因"，即那些没有编码在 DNA 中的知识、意识形态、情感、语言、艺术和文化。这一主题引发了关于如何传递这些"知识基因"的深刻思考。

小岛秀夫的作品不仅是关于基因和知识的传递，更深入探讨了"时间 / 现场"的变迁对人类价值观的影响。善与恶、光与暗以及人类的道德标准都随着时间改变而变化。通过这种层层深入的探讨，《合金装备》系列（见图 4-8）最终倡导反战和反核武器的主题。这些深刻的思想使《合金装备》超越了普通游戏的范畴，成为一部具有强烈思想深度的艺术作品。

图 4-8　《合金装备崛起：复仇》游戏 CG

图 4-9　《黑神话：悟空》中的孙悟空角色

2)《黑神话：悟空》的东方神话哲学

游戏制作人冯骥领导的游戏科学工作室开发的《黑神话：悟空》同样具有深刻的思想内涵。以中国古典名著《西游记》为基础，通过次世代的游戏技术和独特的叙事手法，将经典的东方神话故事重新诠释并呈现给玩家。

在《黑神话：悟空》中（图 4-9），叙事与动作始终是推动游戏发展的核心动力，但游戏不仅停留在华丽的战斗和精美的画面上，还深入探索了宿命、自由和自我认知等深层次的主题。游戏中，每个角色的选择和命运都充满了未知性，巧妙地传达了人生道路不可预知的本质。

《黑神话：悟空》的创新之处在于其对传统文化的现代化解读和技术上的卓越表现。游戏以开放世界的形式，让玩家在熟悉却又充满新意的神话世界中自由探索。通过细腻的环境设计和引人入胜的剧情，玩家不仅能体验到孙悟空的传奇历程，也能感受到角色背后更为深刻的人性思考。

冯骥通过《黑神话：悟空》向玩家传递了一种观念：无论选择怎样的道路，面对怎样的挑战，最终的结果都是未知的，但正是这种未知性赋予了旅途意义和价值。这种深刻的理念有望使《黑神话：悟空》超越普通的动作角色扮演游戏，成为一部用电子游戏重塑东方神话、探讨人生哲理的经典之作。

3）艺术与游戏：超越娱乐的审美体验

如小岛秀夫和冯骥这样，将游戏视为艺术创作的设计师，使数字游戏摆脱了单纯娱乐的形象，进入了真正的艺术创造空间。

数字游戏的思想层次不仅在于表面的娱乐和感官刺激，还在于其背后的深刻思考和艺术表达。现代主义的超文本和虚拟现实场景，以及交互式对话的创新，使得游戏成为一种具有高度文化价值的艺术形式。设计师们通过游戏探讨哲学、社会和人类本质的问题，让玩家在娱乐的同时进行深刻的思考和反省。

数字游戏作为艺术形式的潜力被广泛认可和挖掘，正是因为有像小岛秀夫和冯骥这样富有思想深度和艺术见解的设计师。他们通过游戏表达对世界的独特看法，构建充满深意的世界观，使游戏超越了简单的娱乐工具，成为引发深思和启迪智慧的艺术作品。

## 4.1.3　未来的游戏世界

游戏世界观的三个层次——思想、规则和表象，构成了一个有机的整体。它们共同决定了游戏的成功与否。通过小心谨慎地继承和创新世界观，游戏开发者可以创造出令人难忘的作品，吸引大量忠实的玩家。未来的游戏设计将越来越注重思想层次的表达和艺术性的呈现。设计师们需要不断探索新的表达方式和技术，从而将深刻的思想和理念融入游戏之中。游戏不仅要在机制和画面上吸引人，更要在思想层次上引发玩家的共鸣和思考。

游戏世界观的欣赏是玩家接触游戏的第一方式，这个过程远比玩家正式开始游戏要早得多。在游戏还没有发售，甚至还没有开发完成的时候，世界观的信息就能通过文字介绍、游戏截图、视频资料等方式向玩家传递游戏的基本情况。因此，"卖游戏先卖世界观"不仅是游戏发售时的策略，也是贯穿在游戏策划、开发、销售的重要指导思想。怎样将游戏世界观包装得受人喜爱，并乐意为之付款，是每个游戏设计师需要认真思考的问题。

未来的游戏设计应当继续在这一方向上探索，通过深刻的理念和创新的技术，为玩家提供更加丰富和深刻的艺术体验。数字游戏不仅是数字时代的娱乐工具，更是引发深思和启迪智慧的艺术形式。设计师们应当勇敢地承担起这一责任，通过游戏传达他们对世界的独特见解，让游戏成为连接思想和艺术的新媒介。

通过游戏传达思想需要巧妙地将哲学、文化和社会问题融入游戏的故事和玩法中。设计师们应当勇敢地探讨当代社会的复杂问题，如生态环境、人工智能和人类伦理等，通过游戏提供一种独特的视角，引导玩家思考这些问题。

随着虚拟现实和增强现实技术的发展，游戏的交互性和沉浸感将进一步增强，为思想层次的表达提供了更广阔的空间。设计师们可以利用这些新技术，构建更加丰富和多

图 4-10　电影《头号玩家》CG

维的游戏世界，使玩家在身临其境的体验中感受到设计师的思想传达（见图 4-10）。

未来的游戏不仅将是娱乐和消遣的工具，更将成为一种重要的文化艺术形式，在思想层次上引领玩家进行深刻的思考和探索。游戏设计者应当肩负起这一新的使命，通过创新和卓越的艺术创作，将游戏世界观提升到一个新的高度，为玩家带来更加丰富和有意义的审美体验。

## 4.2　交互式游戏故事

### 4.2.1　互动叙事的基本概念

交互式叙事（interactive storytelling）是指在叙事过程中，故事线的展开根据观众对叙事系统的输入而变化，从而使观众感受到亲身参与到故事中的感觉。由于数字游戏的天然交互性和多媒体特性，它们成为交互式叙事的理想平台。在许多游戏中，从文字冒险游戏的故事分支到 RPG 中 NPC 对不同玩家行为的不同反应，交互式叙事已得到广泛应用。交互式叙事不仅提升了玩家的代入感，还有助于呈现复杂、多维度的故事架构。然而，目前的技术限制仍然存在。每个玩家的动作所引起的反应需人工全面列举，限制了玩家对游戏故事的影响范围。即使技术足够成熟，设计上的难题依旧存在：玩家行动自由与故事一致性之间的矛盾。交互式叙事必须在玩家自由度和剧情控制之间找到平衡，以确保故事发展逻辑严谨且主题明确。

### 4.2.2　模块化的写作

为了解决玩家行动自由与故事一致性之间的矛盾，可以使用"模块化写作"方法。该方法将故事分解为基础性的叙事模块，每个模块独立编写，通过精心设计的接口连接。这种方法带来了以下优点。

**提高创作效率：** 编写者可以专注于独立的小模块，而不必负责整个故事的复杂性。

**便于协作：** 不同编写者可以分别创作不同模块，只需遵循接口规范即可。不仅扩大了创作资源，还有利于众包模式。

**易于维护和更新：** 模块化结构使得对某部分内容的修改和更新不需要对全局进行调整，降低了维护成本。

模块化写作是一种灵活、高效的写作方法，适用于需要管理复杂内容的诸多领域，包括视频游戏、电影、电视剧以及文学作品。具体到数字游戏中的交互式叙事，这种方法特别有助于处理大规模、多线性、互动性强的剧情。模块化写作将一个复杂的故事或任务拆分成多个独立但彼此关联的模块或章节。每个模块可以专注于一个特定的情节、角色或事件。这样，每个模块都相对独立，但可以通过设计和编排形成一个整体的、连贯的故事。

在大规模游戏开发项目中，不同团队可以并行工作，各自负责不同的模块。例如，一组编剧负责主线剧情的核心事件，另一组编剧则专注于支线任务或角色发展的细节。这种组织方式不仅提高了效率，还有利于进行更专业化的创作。此外，模块化写作易于版本控制和内容更新。由于各个模块相对独立，改变一个模块的内容不会直接影响其他模块。这使得开发团队可以更灵活地处理内容修改和扩展。

首先，通过任务分解，多个团队或个体可以并行工作，显著提高生产效率。这种方法特别适用于大型开发团队或需要快速迭代的项目。其次，模块化写作允许更详细地探索每个角色和情节，有助于创建更丰富和多层次的故事，因为每个模块都可以深入发展，而不必担心会干扰主线剧情。最后，模块化设计使得故事情节更具灵活性。开发团队可以更容易地插入或删除特定情节，调整故事方向以适应玩家反馈或设计需求。

然而，确保各模块之间的一致性是一个关键难题。尽管每个模块可以独立发展，但所有模块必须在世界观、人物设定和剧情逻辑上保持一致。这需要各个编剧和设计师之间的紧密沟通与合作，以及有效的编辑和监督机制。此外，在交互式叙事中，玩家的选择和行为会影响多个模块的内容和结局。如何管理这些互动关系，确保玩家的选择在整个游戏过程中有逻辑性的反馈，是一个复杂的问题。

下面介绍实施模块化写作的关键步骤（见图 4-11）。

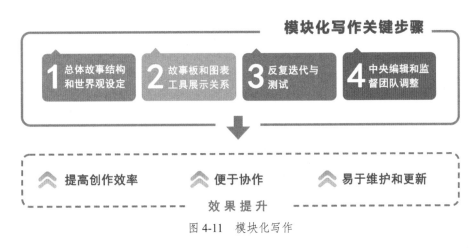

图 4-11　模块化写作

（1）必须有一个详细的总体故事结构和世界观设定，包括主要情节线、主要角色和核心事件的定义。然后是分工与协调，将整体任务分解为多个子任务或模块，并指定职责明确的团队或编剧负责每个模块。

（2）通过故事板和图表工具，可以更直观地展示整个故事的结构和模块之间的关系，这些工具可以帮助开发团队更好地理解故事的全貌和各部分的互动关系。

（3）反复迭代与测试，通过玩家测试和反馈，开发团队可以识别并修正各模块之间的不一致性，同时优化模块的互动性和叙事效果。

（4）设立一个中央编辑和监督团队，负责审核和调整各模块的内容，确保整体故事的一致性和流畅性。

例如，在一个开放世界角色扮演游戏中，玩家可以自由探索不同的区域，每个区域都有自己的故事和任务模块。初期规划时，开发团队确立了游戏的总体背景：一个魔法王国被邪恶势力侵袭。然后将整个游戏地图分为若干区域，每个区域都有不同的故事模块。

区域 A：王国首都——主要讲述国王和皇室的故事。

区域 B：秘密森林——玩家在这片区域可以发现隐藏的魔法秘密和历史遗迹。

区域 C：边境战争——玩家需要参与和敌国的战斗。

每个区域由不同的小组负责开发，各自专注于区域内的任务和故事。中央编辑团队负责确保所有区域的故事在总体背景下保持一致，并管理玩家在不同区域的互动和选择。

随着游戏开发技术的进步和玩家对故事互动需求的提高，模块化写作将变得更加普及和完善。未来，通过更加智能化的工具和方法，如 AI 辅助写作和实时协作平台，模块化写作的效率和质量将进一步提升，使得游戏中的交互式叙事变得更加丰富和多元化。

## 4.2.3　选择分支

选择分支（branching choices）是互动叙事中的一种关键机制，通过赋予玩家在故事进程中的决策权，来影响情节的发展和结局。选择分支机制不仅增强了游戏的互动性，还显著提升了玩家的参与感和沉浸感。选择分支机制的基本思想是在游戏关键节点提供多个选项，每个选项通向不同的后续情节。这种多线性故事结构允许玩家通过选择不同的路径体验独特的故事发展。以下是选择分支机制的三个重要组成部分。

**关键节点（key nodes）：**故事过程中预先设定的节点，这些节点是玩家需要作出选择的地方。每个关键节点通常带有多个选项，每个选项通向不同的分支路径。

**分支路径（branching paths）：**指玩家根据选择所经历的不同情节线。在一个典型的分支结构中，玩家的每个选择都会导致故事朝不同的方向发展，这些分支路径有可能会重新汇合，也有可能会独立走向不同的结局。

**结果（consequences）：**玩家的每个选择都会引发不同的后果，影响游戏的世界状态、NPC 行为和最终结局。这些结果通常是预先设计好的，并与玩家的选择密切相关。

选择分支的技术实现涉及多方面，包括叙事设计、脚本编写和数据管理。以下是三个关键技术点（见图 4-12）。

**分支树设计（branching tree design）：**一种用于可视化和组织选择分支的工具。开发者可以通过这种工具直观地设计复杂的分支树结构，确保故事的逻辑性和一致性。

**脚本和事件系统（scripting and event systems）：**选择分支通常通过脚本语言实现。现代游戏引擎（如 Unity、Unreal Engine）提供了强大的脚本和事件系统，开发者可以使用这些工具编写和管理分支逻辑。

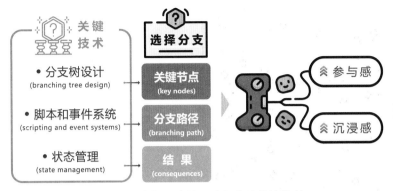

图 4-12　选择分支是互动叙事的关键机制

**状态管理**（**state management**）：记录和管理玩家的选择和状态是选择分支实现过程中关键的一步。状态管理系统需要能够追踪玩家的每步选择，并根据这些选择动态地更新游戏世界。

选择分支机制在互动叙事中既有显著的优势，也面临诸多挑战。首先，在优势方面，选择分支让玩家在游戏进程中拥有更多的控制权，增强了互动性和参与感。这种机制带来的多种不同结局和情节路径，也大大提升了游戏的重玩价值，使玩家可以多次重玩游戏以探索不同的故事体验。此外，选择分支还能使每个玩家的游戏体验独特，提供个性化的故事内容。然而，选择分支机制也带来了不少挑战。其中，设计一个合乎逻辑且有趣的分支结构需要大量的策划和创意工作，特别是在保持故事一致性和逻辑性方面，这无疑增加了设计的复杂度。与此同时，为了创建和测试多个分支情节，通常需要更多的开发资源，包括时间、人力和财力。确保所有分支路径的平衡性和合理性，并进行充分的调试，以避免逻辑漏洞和不平衡的游戏体验，也是一个巨大的挑战。尽管存在这些困难，通过有效的设计和技术实现，选择分支机制依然能够显著提升互动叙事的深度和丰富性，带给玩家独特而难忘的游戏体验。

# 4.3　利用 AIGC 生成故事情节

## 4.3.1　动态生成叙事内容

动态生成叙事内容是模块化写作中的一种先进技术，特别适用于交互式叙事和大规模游戏开发，通过自动化的方式创建、调整和发展故事情节。这种方法基于预定规则、玩家行为以及实时数据生成内容，以实现有机和响应性的叙事体验。动态生成叙事内容主要有以下几个关键步骤和特点。

动态生成叙事需要一个强大的基础架构，其中包括既定的世界观、角色设定和核心剧情。这些基础元素确保生成内容有统一的风格和逻辑。设计团队会定义一些基本的规则和参数，通过这些规则和参数，系统可以在此基础上自动化生成具体的内容。这些基础元素会被反复利用并组合成各种可能的情节路径和互动方式。

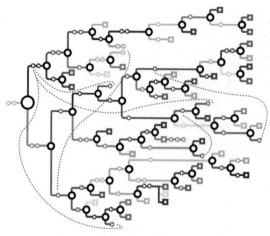

图 4-13　强大的动态生成叙事基础架构

系统会根据玩家的行为和选择生成相应的故事内容。这需要实时跟踪和分析玩家在游戏中的行动和选择（见图 4-13）。例如，某个玩家选择帮助一个特定的角色，系统会自动调整后续剧情中该角色的行为和对话，并可能开启或关闭某些任务线。这种实时回应不仅使故事更加个性化，还能增强玩家的沉浸感和参与感。

动态生成叙事内容还利用算法和 AI 技术来创建细节丰富的情节。AI 可以基于现有的剧情模板和玩家的选择，生成新的对话、事件和任务。例如，一款游戏中，玩家的选择可能触发 AI 生成一个此前未设计的任务线，任务中的对手和挑战可以根据玩家的游戏风格和技能自动调整。这样，每个玩家的体验都是独特的，真正实现了千人千面的游戏体验。

除了玩家行为，动态生成叙事内容还可以基于外部数据或随机事件。例如，系统可以根据实际的时间和日期生成特定的节日或季节性任务，或者根据全球玩家社区的总体行为趋势调整某些游戏事件的频率和难度。这样的机制不仅使得游戏叙事更加丰富和多变，也能增强社区参与感和游戏的长期吸引力。

实现动态生成叙事内容的关键还在于反复测试和优化。开发团队需要不断进行内部测试和玩家测试，以确保动态生成的内容在逻辑和情感上都是一致和连贯的。通过分析玩家反馈和游戏数据，团队可以不断调整和完善生成规则和算法，使得生成的叙事内容更加贴近玩家的期望和偏好。

例如，设计一款开放世界角色扮演游戏。游戏初期设定了一个魔法世界的背景和基础剧情，如一名年轻的巫师踏上寻找古代遗失魔法的冒险之旅。在这个基础上，AI 系统会根据玩家的每步选择动态生成不同的剧情走向。假设玩家在一个村庄选择帮助村民解决怪物的困扰，系统会自动生成有关村民的感谢信、奖励和后续任务，甚至可能引导玩家发现一条隐藏的地下通道，开启新的篇章。而如果玩家选择无视村民的请求，这个村庄可能会在后续剧情中被怪物摧毁，影响玩家在其他地方的声誉和后续任务的难度。

未来，随着 AI 技术和数据分析能力的不断提升，动态生成叙事内容将变得更加智能和复杂。这不仅能够大幅度降低开发成本和时间，还能为玩家提供更加丰富和个性化的游戏体验。智能化的动态生成叙事系统可以不断学习和积累玩家的行为数据，逐步优化叙事策略，使得每个模块都能无缝衔接，打造一个真正生动和互动的游戏世界。

## 4.3.2　AIGC 生成故事情节

**动态对话生成：** 动态对话生成是 AIGC 在游戏情节生成中的重要应用之一。传统的对话系统往往依赖预设的对话树，这种方式虽然可靠，但缺乏灵活性和个性化。AIGC 可以实时生成对话内容，基于玩家的选择和行为动态调整对话的内容和方向，从而提供更加自然和沉浸的互动体验。例如，在开放世界游戏中，玩家与 NPC 的对话不再是固定的预设选项，而是根据当前的游戏情境、任务进度、角色关系等多种因素动态生成。玩家每次与 NPC 对话都会有不同的体验，NPC 也会根据玩家之前的行为和选择调整自己的态度和反应。例如，在《赛博朋克 2077》中，玩家作出不同的选择时，NPC 对玩家的回应和反应会有所不同，这种弹性互动极大地增强了游戏的沉浸感和可玩性。

**情节分支生成：** AIGC 在情节分支生成中也有重要的应用。传统的情节分支设计需要开发者预先设定好所有可能的情节路径和结局，这种方式耗时耗力且难以覆盖所有可能性。而通过 AIGC，游戏可以在玩家做选择时动态生成情节分支，提供更多的可能性和多样化的故事走向。例如，在 RPG 游戏中，玩家的每个选择都可能影响后续的情节走向。AIGC 可以根据当前的故事进展、玩家的选择和行为，实时生成新的情节分支。这不仅节省了开发时间，还能让故事发展更具灵活性和多样性。例如，在《黑道圣徒》系列中，游戏中的每个任务可以有多个不同的完成方式和分支路径，这些情节分支都是由 AIGC 动态生成的，极大地丰富了游戏的剧情和玩家体验。

**任务生成：** AIGC 还可以用于动态任务生成，提供更多的游戏内容和挑战。传统的任务设计同样需要开发者预先设定所有的任务内容，这种方式难以应对玩家的多样化需求和长时间的游戏体验。而通过 AIGC，游戏可以根据玩家的进度、等级、装备等因素，实时生成新的任务内容，保持游戏的新鲜感和挑战性。例如，在开放世界游戏中，AIGC 可以根据玩家的当前状态和位置，动态生成各种任务，如探险、战斗、交易等。这些任务不仅数量丰富，而且每个任务都有独特的情节和目标，避免了任务内容的单调和重复。例如，在《无人深空》中，使用程序生成技术创建庞大的宇宙和星球（见图 4-14），并在此基础上随机生成一些探索、收集和战斗任务，从而确保每次游戏都有不同的体验。

图 4-14　《无人深空》游戏随机生成各种星球

AIGC 在游戏情节生成中的应用极大地改变了传统的游戏设计理念。通过利用 AIGC 技术，游戏开发者可以生成更加丰富多样的内容，并实时响应玩家的选择和行为，提供更加个性化和互动的游戏体验。AIGC 的应用不仅节省了开发时间和资源，还增强了游戏的可玩性和沉浸感。未来，随着 AI 技术的不断进步，AIGC 将在游戏开发中扮演越来越重要的角色，为玩家带来更加精彩和创新的游戏体验。

## 4.4　AIGC 在世界观构建中的应用

### 4.4.1　自动化的细节生成

构建一个生动的世界观，需要大量细节的累积，从地理、历史、文化、种族，到生态系统和社会结构等。传统的人工设计不仅耗时耗力，而且容易出现疏漏。AIGC 能够通过分析现有世界观元素，并利用算法和数据驱动技术，自动生成大量符合设定的细节。例如，在设定一个奇幻世界时，AI 可以根据设定的地理参数自动生成各种地形、气候带、植被类型，甚至生成地方特有的传说和习俗，从而丰富世界的背景信息。利用 AIGC，游戏设计师可以构建出一个复杂而多样的地理和生态系统。AI 可以基于设定的物理法则和环境模拟，生成丰富的自然景观和独特的生态环境。例如，在一个开放世界游戏中，AI 可以根据地形生成各种气候、动植物群落、水文系统等，从而确保每个地区都有其独特的生态特征和探险价值。此外，AI 还可以模拟季节变化和生态平衡，如在冬天生成雪景、动物迁徙行为，或是在某些条件下触发自然灾害。

### 4.4.2　大规模的背景设定

游戏世界的构建往往需要一个宏大而复杂的历史背景，而撰写这样的背景故事和详细的历史文本是一项庞大的工程。随着 AIGC 技术的发展，通过学习和分析大量的历史文献和小说，AI 能够自动撰写出符合设定的历史故事和事件。例如，在一个科幻游戏中，AI 可以根据宇宙的设定生成跨越数百年的科技发展史、政治变迁以及重大事件，从而创造出一个充满生命力和内在逻辑的未来世界。一个生动的游戏世界离不开深刻的文化和社会设定。AIGC 能够通过分析现实世界中丰富的文化素材，自动生成与之相似的虚拟文化和社会结构。AI 可以为不同的种族、国家或部落创造独特的宗教信仰、节日习俗、建筑风格、语言文字等，并在此基础上延展出复杂的社会关系和政治体系。这不仅增强了游戏世界的真实感和代入感，还为玩家提供了丰富的互动和探索内容。通过这些设定，玩家可以在游戏中体验到一个多层次、多维度的世界，感受到不同文化和社会结构之间的冲突与融合。这种深度的背景设定不仅为游戏带来了更高的沉浸感，也为玩家提供了更广阔的探索空间和更丰富的游戏体验。在未来，随着 AIGC 技术的不断进步，可以期待更加复杂和真实的游戏世界的诞生，这将为玩家带来前所未有的沉浸式体验。

### 4.4.3　互动与动态调整

在传统的静态游戏世界中，一旦世界观建立，便难以根据玩家的行为进行动态调整，这极大地限制了游戏的自由度和沉浸感。然而，AIGC 技术的应用为打破这一僵局提供了全新的可能性。借助 AIGC，游戏世界能够实现真正的动态演化：AI 算法能够实时分析玩家的行为，并据此生成全新的世界观内容，使游戏世界能够对玩家的选择作出智能响应。例如，在涉及政治派系的游戏中，玩家选择支持不同的国王或帮派，AIGC 可以根据这一选择自动生成相应的政治后果和社会反应，动态调整各方势力的分布，甚至修改相关的支线任务和事件，使玩家的选择真正影响游戏世界的走向。此外，AIGC 还能快速生成完整且逻辑自洽的历史背景，模拟从古代到现代，乃至未来科技的发展进程，并创造出各个时期的代表性事件和人物，为游戏叙事提供丰富的素材。

不仅如此，AIGC 在任务和剧情生成方面也展现出强大的能力。通过分析现有的叙事模型和玩家的行为数据，AIGC 能够生成丰富多样的任务和剧情线。例如，AI 可以根据玩家所处的位置和过往选择，动态生成诸如帮助 NPC 解决问题、探索未知区域、对抗敌对势力等任务，并根据玩家的行为实时调整任务难度和情节发展，从而确保每位玩家都能获得独特的游戏体验。

**思考与练习**

本章深入介绍了游戏故事的世界观构建及其在游戏设计中的重要性。学习本章后，可以从以下五方面进行思考与练习。

（1）世界观设计：尝试为自己的游戏项目构思一个独特且吸引人的世界观。思考如何设计这个世界的起源、历史、文化背景以及种族关系等元素，确保它们能够相互协调并服务于游戏的核心主题。

（2）故事叙述与互动：研究如何有效地将世界观融入游戏故事中，通过交互式叙事手法提升玩家的沉浸感。设计几个关键情节点，思考如何通过玩家的选择和行为来动态影响故事走向，增加游戏的重玩价值。

（3）文化与伦理考量：在游戏世界观构建中，思考如何平衡文化多样性、历史准确性与创新性。同时，探讨游戏内容可能涉及的伦理问题，确保设计符合社会道德标准，避免冒犯不同文化和背景的玩家。

（4）技术应用与创新：探索 AIGC 等新技术如何辅助世界观构建和故事生成。思考如何利用这些技术提高创作效率，同时保持故事的真实性和吸引力。

（5）用户反馈与迭代：设计机制收集玩家对世界观和故事的反馈，分析哪些元素受欢迎，哪些需要改进。基于反馈进行迭代优化，不断完善游戏的世界观和故事叙述，提高玩家的满意度和忠诚度。

通过这些思考与练习，可以进一步提升在游戏世界观构建和故事叙述方面的能力，为玩家创造更加丰富、引人入胜的游戏体验。

# 第 5 章

# 游 戏 角 色

## 5.1 玩家的化身

### 5.1.1 游戏角色的概念

图 5-1 《阿凡达》(Avatar)剧照

玩家控制的游戏角色,在游戏中有一个特殊的名字:玩家化身(avatar)。因为在游戏中,玩家就是通过这些化身进入游戏世界,并操控他们的命运,就像电影《阿凡达》中,人类试图通过试验操控阿凡达化身一般(见图 5-1)。

人类天生具备情感表达和理解的能力,这种独特的禀赋使人们能够轻易地将自身的生理和心理状态投射到其他事物之中。在田径运动中,运动员在投掷铅球的瞬间,往往会不自觉地对铅球的飞行轨迹产生一种与自身相连的感知,仿佛铅球已然成为自己身体的延伸。而在数字游戏的虚拟世界里,玩家与其所操控的游戏化身之间更是建立起了一种奇妙的联系。通过对化身外观和行为的熟悉与理解,玩家很容易将自我意识投射其中,产生强烈的代入感。仔细观察玩家在游戏中的反应，常常会听到诸如"哦，我又死了！"或"让开，你撞到我了！"之类的感慨。在这些脱口而出的表达中，"我"取代了"游戏角色"成为主语，玩家已经将自身的感知和体验无意识地与化身融为一体。此时，化身成了玩家在游戏世界中的替身，承载了玩家的思维和情感，也彰显出了数字游戏媒介所具有的独特沉浸感和代入感。这种身临其境的游戏体验，正是建立在人类与生俱来的情感投射能力之上的，它使得玩家能够跨越虚拟与现实的鸿沟，在数字游戏构建的异度空间中获得身心的双重满足。

玩家与游戏化身之间的关系是一个复杂而有趣的话题，值得深入探讨。在很多情况下，玩家与化身是泾渭分明的两个独立个体，玩家只是客观地控制着化身在游戏世界中的行动。然而在另一些时候，玩家与化身之间的界限会变得模糊，玩家会将自己的情感、思维乃至自我认知都投射到化身身上。当化身遭遇危险或伤害时，玩家往往会产生强烈的共情，仿佛受伤的不是化身而是自己。这种投射心理在日常生活中也普遍存在。例如，当驾驶汽车时，人们倾向于将车辆视为自己的延伸，认为车就是自我的一部分。评估停车位时，人们常说"我进不去"，而不是"车进不去"。若车辆被撞，人们的第一反应通常是"他撞到我了"，而不是"他的车撞到我的车了"。因此，将现实中的投射心理代入游戏，将自我代入游戏化身中，是人之常情，也是游戏体验中重要的一环。这种设身处地的代入感让游戏更引人入胜，让玩家更投入其中，是游戏打动人心的关键所在。

在游戏设计领域中，"化身"的概念一直以来都是备受关注与讨论的话题。游戏设计师们需要综合考虑诸多因素，如游戏类型、叙事风格、玩家心理等，从而决定采用何种视角来呈现游戏世界，以期为玩家营造出最佳的沉浸式体验。"第一人称"视角因其独特的视觉呈现方式，能够最大限度地模拟现实生活中人类的视觉感受，使玩家更容易代入游戏角色，产生身临其境之感。在第一人称视角下，玩家无法看到自己所控制角色的具体形象，这种"无形化"的设定恰恰削弱了"扮演"的概念，转而强调了游戏世界的真实性和玩家的参与感。这种设计策略巧妙地降低了玩家进入游戏世界的心理门槛，促使其更加专注于游戏本身的体验，而非角色的外在形象。因此，在特定类型的游戏中，运用第一人称视角能够极大地增强玩家的代入感，带来更加独特而深刻的游戏体验。

第一人称视角和第三人称视角在游戏中各有优势，孰优孰劣一直以来都是一个备受争议的话题。支持第一人称视角的人认为，没有可视化身的存在，玩家更容易将自己代入游戏角色中，获得更加身临其境的沉浸感。然而，第三人称视角的支持者则指出，一个可见的"化身"能够生动地反应角色的实时状态，使得玩家更容易对角色产生移情和共鸣。当玩家看到自己的化身受到攻击时，他们会下意识地因为想象中的疼痛而做出躲避的动作；当化身成功躲开攻击时，玩家也会情不自禁地松一口气。第三人称视角下，化身形象特征和行为动作的丰富表现，能够向玩家传达角色在游戏中的感官信息，带来感同身受的体验。举例来说，玩滚球游戏的人在操控球沿轨道前行时，往往会不自觉地做出一些身体动作，这很大程度上是由于他们在潜意识中将自己投射到了滚球这一"化身"上。由此可见，在第三人称视角游戏中，"化身"作为沟通玩家和游戏世界的媒介，能够打破屏幕的隔阂，带来更加真实的代入感和参与感。

### 5.1.2　玩家角色体验分类

投射体验类型

理想型　白板型　混合型与自定义

图 5-2　投射体验类型

投射体验的力量是强大的，只要玩家和角色有着一定程度的关联就可以了（见图 5-2）。那么，什么样的角色更易使玩家产生沉浸体验并将自己投射其中呢？

**1. 理想型**

"理想型"化身，在当代游戏设计中扮演着至关重要的角色。除了在"人称视角"上与玩家有差异外，游戏开发者通过营造"理想型"角色，赋予玩家一个饱含梦想与渴望的独特身份。这些角色往往拥有丰富的背景故事和显著的个性，具有固定的性格特点和社会身份，使他们在游戏世界中如同一个独立而鲜明的存在。玩家在操控这些角色时，虽能影响角色的行为模式，但并不能改变他们的固有形象和思维方式。"理想型"角色不仅对游戏世界有独特的认知和情感倾向，并且会在互动过程中展现出独立的思考和决策能力，使得整个游戏体验更加生动和真实。

这类角色通常会具备大量的台词和丰富的个性表现，在游戏中的非即时操作环节中，他们的主动互动进一步丰富了游戏的剧情层次。由于"理想型"化身更加贴合特定的叙事需求，游戏编剧可以更加精细地编排剧情，使故事发展更为流畅，并围绕角色设计量身定制个人剧情。这种角色设计手法不仅能够提升玩家的沉浸感，也为编剧和设计团队提供了更大的创作空间。

图 5-3　《战神》中的奎托斯挑战怪兽

在玩家的实际体验中，当玩家操控如《战神》中的奎托斯（见图 5-3）或《最终幻想》中的克劳德与萨菲罗斯进行对决时，往往不会试图代入自己的身份，而是全身心投入角色的目标和命运中。这种体验让玩家通过游戏的进程与角色一起实现那些仰慕已久的英雄成就。正是因为"理想型"化身所提供的独特魅力，玩家能够在现实和虚拟世界间找到一种令人向往的共鸣。尽管这些角色与其现实生活中的身份相去甚远，但在游戏中，他们如同偶像般的光芒吸引着玩家，让其能够通过屏幕与他们一同经历冒险、克服挑战、收获胜利。这种情感投射不仅促进了玩家与角色之间的深度连接，也进一步推动了游戏叙事的深度和厚度。经过精心设计的"理想型化身"，无疑是现代游戏艺术中一颗璀璨的明珠，照亮了玩家心中的英雄梦。

**2. 白板型**

"白板型"与"理想型"截然不同，它更倾向于采用符号化的角色设计理念。美国漫画家斯科特·麦克劳德[1]在其著作《理解漫画》中提出了一个有趣的观点：一个角色的细节越少，读者就越容易将自己投射到这个角色之中（见图 5-4）。在漫画中，这种现象尤为显著。这些经过精心设计、细节丰富的角色和环境虽然在视觉上吸引力十足，但却无形中拉大了与读者之间的距离。

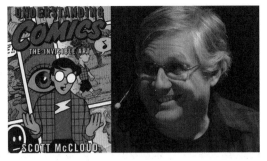

图 5-4　《理解漫画》和斯科特·麦克劳德

当将符号化的角色与一个被细腻描绘的世界结合时，会产生一种强烈的代入感。这种组合使读者能够安全且有效地"戴上角色的面具"，沉浸在充满感官刺激的世界中。一个肖像画只能代表一个具体的人物，而一个符号化的表情则可以代表任何人。这不仅适用于漫画作品，在数字游戏中同样存在类似的应用。一些游戏旨在提供尽可能简化的"化身"形象，如马里奥、索尼克或是雷曼，这些角色通常寡言少语，表现得人畜无害。

这些符号化角色虽然有着标志性的外表特征，但在性格和细节表述上却相当克制。这些角色并没有被赋予理想化的设定，因此对于玩家来说，就如同一块"白板"，玩家可以轻而易举地在这些单纯角色身上投射自己的性格和各类倾向，将其视为自己的替身与代表。与此同时，游戏中的环境设计往往比角色形象复杂得多，这种强烈的反差使玩家更关注于游戏体验本身，而不是"化身角色"与自身的差异。

这种简单的形象设计不仅让玩家更容易投射自己的身份，鲜明的特征也使这些角色更加便于被记忆。这种白板型的设计在一定程度上增强了玩家的共情能力和沉浸体验，使其在游戏世界中获得更加纯粹和深刻的互动体验。这种设计理念在当今的游戏开发中越来越被重视，因为它有效地平衡了玩家需求与游戏设计之间的关系，提供了更多可能性和创造空间。

### 3. 混合型与自定义

混合型与自定义的概念在现代数字游戏设计中发挥着不可或缺的作用。尽管"白板型"最初似乎象征着极简与空白，但在实际应用中，这种类型常常与"理想型"互相交融，创造出更加丰富的游戏体验。以《质量效应》中的薛帕德（见图 5-5）和《光环 4》中的士官长（见图 5-6）为例，他们代表了"理想型"，具备明确的概念化身份，如改造战士、幸存者、灰烬或龙裔，然而他们的外表和容貌却具有高度的可定制性，使得这些"白板"角色可以是任何人，都可以成为玩家的投射载体。

以"混合型化身"为基础，许多游戏允许玩家自行定义角色的属性，包括性别、外貌到出身背景等多方面。这种高度的自定义选择，使得玩家能够依据个人喜好来塑造自

---

1　斯科特·麦克劳德（Scott McCloud），1960 年出生在美国波士顿。1984 年以漫画 *Zot!* 出道。以有关漫画的非小说类书籍而闻名：理解漫画，在 20 世纪 80 年代确立了自己作为漫画创作者的身份，成为独立的超级英雄漫画家，并倡导创作者的权利。

图 5-5 《质量效应》中的薛帕德

图 5-6 《光环 4》中的士官长

己的"化身",满足不同玩家的需求。然而,自定义不仅体现在外貌层面,还扩展到互动选项和剧情分支的多样化上。玩家可以通过选择对话和行动路径来投射个人的喜恶取向,使得游戏中的互动体验更加深刻和个性化。

对于角色细节的关注也不容忽视。这些细节成了玩家定制和选择的丰富素材,是在填充"白板"过程中必不可少的"绘图工具"。然而,自定义角色面临的一个显著问题是,难以为各种类型的"玩家化身"提供完全个性化的个人剧情。为了给玩家留出足够的自由空间,自定义角色通常缺乏明显的性格特征,台词也往往简洁而谨慎。这使"化身角色"的形象塑造局限性较大,编剧们常常只能通过配角的描写对"化身"角色进行衬托,或者通过构建宏大的世界观和丰富的 NPC 来分散玩家的注意力,从而使叙事镜头变得宏观而气魄,细节则相对粗略。

混合型与自定义概念为玩家体验带来了更大的自由度和互动性,同时也展现了游戏设计师们在兼顾玩家个性化需求与整体故事叙述间的智慧与挑战。尽管自定义角色在形象塑造上存在一定的限制,但通过精心设计的配角与宏大的世界观,依旧能够创造出引人入胜的游戏体验。

### 5.1.3 来自 VR 的启示

游戏开发者一直尝试着拉近玩家与"化身"的距离。早期的数字游戏中,人物形象相对简单,角色极少与周遭环境产生互动。但随着游戏制作水平的进步,"化身"所能表现的细节也更加丰富,他们可能会因为寒冷而瑟瑟发抖,或者是因为炎热而大汗淋漓。当角色承受伤害或是体力不支时,玩家也能够根据各种信息了解角色的生理状态。在不影响基本操作体验的前提下,"化身"对于周边环境与所处状态的反应越敏感,玩家对于角色的感受也就越深刻。那么,如果让玩家彻底成为"化身"会不会实现更佳的游戏体验呢?也许 VR 技术能够带来一些启示。

在 VR 游戏中,玩家与游戏角色的界限伴随着虚拟现实的应用变得不再清晰,玩家得以摆脱"化身"的限制,亲自参与到游戏之中。但是,这种游戏体验似乎并不能让所有人满意。VR 游戏在近年掀起过一阵热潮,然而目前市场上的 VR 游戏仍然大多以相对短暂而单调的动作体验为主,它们难以讲述一段完整的剧情,对于角色的塑造更是无从谈起。虽然听起来有些奇怪，但若究其原因，很大程度上是受制于玩家身为人类的生理极限：VR 设备可以还原人类感官在虚拟世界中的空间感，但这恰恰限制了游戏角色的行动能力——游戏角色的生理机能通常是现实人类的夸张与延伸（见图 5-7）。VR 游戏试图让玩家成为"自己"，可问题在于：很多情况下，玩家希望获得与现实不同的体验，想要以此摆脱自己在现实生活中所遭遇的局限，因此，"玩家""化身"以及"两者之间适当的距离"对于大部分传统游戏类型来说仍然是不可逾越的。

图 5-7　VR 技术带来了新游戏体验

尽管目前的 VR 游戏在深度和复杂性上仍存在不足，但它们在沉浸感和互动性方面已经展现出巨大的潜力。未来的 VR 游戏或许可以通过更先进的技术手段，进一步打破玩家与"化身"之间的界限。例如，随着人工智能和机器学习技术的发展，游戏中的角色可以变得更加智能和逼真，能够根据玩家的行为作出更为自然和多样化的反应。此外，虚拟现实设备的改进也可能使得玩家在虚拟环境中的活动更加自由和真实，从而提供更丰富的游戏体验。

VR 技术为游戏体验带来了新的可能性，它不仅让玩家能够更深刻地感受到虚拟世界的魅力，还为游戏设计师提供了更多的创作空间。虽然目前的 VR 游戏在某些方面仍存在局限，但随着技术的不断进步，人们有理由相信，未来的 VR 游戏将能够更好地平衡玩家与"化身"之间的关系，为玩家带来更加沉浸、更加丰富的游戏体验。

## 5.2　游戏角色的功能

玩家所操控的游戏角色是玩家与游戏产生交互的主要媒介，虚拟世界中，它们是玩家的替身与代言。那么，这些特殊的虚拟形象在游戏体验中究竟起到了什么作用呢？在创造一个故事的过程中，往往会因为故事线需要而创建出一些角色，但游戏又是在何时需要这些角色呢？当为游戏提出所需的角色阵容表时，列出这些角色需要满足的所有功能是一项很有用的方法，然后列出已经考虑放到游戏里的角色，看看他们能匹配上哪些功能。

了解游戏角色的功能可以从传统角色原型和现代角色类型两方面入手。传统角色原型是一种传统通用的角色模板，把人类社会的实际情况和特定的故事类型联系起来，并设计出称为原型的角色类型。典型的角色原型包括英雄、导师、反派、仆从、变形者、阴影、盟友等。这些原型角色在神话故事、民间传说和历史叙述中广泛存在，并且它们的功能通常在游戏设计中被直接使用或作为灵感来源，来满足玩家的期望和情感需求。

相较之下，现代角色类型则更多地受到现代文学、影视等剧本的影响。这些角色更符合当代社会的价值观和文化背景，角色定义也更趋于多元和复杂化。例如，反英雄、复杂反派、反转角色以及道德模糊的角色等，都为游戏的叙事增添了层次和深度。此外，现代角色类型还强调角色发展的动态性，即角色在故事推进过程中会经历成长、转变或矛盾冲突，从而更真实地反映人类的心理和行为模式。

在实际设计过程中，游戏开发者需要详细列出每个角色的功能和特性，并确保这些角色在游戏中能够互相补充和推动故事发展。通过这种方式，不仅可以保持角色之间的有机联系，还能提高玩家的沉浸感和参与度。因此，理解和运用角色原型和类型对于成功的游戏设计来说至关重要。这不仅能够为玩家提供丰富多样的互动体验，还能为整个游戏世界注入生命力和真实性。

## 5.2.1 传统角色原型

传统角色原型是指在文学、戏剧、影视和其他叙事形式中，常见的角色类型或模式。它们具有特定的特征、行为方式和功能，能够在不同故事和文化中反复出现。利用这些原型，可以帮助创作者建立观众熟悉的人物形象，并通过他们传递特定的主题或信息。传统角色原型是叙事艺术中经久不衰的基石，它们代表着普遍的人类经验和原型，为故事提供结构和张力。以下是常见的传统角色原型（见图 5-8）。

图 5-8　传统角色原型

**英雄：**剧本的主角，创造出一个有趣的英雄和具有挑战性的考验，这样的角色和故事可以让玩家感受到更棒的游戏体验。

**阴影：**主要的反面角色，也就是统称的敌人，阴影象征了英雄的对立面，也经常是引发英雄所需克服困难的原因。

**智者：**年纪比较大，是充满智慧的角色，引导英雄踏上命运之旅并最终到达目的地。

**帮手：** 协助英雄完成任务的人，他们会支持主角并帮助实现他的目标，对主角面临的艰难任务施以援手。

**卫士：** 代表着英雄的另一个对手或是障碍。卫士有时会挡住英雄的道路，对他进行某种考验。

**骗子：** 阴影角色的同盟者，是对英雄的严重威胁，通常他的力量不比其他人更强大，但却是制造危险的主要人物。

**信使：** 不断为英雄提供信息，指引英雄的下一步行动，经常会改变故事发展方向。

### 5.2.2　现代角色类型

现代角色类型是指在当代社会和文化背景下，基于人们的行为模式、价值观、社会关系和心理特征等因素，所形成的相对稳定且具有代表性的人物形象类别。与传统的角色类型相比，现代角色类型更加多元化、复杂化和流动化（见图 5-9）。

图 5-9　配角的作用

**主角：** 所有剧本中的主要角色，也就是采取行动的那个人。主角就是玩家控制的角色。

**反英雄主角：** 不按常理生活，会做出卑鄙选择的主角。

**共同主角：** 让两个或者更多的玩家扮演主角在游戏中合作，可以增加游戏体验的复杂性。

**反派：** 对抗主角愿望的角色。反派并不总是邪恶的，但却是引发和主角之间斗争的关键因素，反派和主角的想法一样简单，相对主角而对立统一。

### 5.2.3　配角

无论是传统角色原型还是现代角色类型都是对游戏中主要角色进行了定义。在复杂的虚拟游戏世界中还有很多支持性的角色，这些角色都和游戏玩家的角色有着千丝万缕的关系，并在游戏世界中发挥着不同的作用，不仅推动主要的故事情节，还增加故事的丰富度和深度。这样的角色统称为配角。

**关键角色：** 通常和主角很接近，经常会有自己的故事，往往侧面揭开主角的故事。

**伙伴：** 主角的同伴，提供重要信息，为主角制造弱点，并带来喜剧性的宽慰。

**侍从：** 让玩家更好地了解坏人，让玩家听到邪恶计划，知道要去对抗什么。

**盟友：** 沿途帮助英雄的人，可能从任何地方出现。

**走卒：** 为坏人服务，和盟友差不多。

**叛徒：** 可以让坏人总能领先英雄一步，不断在沿途设下障碍。

### 5.2.4　角色匹配

例如，当设计一个 RPG 时，设计相关的清单可能如下。

角色功能如下。

**英雄：** 进行游戏的角色。

**智者：** 给予建议和各种有用道具的角色。

**助手：** 在特定场合下给予建议的角色。

**导师：** 解释如何去玩这个游戏。

**最终 Boss：** 最终战役对抗的角色。

**奴仆：** 坏蛋角色。

**阶段 Boss：** 需要打败的难缠的家伙。

**人质：** 需要救援的角色。

下面进行快速想象，你可能会想到以下这些角色。

猫鼬公主 —— 美丽，但坚强且决断的。

聪明的老浣熊 —— 充满智慧却健忘。

豺狼 —— 狂怒且报复心强的。

狐狸 —— 不道德且满口讽刺性幽默的。

猫鼬军团 —— 成千上万只的猫鼬。

图 5-10　你的猫鼬公主是什么角色？

现在需要把这些角色匹配到上面的角色功能上，这是一个能完全发挥创意的好机会（见图 5-10）。最传统的方法是让猫鼬公主当人质，但为什么不试试不同的做法，让她当智者、英雄，又或者是最终 Boss 呢？猫鼬军团看起来像是天生的奴仆，但谁规定得这么死板呢？或许它们有着邪恶的红眼是因为它们被邪恶的猫鼬公主抓住并催眠了！虽然角色和功能的数量不匹配，但这也并不意味着没有足够的角色去填入这八个功能了——设计师可以创造出更多的角色，又或者赋予某些角色多种功能。假如设计的智者是聪明的老浣熊，到最后却是最终 Boss，那样反转是不是更会让玩家充满惊讶呢？这会是一种讽刺性的扭转，也能省下多开发一个新角色的成本。可能设计助手和导师都是狐狸，又或者是豺狼充当着故事中的人质，而同时通过心灵感应消息方式来扮演着智者的角色。

通过把角色的功能从这些角色的构思中分离开来，能更清楚地思考，确保游戏拥有的角色完成了所有必需的任务，并且通过把功能叠加在一个角色身上而让一切变得更高效而富有趣味。

## 5.3 AIGC 在游戏角色设计中的应用

### 5.3.1 角色原型创建

传统的角色原型设计过程通常需要经验丰富的设计师投入大量时间和精力，从最初的概念构思到多轮草图绘制，再到最终的原型定稿，每个环节都需要设计师发挥创意和专业技能。这种依赖于人力的设计模式不仅效率较低，而且容易受到设计师个人风格和能力的限制，导致角色原型的多样性不足。然而，随着 AIGC 技术的快速发展，角色原型创建正迎来一场颠覆性的变革。AIGC 技术利用机器学习算法，通过海量数据的训练，能够自动生成逼真且富有创意的图像、文本、音频等内容。将 AIGC 应用于角色原型创建领域，可以显著提升设计效率，同时激发更多独特、多元化的角色形象和故事可能（见图 5-11）。

图 5-11 AIGC 游戏角色设计关键词的构成

在 AIGC 赋能的角色原型创建流程中，设计师首先需要输入一些基本的角色描述，如性别、年龄、性格特点、职业背景等。这些文本形式的描述信息将作为 AIGC 模型的输入，指导 AI 生成符合设计需求的角色原型。设计师还可以提供一些初步的草图或参考图片，让 AI 更准确地理解设计意图。基于这些输入信息，AIGC 模型能够在短时间内生成数十甚至数百种不同风格和形象的角色原型，涵盖了各种体型、服装、发型、表情等细节。

相比人工设计，AIGC 生成的角色原型在数量和多样性上有明显优势。设计师可以从海量的 AI 生成方案中挑选出最具潜力和创意的原型，并进一步进行细节调整和优化。这种人机协作的设计模式既发挥了 AI 的高效生成能力，又保留了设计师的创意主导权和审美把控。经过筛选和调整的角色原型，能够更好地契合作品的整体风格和故事基调，同时也能在视觉上呈现出独特的美感和吸引力。

AIGC 技术不仅能够生成静态的角色原型图像，还能够创建动态的角色表情、动作和互动效果。通过学习大量的动作捕捉数据和表情库，AIGC 模型可以生成栩栩如生的角色动画，展现出角色在不同情境下的细腻情感变化。这种动态的角色原型展示，能够更直观地呈现角色的个性魅力，帮助设计师和创作团队更准确地把握角色塑造的方向。

除了提升角色原型的生成效率和表现力，AIGC 技术还为角色设计开启了更广阔的创意空间。传统的角色设计往往受限于现实世界的物理法则和常识逻辑，而 AIGC 则能够打破这些束缚，创造出超现实、梦幻、抽象等多元化的角色形象。设计师可以尝试输入一些天马行空的概念和关键词，激发 AIGC 模型生成独具一格、脑洞大开的角色原型。这有助于开拓全新的角色塑造领域，为娱乐作品注入更多新鲜元素和想象力。

AIGC 技术在角色原型创建中的应用也存在一些局限性和风险。首先，AIGC 生成的角色原型质量很大程度上取决于训练数据的丰富程度和模型算法的成熟度。如果训练数据存在偏差或者算法存在缺陷，生成的角色原型可能出现违和感、刻板印象或者雷同等问题。其次，过度依赖 AIGC 生成的角色原型，可能会导致设计师的创造力和想象力逐渐退化。设计师需要警惕"AI 主导设计"的倾向，确保自己的创意主体地位不被 AI 所取代。最后，AIGC 生成的角色原型可能涉及知识产权和肖像权等法律问题。如果 AI 生成的角色与已有的作品或真实人物过于相似，可能引发侵权纠纷。

因此，在将 AIGC 技术应用于角色原型创建的过程中，设计师和创作团队需要审慎对待，合理把握人机协作的边界和尺度。一方面，要积极探索 AIGC 技术带来的创作便利和想象空间，努力创造出更多新颖、吸引人的角色形象；另一方面，也要重视人工创意在角色塑造中的核心地位，通过人机互补、优势互补，不断提升角色原型的艺术品质和文化内涵。只有在人工智能与人类创意的双向赋能中，角色原型创作才能真正迈向更高的台阶，为娱乐产业的发展注入源源不断的活力。

未来，随着 AIGC 技术不断进步和成熟，角色原型创作领域将迎来更加广阔的发展前景。一方面，AIGC 将与虚拟现实、增强现实、全息影像等技术深度融合，打造出更加逼真、沉浸式的角色互动体验。观众不仅能够欣赏到栩栩如生的角色形象，还能与角色产生实时的情感共鸣和互动交流。另一方面，AIGC 还将赋能角色衍生品的设计和生产，根据角色原型自动生成各种衍生周边，如手办、服装、配饰等。这种高度定制化、个性化的衍生品开发模式，将为娱乐 IP 的商业变现提供更多可能。

### 5.3.2　角色细节优化

AIGC 利用深度学习、计算机视觉、自然语言处理等 AI 技术，能够从海量的美术资源中学习和提取有价值的设计元素和规则。通过对优秀角色设计案例的分析和训练，AI 系统可以掌握角色创作的基本原理和审美标准，从而在角色细节优化的过程中提供智能化的辅助和建议（见图 5-12）。

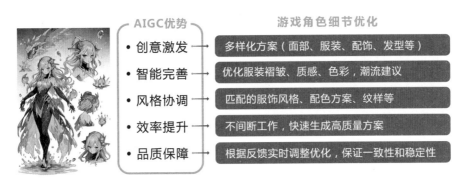

图 5-12 AIGC 优化角色设计细节

一个突出的优势是，AI 可以自动生成多样化的角色细节方案供设计师参考。设计师只需要输入角色的基本概念和风格定位，AI 就可以在短时间内返回数十甚至上百种不同的细节设计方案，涵盖面部特征、服装样式、配饰搭配、发型造型等多个维度。这种海量的创意灵感激发，能够帮助设计师快速找到最佳的设计方向，并且显著降低了设计的迭代成本。

除了创意激发，AIGC 还可以对角色细节进行智能完善和调优。基于对大量优秀设计的学习，AI 系统能够理解角色细节设计的普遍规则和特定风格要求。它可以分析角色的面部表情，并对眉毛、眼睛、鼻子、嘴巴等五官的形状、大小、位置进行微调，使其更加生动传神。针对角色服装，AI 可以优化衣物的褶皱、质感、色彩搭配，增强真实感和美感。对于角色配件，如帽子、眼镜、首饰等，AI 可以遵循时尚潮流和人物身份属性，提供恰如其分的搭配建议。

AI 对角色细节的优化是全方位、多层次的。它不仅能够提高单一角色的设计品质，还可以统筹考虑角色与场景的协调性。通过分析角色所处的时代背景、文化氛围、环境特征等因素，AI 可以自动生成与之匹配的服饰风格、配色方案、纹样花纹等，确保角色形象与整体艺术风格的高度统一。

例如，在一部以唐朝为背景的游戏中，AI 可以自动为角色生成唐风汉韵的服装纹样，如祥云、莲花、仙鹤等经典图案，并选用富丽端庄的色彩，如金黄、朱红、翠绿等，使角色的细节设计充分体现时代特色。而在一部未来科幻题材的作品中，AI 则可以生成充满金属质感和几何图形的服装配件，营造出未来感和科技感。

AIGC 在角色细节优化中的另一大优势是效率和品质的提升。传统的设计流程中，角色细节的打磨和完善通常需要经过多轮反复修改和审核，非常耗时耗力。而 AI 可以 7×24 小时不间断工作，快速生成大量高质量的细节优化方案，并能够根据设计师的反馈意见实时调整和优化。这种人机协同的工作模式，大大缩短了设计周期，提高了工作效率，同时也保证了设计品质的一致性和稳定性。

当然，AIGC 在角色细节优化领域也存在一些局限性和挑战。首先，AI 生成的设计方案虽然数量众多、质量优秀，但可能缺乏独创性和艺术个性。设计师需要在 AI 提供的素材基础上进行二次创作，赋予角色独特的灵魂和气质。其次，不同类型的角色对细节设计的要求差异巨大，AI 需要具备足够的领域知识和文化理解能力，才能生成符合特定语境的设计方案。这就要求 AI 系统具备更强大的学习能力和更全面的知识库。

AIGC 在角色细节优化领域的巨大潜力已经得到了业界的广泛认可。未来，随着 AI 技术的不断进步和设计师经验的积累，AI 必将成为角色设计中不可或缺的得力助手。设计师可以将更多的时间和精力集中在创意构思和情感表达上，而将烦琐的细节优化工作交给 AI 来完成。这种人机协同的创作模式，将推动角色设计艺术达到一个新的高度，为观众带来更加震撼和难忘的视觉体验。AIGC 或许还能在角色细节优化的基础上，实现更高层次的创作自动化。例如，自动生成角色的表情动画，自动匹配配音和音效，自动优化角色的动作和姿态等。这将极大地提升角色创作的效率和品质，为内容创作者释放出更多的想象力空间。

### 5.3.3  动态角色生成

与传统的静态角色设计不同，动态角色生成技术可以根据玩家的选择、行为以及游戏进程的变化，实时创建出独特的游戏角色，为玩家带来前所未有的沉浸式体验。

动态角色生成的核心在于利用机器学习算法，通过海量数据的训练，建立起一套智能化的角色生成系统。该系统能够实时分析玩家的决策和游戏环境，并根据预设的规则和逻辑，动态调整游戏角色的各项属性，如外观、能力、装备等。例如，在一款以中世纪背景为主题的角色扮演游戏中，玩家选择成为一名骑士。在游戏初期，系统会根据玩家的选择，自动为骑士角色匹配相应的铠甲和武器。随着游戏的深入，玩家会遇到各种挑战和任务。这时，角色生成系统会根据玩家的表现和游戏进度，动态调整骑士的能力值和装备属性，让角色能够更好地应对战斗。如果玩家选择了不同的发展路线，如专注于剑术或是魔法，角色的外观和技能也会随之变化，呈现出多样化的形象。

动态角色生成技术的优势在于，它打破了传统游戏角色设计的局限性，让每个玩家都能拥有专属于自己的独特角色。通过 AI 算法的实时分析和动态调整，角色可以随着游戏剧情的发展而不断成长、变化，使得游戏体验更加真实和富有变化。此外，动态角色生成还大大提高了游戏的重玩价值。由于每次游戏过程中，角色的成长路径都不尽相同，玩家可以通过多次游玩，体验到完全不同的角色发展和故事走向，从而延长游戏的生命周期。

不仅如此，动态角色生成技术还为游戏开发者提供了更多的创作空间和可能性。传统的游戏开发中，角色设计往往需要投入大量的人力和时间，而且一旦完成就难以进行修改和调整。而利用 AIGC 技术，开发者可以通过设定一系列规则和算法，让角色能够根据实际情况进行自适应的调整和生成，减轻了设计师的工作量，同时也让游戏角色更加智能化和多元化。

动态角色生成技术的应用对游戏开发者的技术要求更高，需要掌握机器学习、自然语言处理等多个领域的专业知识。动态生成的角色在某些情况下可能出现不协调、不合理的现象，需要游戏开发者进行反复的测试和优化。过度依赖 AI 生成的角色可能会削弱游戏设计师的创造力和游戏的艺术性。

### 5.3.4 个性化角色定制

在现代游戏设计中，个性化已经成了一个不可忽视的重要趋势。随着 AIGC 技术的不断发展和成熟，个性化的角色定制变得更加便捷、高效和智能化。通过运用先进的 AI 算法，游戏开发商能够深入分析玩家的偏好、行为数据以及反馈信息，从而智能地推荐出最符合玩家个人喜好的角色风格、装饰和配色方案（见图 5-13）。这种个性化的推荐不仅让玩家能够更快速地找到自己心仪的角色设计，同时也大大降低了玩家在角色定制过程中的时间和精力成本。

图 5-13　AIGC 生成的狐狸角色

AI 算法能够基于玩家在游戏中的行为数据，精准识别出玩家的喜好。例如，通过分析玩家选择的角色类型、装备、技能等，AI 可以了解玩家倾向于哪种角色风格（如勇猛的战士、神秘的法师、灵巧的刺客等），并在角色定制界面中给予相应的推荐。这种智能推荐不仅能节省玩家的选择时间，还能确保推荐的内容更符合玩家的口味，提升他们的满意度。

AI 在角色微调的过程中，也展示了其强大的能力。传统的角色定制往往需要玩家手动调整每个细节，这不仅耗时费力，还容易出现不协调的情况。而借助 AI 技术，玩家可以通过简单直观的界面对角色进行微调，如调整五官的比例、改变服装的颜色等。AI 会根据玩家的调整，自动优化角色的整体设计，确保角色在美观性和协调性上都达到了较高标准。这种自动优化功能，不仅减少了玩家的操作负担，还保证了最终呈现出来的角色形象更加符合玩家的期望。

个性化角色定制不仅体现在外观上，AI 还可以帮助玩家定制角色的技能和属性。通过分析玩家的游戏风格和习惯，AI 可以推荐最适合玩家的技能组合和属性加点方案，使得角色在游戏中的表现更加出色。例如，如果玩家偏好近战攻击，AI 可以推荐加点力量和耐力，并提供适合的技能组合；如果玩家喜欢远程攻击，则可以推荐加点敏捷和智力，并匹配相应的技能。这样，玩家不仅能创造出自己心仪的角色外观，还能在战斗中充分发挥角色的优势，获得更好的游戏体验。

个性化角色定制的一个重要方面，也是随着社交互动的增强，AI 能够帮助玩家在群组活动中展示独特的个性。在多玩家游戏中，别具个性的角色形象可以成为社交的焦点。例如，通过 AI 技术，玩家可以设计出独一无二的公会徽章、团队标志等，展现团队的凝聚力和特色，吸引更多的玩家加入。同时，AI 还可以根据玩家的社交行为，推荐适合他们的好友和社交圈，增强玩家在游戏中的社交体验。

　　需要指出的是，AI 在个性化角色定制中的应用，不仅提高了玩家的游戏体验，也为游戏开发者带来了诸多便利。通过分析大量的玩家数据，开发者可以更准确地把握玩家的需求，进行有针对性的内容更新和优化。例如，哪些角色设计最受欢迎，哪些技能组合最常被选择，这些信息都为开发者提供了宝贵的参考。同时，AI 还可以帮助开发者进行游戏平衡性调整，避免某些角色或技能过于强大，影响游戏的公平性。

## 5.4　AIGC 游戏角色设定方法

　　玩家的化身无疑是一个至关重要的元素，它不仅是玩家与游戏世界互动的桥梁，还是驱动故事情节发展的核心角色，这点如同传统故事中的主人公一样重要。然而，尽管玩家化身具有如此重要的地位，设计师也不可因此而忽视游戏中的其他角色的存在和作用。在许多关于剧本编写和小说创作的专业书籍中，都详细探讨了如何增强角色吸引力的方法，这些方法同样适用于 AIGC 游戏角色的设计开发。在此过程中，一些关键的策略和技术能够极大地提升角色的立体感和真实感。例如，赋予角色独特的个性和背景故事，使其行为逻辑符合角色设定，并通过角色的对话和行动来展示其内心世界。此外，互动设计也是提升角色吸引力的一个重要方面，通过设计与玩家及其他角色之间的互动，使每个角色都能在游戏世界中发挥其独特的作用和价值。最终，通过这些方法和策略，游戏中的每个角色不仅能吸引玩家的注意，还能为游戏整体增色，营造出一个更丰富、更有深度的虚拟世界。

### 5.4.1　方法一：角色性格特征的确定

图 5-14　角色特征的塑造

　　在游戏设计过程中，角色性格特征的确定是一项至关重要的任务，它将直接影响到玩家对游戏角色的认知和情感共鸣。作为游戏设计师，需要通过多种方式来深入挖掘和塑造角色的个性，使其成为一个立体而鲜活的形象（见图 5-14）。首先，可以列举出角色可能拥有的各种特质，如喜好、厌恶、穿着打扮、饮食习惯、成长背景等，通过这些细节的设定，让角色的性格更加丰满和真实。其次，需要从这些繁杂的特质中提炼出角色的核心性格特征，形成一份清晰而准确的性格清单，确保角色在游戏中的一言一行都能够体现出这些特征。最后，要时刻关注角色的性格特征在其外在表现上的体现。例如，一个鬼鬼祟祟的角色在跳跃时可能会表现出诡异而敏捷的动作，而一个消沉的角色可能根本不会选择奔跑，只会缓慢地行走。通过对角色言语、行为和外观细节的把控，可以让玩家更直观地感受到角色鲜明的个性，从而加深对角色的理解和代入感。总之，角色性格特征的确定是一个需要深思熟虑和巧妙设计的过程，只有通过不断地打磨和完善，才能创造出令人难忘的游戏角色形象。

### 5.4.2　方法二：人际环状模型

人际环状模型是社会心理学领域一个重要的理论工具，它为研究人际关系提供了一个全新的视角。通过将人际交互中的两个关键维度——友好程度和支配程度——可视化地展现在一个圆形坐标系中，这一模型能够帮助人们更加直观、系统地理解不同性格特征在人际互动中的作用和表现。在游戏设计领域，运用人际环状模型能够为塑造鲜活、立体的游戏角色提供重要参考（见图 5-15）。通过合理地设计和安排角色间的友好程度和支配程度，游戏设计师能够创造出形态各异、互动有趣的角色关系网络，从而增强游戏的代入感和趣味性。人际环状模型为深入理解人际互动和性格特征提供了一个简明而又强大的框架，它在社会心理学研究和游戏设计等领域都具有广阔的应用前景。以下这个人际环状模型图展现了可以设定角色的众多性格特征。

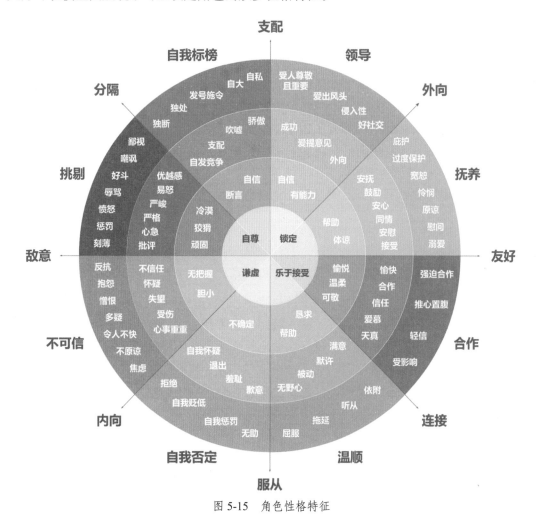

图 5-15　角色性格特征

　　第一次看到这张图你可能感觉非常复杂，但它其实是一个很容易使用的工具。例如，《星球大战》中的其他角色和 Han Solo 的关系是怎么样的（见图 5-16）？由于友好程度和支配程度是一种相关的角色特征，因此需要把这两项特征关联到特定的角色身上。图 5-16 展现出其他角色和 Han Solo 之间的关系。

图 5-16　电影《星球大战》中其他角色和 Han Solo 的关系

　　像这样把角色分布在图表上，是把角色间的关系视觉化的一种很好的方法。这里能注意到 Darth Vader、Chewbacca 和 C3PO 这三个角色在图表上所处的是很极端的位置，这种极端是让他们变得有趣的一部分。还能注意到角色交流得最多的人是图形上最接近他的人。在左下象限里没有任何的角色能了解到关于 Han 的哪方面呢？再看 Luke 和 Darth Vader 在图形上的位置，想想他们有多大的差别？

　　这个环状模型并不是一个万能工具，它只是通过提出各种问题来帮助设计师思考角色之间的关系而已。

### 5.4.3　方法三：建立角色关系图

　　在创作过程中，深入挖掘角色之间的关系对于塑造鲜明、立体的人物形象至关重要。建立角色关系图是一种行之有效的方法，它能够帮助作者全面地分析角色间的感情纽带、态度变化以及行为动机。通过系统性地梳理角色在不同情境下的心理活动和交互模式，作者可以更加清晰地把握角色的性格特点、成长轨迹以及彼此之间的影响。与单纯使用环模型相比，角色关系图提供了一个更为综合、立体的视角，使得作者能够从多个维度审视角色间的关系，从而挖掘出更多隐藏在表象之下的情感流动和矛盾冲突。这不仅有助于构建错综复杂、引人入胜的故事情节，还为读者理解人物的行为逻辑提供了充分的依据（见图 5-17）。因此，在小说、剧本、游戏等创作领域，建立角色关系图已经成为一种日益普及的角色设计方法，它对于提升作品的艺术性和吸引力具有十分重要的意义。

图 5-17　建立角色关系图

### 5.4.4　方法四：利用身份地位

在角色创作的领域中，方法多种多样，其中一种极具独特效果的就是通过身份地位来塑造角色。尽管设计师通常从作家、导演和漫画师的经验中汲取创作灵感，但事实上，演员的技巧也对角色塑造有着不可忽视的指导意义。尤其是在交互式故事叙述和即兴舞台戏剧中，这些领域以其不可预测性和即兴表演著称，而这些正是游戏设计师可以借鉴的重要特色。

当两个人或更多人在任何情况下互动时，无论是朋友还是敌人、合作伙伴还是竞争对手、主人还是仆人，几乎总是能够通过姿势、语调、眼神接触和衣着谈吐等大量细节行为潜意识地判断对方的身份地位。在游戏设计中，通过对这些细微行为的精细刻画，可以极大地增强角色的真实感和互动性。

身份地位较低的角色通常表现出坐立不安、避免眼神接触、抚摸自己的脸等典型行为，通常显得非常紧张。而身份地位较高的角色则显得更为放松，似乎一切尽在掌握之中，他们有着强烈的眼神接触，头部少有多余的肢体语言。这些行为细节虽不易被察觉，但却深植于玩家的潜意识中。而角色的这些细微差别，往往是设计师在创造虚拟角色时容易忽略的部分。然而，一旦赋予角色这些行为特征，游戏的趣味性和真实性便会显著提升。例如，在游戏中的帮会系统中，这种设计能增加角色之间的层次感。

《奇异世界之阿比逃亡记》这款游戏中就有很多关于角色身份地位互动的优秀范例（见图 5-18）。玩家在控制两个身份地位较低的角色，一个是奴隶，另一个注定要坐轮椅时，会面对骄傲自大的敌人，也能获得其他身份地位较低的角色的帮助。这样错综复杂的身份地位互动极其有趣，玩家从中体验到意想不到的身份反转带来的新鲜感和乐趣。通过这种身份反差的设计，游戏不仅丰富了玩家的体验，还为角色塑造增添了新的维度和深度，从而使得游戏世界更加生动和吸引人。

图 5-18    《奇异世界之阿比逃亡记》游戏画面

### 5.4.5    方法五：利用声音的力量

人的声音具有极大的影响力，它能够在深层次的潜意识中产生显著的效果。这正是有声电影将电影业从一种新奇事物提升为 20 世纪主导艺术形式的原因。直到最近几年，游戏相关技术的不断进步才使现代视频游戏能够广泛运用声音演绎。然而，即使到了现在，游戏中的声音表现力与电影中的强烈表现力相比，仍显得原始和稚嫩。在动画片设计制作过程中，剧本是首先完成的工作，然后才会引入配音演员进行录音。在录音过程中，配音演员常常会进行即兴创作，台词也会因此被修改，优秀的创作将会成为剧本的一部分，为故事增色不少。一旦录音完成，角色和画面设计便随之展开，往往还会加入演员的面部特征，动画制作阶段也就正式开始了。而与动画制作相反，在游戏设计过程中，游戏角色通常是先行设计和建模的，然后进行剧本的编写工作，基本动画完成后才会加入声音演绎。配音演员需要模仿他们所看到的内容，而不是直接表达对角色行为的真实感受。这样一来，配音演员在整个创作过程中变成了外围角色，而非主要的研发团队成员，声音的力量因此被削弱。那么，为什么不能反过来进行这个过程呢？因为游戏开发过程极其多变，剧本在整个开发过程中会不断修改，因此围绕声音来创造角色的成本显得过于昂贵。然而，未来随着新技术的出现，或许配音演员在游戏角色设计中能够占据更大的比重，从而增强声音在游戏中的力量。

### 5.4.6    方法六：利用面部表情的力量

人们常说眼睛是心灵的窗户。这句话揭示了面部表情在传递情感和交流中的重要性。科学研究表明，人类的大脑中有很大比例是专门用来处理面部表情的。人类的面部表情不仅复杂，还极富表现力，远远超越了其他生物的表达能力。例如，人们的眼睛有眼白，这是在进化过程中为了增强交流功能而保留下来的特征。大部分其他动物的眼睛是没有明显的眼白可见的。这种进化特征不仅让人类能够更好地传达情感，还使人们在沟通中更加富有表现力。

由于显示终端的局限性，面部表情往往被忽视。大多数游戏设计师更注重角色的行为动作，而不是角色的情感表达。实际上，当一个游戏赋予角色有意义的面部表情时，它能够引发玩家的强烈共鸣和积极反响。例如，《塞尔达传说：风之杖》这款游戏，其角色的面部表情设计得非常细腻和丰富，因此受到了玩家的广泛赞誉（见图 5-19）。在早期的 3D 聊天室设计中，由于技术限制，角色模型的面数非常有限。即便如此，设计师们在建立和测试游戏模型时，每次都会向用户询问他们的意见："你觉得这些角色需要更多的细节吗？"无一例外，用户的答案总是："是的，尤其是在面部表情上。"基于这些反馈，设计师们不断改进和优化角色的面部细节，直到角色的面部表情达到极其丰富的程度，他们有时甚至不惜缩减角色身体的其他部分，最终使角色的侧重点完全放在了头部和面部表情上。这种设计往往使角色看起来像一个悬浮的脑袋，但用户对此并不反感，反而更加喜欢这种设计，因为面部表情是他们自我表达和沟通过程中的重要工具。

图 5-19 《塞尔达传说：风之杖》角色面部表情

在游戏设计中，面部表情的力量不仅在于提升视觉效果，更在于增强游戏的情感深度和与玩家的互动体验。通过赋予角色丰富的面部表情，游戏不仅能更好地讲述故事，还能让玩家更深入地融入游戏世界，体验角色的内心情感。未来的游戏设计应该更多地关注面部表情的设计，利用现代技术的进步，创造出更加生动和富有情感的角色，使玩家能够通过角色的面部表达，更加真实地体验到游戏的乐趣和深度。

面部表情动画并不需要造价昂贵，通过简单的眼眉动画和眼影动画就能产生极大的力量（见图 5-20）。但前提是必须能让玩家看到角色的面部表情。玩家化身的面部表情通常是看不到的，而《毁灭战士》的设计师找到一种改变这点的方法，他把角色化身的面部表情的一张小图片放到了屏幕底部。由于人们的周围视觉更容易注意到面部表情的表现而不是数字，设计师很聪明地做出对应于生命槽的面部表情表现，如此使得玩家的视线无须离开敌人就能知道自己生命状态。

图 5-20 AIGC 设计的角色面部表情

### 5.4.7　方法七：强力故事转变角色

出色故事的一个特征是故事里的角色是会随着剧情发展进行改变的。然而可惜的是，视频游戏的设计师很少会考虑这一点，他们往往倾向于将游戏角色视作固定的类型——坏蛋始终是坏蛋，英雄天生就是英雄。这种设计使得整个故事叙述的过程变得单调和乏味。优秀游戏之所以能成为经典，其原因之一在于它们做了几乎每部成功小说和电影都会做的事情——让各种事件随着时间的推移而改变主角及其周围的角色。例如，《神鬼寓言》和《星球大战：旧共和国骑士》不仅有引人入胜的情节，更重要的是，角色的深度和多样性在游戏过程中得到了充分的发展和展示。

在游戏中不可能做到每个角色都发生深刻的改变，但主角的转变可以通过互动关系反映在其他角色身上，如主角的伙伴，或者是反派。主角的成长过程常常伴随着对世界观和道德观的重新审视，这样的经历不仅丰富了角色层次，也使整个故事更加引人入胜。具备这种特质的游戏通常会给玩家留下深刻的印象，因为他们不仅参与了一场冒险，还目睹了角色在心理、情感方面的成长和蜕变。

为游戏中的角色转变进行视觉化处理的一种有效方法，是制作一个角色转变表。这个表格左边列出所有的角色，顶部列出故事中的不同章节，通过这种方法可以清晰地展示每个角色在何时、何地以及如何发生变化。例如，在经典童话《灰姑娘》中，角色转变表可以详细描述灰姑娘从卑微的家务劳动者到获得王子青睐的尊贵身份的转变过程，以及她的继母和继姐妹从欺压者到最终得到应有报应的变化。这种表格不仅方便游戏设计师们在创作过程中掌控角色发展线索，也能帮助团队成员统一对角色及其演变的理解，从而在具体制作中保持一致性（见图 5-21）。

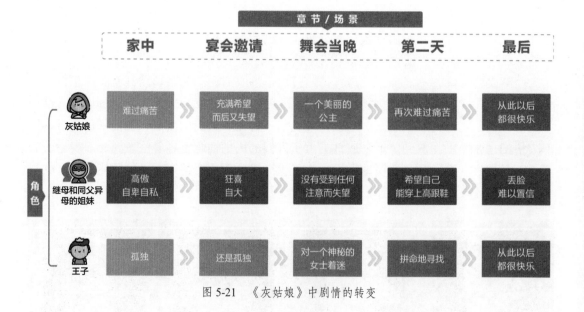

图 5-21　《灰姑娘》中剧情的转变

**思考与练习**

本章深入分析了游戏角色的设计及其在游戏中的重要性。在学习本章后，可以思考以下五方面的游戏角色设计内容。

（1）角色原型与个性化：尝试设计几个不同风格和背景的游戏角色原型，并深入探索如何通过细节设计、行为模式和台词塑造角色的独特个性。思考如何使角色与游戏世界观和故事情节紧密结合。

（2）玩家化身与代入感：研究玩家化身在游戏中的作用及其对玩家沉浸感的影响。设计几个实验性的玩家化身，评估其在不同游戏场景和任务中的表现，以确定哪些设计元素最能增强代入感。

（3）角色互动与关系网：构建复杂的角色关系网，包括主角、配角、反派等，并设计他们之间的互动方式和情感纽带。思考如何通过角色之间的冲突、合作和转变来推动游戏剧情的发展，增加故事的深度和吸引力。

（4）技术与创新应用：探索 AIGC 等新技术在游戏角色设计中的应用潜力。思考如何利用这些技术自动生成角色模型、动画和对话，提高角色设计的效率和多样性。

（5）测试与反馈：通过用户测试收集关于角色设计的反馈意见，了解玩家对不同角色的喜好和反应。根据测试结果对角色设计进行迭代优化，确保角色既符合玩家的期望又具有独特性。

通过这些思考与练习，可以更全面地掌握游戏角色设计的技巧和方法，为玩家创造更加丰富、立体和引人入胜的游戏角色。

# 第6章

# 游 戏 机 制

## 6.1 什么是游戏机制

　　游戏设计是一门复杂而精妙的艺术，它涉及许多方面，包括美学、技术、故事情节等。然而，游戏的真正核心在于其内在的机制，也就是游戏的"骨骼"。正如医院中的 X 射线机器可以透视人体的骨骼结构一样，优秀的游戏设计师必须具备敏锐的洞察力和分析能力，能够透过游戏表面的华丽装饰，快速而清晰地辨识出游戏内在的机制结构。

　　那这些被称为游戏骨骼的游戏机制到底是什么呢？游戏机制到底有多么重要呢？

　　游戏机制是一个游戏真正的核心。它们是把所有的美感、技术和故事都剥离以后剩下的交互方式和关联关系。

图 6-1　游戏机制的六个组成部分

　　游戏机制是游戏剥离美学、技术、故事设定之后游戏的最核心部分，也是游戏的真正内核。虽然现在并没有完备的理论来对游戏机制进行全面的解构，但大概还是可以分为六个主要部分（见图 6-1）：①空间，②对象、属性和状态，③行为，④规则，⑤技能，⑥偶然性。

### 6.1.1 空间

所有游戏中都存在空间，但是并不是说每个游戏空间都有自己的边界。空间在游戏设计中的重要性不可低估，它定义了玩家在游戏中的探索范围、移动方式以及与环境互动的机会。游戏空间不仅是一个背景板，还是游戏体验的核心组成部分。

图 6-2　《超级马里奥兄弟》的 2D 场景

空间的物理维度构成了游戏世界的基本框架。常见的类型有二维（2D）和三维（3D）空间。例如，经典的 2D 游戏《超级马里奥兄弟》侧重水平和垂直的移动，非常适合平台跳跃与横向滚动的射击游戏（见图 6-2）。而 3D 游戏如《塞尔达传说：王国之泪》提供了广阔的探索空间和丰富的视觉体验（见图 6-3），通过结合垂直和水平轴上的移动，增加了游戏的复杂性和沉浸感。

在游戏设计中，玩家定位和对象定位是空间的重要元素。定位不仅包括玩家角色在游戏世界中的位置，还涵盖了

图 6-3　《塞尔达传说：王国之泪》中广阔的 3D 空间

游戏对象的摆放方式。巧妙的定位设计能够引导玩家的探索行为。例如，一些游戏会通过环境线索或显眼的位置来吸引玩家的注意，暗示前进方向或隐藏的宝藏所在地。

界限和边界在游戏中也扮演着极其重要的角色。物理边界如墙壁、悬崖等限制了玩家的移动范围，而隐形边界可能通过剧情或任务进行限制。合理的边界设计可以帮助引导玩家的探索路径，防止他们迷失方向，保持游戏的节奏。例如，《黑暗之魂》系列通过隐形墙壁和丰富的环境细节，创造了仿佛迷宫一般复杂的探索体验。

游戏空间还可以根据其表现形式细分为多种类型，如线性空间、非线性空间和开放世界。线性空间如《最后生还者》，使玩家必须按照预定路径前进，逐步展开故事情节和挑战；而非线性空间如《生化危机》系列，则提供了多条探索路径和解谜选项；开放世界如 GTA V 则允许玩家自由探索，选择自己喜欢的进程和故事路径。

空间的交互性是衡量其设计优劣的重要指标。高度互动的空间通常充满了玩家可以操作或受到影响的元素，如可破坏的物体、互动的 NPC 和动态环境。像《上古卷轴 V：天际》就提供了一个高度互动的世界，玩家可以与各种物品互动，完成独特的任务线。

视觉和听觉效果也是空间设计的关键组成部分。通过丰富的视觉细节和逼真的音效，游戏空间得以生动呈现。例如，《塞尔达传说：旷野之息》通过自然环境音效和动态音乐，增强了玩家的沉浸感，让他们仿佛置身于一个真实世界。

### 6.1.2  对象、属性和状态

对象是游戏世界中任何能够被玩家互动或影响的实体。对象有独特的属性和状态，这些特性共同定义了对象在游戏中的行为和功能。

对象可以是玩家角色（player character, PC）、非玩家角色、环境物品、道具、可收集的资源甚至敌人。每个对象都有其特定的功能和目标，在游戏世界中扮演着特定的角色。

**玩家角色：** 玩家角色是玩家直接控制的对象，通常具有最详细和丰富的属性和状态。例如，《刺客信条》中，玩家控制的角色可以爬墙、战斗、潜行等。

**非玩家角色：** 非玩家角色由游戏程序控制，通常有特定的行为模式和功能，如商人、任务给予者、敌对势力等。在《巫师 3》中，NPC 不仅提供任务，还会根据玩家的选择产生不同的反应。

**环境物品：** 环境物品虽然不具备自主行为，但玩家可以与之互动。例如，箱子可以被打开，门可以被解锁。

**道具和资源：** 道具和资源是玩家可以收集、使用或交易的对象，如《塞尔达传说：旷野之息》中的武器、食物和材料。

每个对象都有多个属性，这决定了它的能力、品质以及在游戏中的作用。属性可以是显性的（玩家可以直接看到）或隐性的（游戏内部参数）。

**基本属性：** 如生命值、攻击力、防御力等。例如，在《英雄联盟》中，每个英雄都有不同的生命值、攻击力等基础属性。

**扩展属性：** 如移动速度、视野范围、负重能力等。例如，在《上古卷轴 V：天际》中，玩家角色的负重能力会影响探险效率。

**特殊属性：** 具有独特功能的属性，如魔法抗性、火焰免疫等。例如，在《魔兽世界》中，不同的装备可以提供不同的抗性加成。

状态是对象在特定时间点的具体情况或条件，通常能够动态变化。状态可以是临时的或持久的。

**临时状态：** 如中毒、眩晕、加速等，这些状态通常是根据玩家的行为或外部条件触发的。例如，在《英雄联盟》中，一些技能可以对敌人造成眩晕效果。

**持久状态：** 如健康、装备、技能学习进度等。这类状态随着游戏进行而逐渐变化，存储了玩家的长期进展。例如，在《塞尔达传说》中，玩家角色的健康状态和已解锁的技能都是持久状态。

游戏中的对象、属性和状态通常不是静态的，而会随着时间和事件动态变化。设计这种动态变化的机制，使得游戏更加生动和具有挑战性。

**状态持久性：** 一些状态变化可以永久影响对象，如角色升级后的能力提升。

**状态恢复：** 通过特定的行为或时间，某些状态可以恢复或消除，如生命值可以通过药品恢复。

**状态转化：** 不同状态之间的转换，如装备不同的武器会改变角色的战斗属性。

对象是游戏空间里活动的实体。例如，一个足球游戏里，每个球员是一个对象，球员拥有自己的速度、体能、带球能力等属性，而具体到数值的时候，就是状态。通常一种有用的方法是为每种属性做一个状态图，让玩家能了解这些状态是如何相互关联的以及什么事件会触发状态的改变。用游戏编程的术语来说，这种把属性的状态列举出来的图形称为"状态机"，它是让所有的复杂性整齐地陈列出来并容易纠错的很有用的方法。图 6-4 是《吃豆人》里幽灵的"行动"属性的状态图。

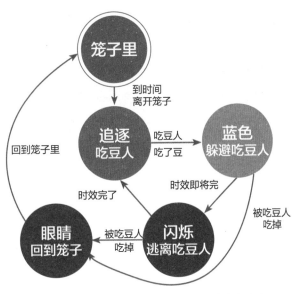

图 6-4　《吃豆人》里幽灵的"行动"属性的状态图

当设计 AI 角色时，画一个状态机会非常有用。例如，吃豆人的"幽灵"角色的状态机：每个圆圈代表幽灵的状态，双线圆圈代表"初始状态"，每个箭头指示出一种可能的状态转换，箭头线上写着触发这个转换的事件。像这样的图在设计游戏中的复杂行为时是很有用的，它们迫使玩家想明白一个对象会发生的以及导致它发生的所有事。这个状态机（见图 6-4）只是简化了的版本，还有其他的"子状态"没有详细地做出说明。例如，在"追随吃豆人"这一步中，还有"搜索吃豆人"到"尾随吃豆人"的子状态。

对象到底有哪些属性和哪些状态的决定权是属于玩家的。对于同样的事物通常有着多种方式可以表达。游戏的属性和状态并不一定需要让游戏玩家所知晓，有些游戏如卡牌游戏，通常玩家手中的牌只有玩家自己知道。游戏性的关键其实在于猜测对手的手牌（见图 6-5）。

图 6-5　《欢乐斗地主》需要猜测对手的手牌

## 6.1.3　行为

在游戏设计中，行为即"玩家能做什么"。行为是一种动态元素，定义了游戏世界中对象的动作和反应。对象的行为可以由玩家直接控制（如玩家角色的行为），也可以由游戏系统自动控制（如非玩家角色的行为）。行为设计是游戏中交互体验的核心部分，深刻影响了游戏的玩法、节奏和整体体验。

### 1. 玩家行为

玩家行为主要由玩家通过输入设备（如键盘、鼠标、手柄）直接操控。这些行为可以分为基础行为和复杂行为。

图 6-6　《塞尔达传说：旷野之息》中玩家与环境
物品进行交互

1）基础行为

**移动：** 玩家通过控制角色在游戏空间中移动，如走、跑、跳、游泳、飞行等。例如，《刺客信条》中的跑酷动作允许玩家在复杂的城市环境中自由移动。

**攻击：** 执行攻击动作，如挥剑、射击、施放魔法等。

**互动：** 与环境或其他对象进行互动，如打开门、拾取物品、解谜等（见图 6-6）。

2）复杂行为

**策略执行：** 包括任务规划、资源管理、战术调配等。

**角色扮演：** 通过选择对话和行动路径，影响故事发展和角色关系。

### 2. NPC 行为

NPC 的行为由游戏 AI 控制，通常根据预定的行为模式或动态变化的环境作出反应。设计合理和智能的 NPC 行为，可以大大提升游戏的沉浸感和挑战性。

1）预定行为

**巡逻：** 敌方 NPC 按照设定的路线巡逻。

**互动：** NPC 可以与环境或玩家进行互动。

2）动态行为

**反应：** NPC 根据环境变化和玩家行为作出即时反应，如逃跑、追击、求援等。

3）学习与适应

一些先进的 AI 系统可以学习玩家的策略并作出相应调整。在围棋游戏中，玩家的操作就是在 19×19 的棋盘中的空位落一子。但这个操作的结果就非常之多：提一个子，占一块地，做一个眼，威胁对手，弃子争先，等等。一个好的游戏通常会拥有一个较低的"操作"/"结果"比例，即少量的操作能产生出大量的结果。玩家在自发地创造出一些策略的同时也在为他们自己创造体验。这里有五个提示，能帮玩家建立一个"自发游戏"。

**添加更多的操作：** 增加操作之间有意义、有变化的交互。比如"走""跑""跳""射击"比单纯的"走"拥有更多的操作间交互的可能性，也会更加有趣。但要注意过分复杂的操作并不能为游戏带来更好的体验，注意"操作"/"结果"的比例。

**操作大量对象：** 比如"射击"，不但可以射击怪物，还可以射击门把手、玻璃窗、吊灯、轮胎。

**目标可以通过多种方式达成：** 这一条要和上面一条配合，比如面对一个怪物，可以通过射击把怪物打死，也可以射击门把手跳出怪物的控制范围，也可以将吊灯射下来把怪物压住等。当然，这样的设计会让游戏平衡性受到挑战，如果玩家拥有了一种具有明显优势的选择，那么玩家可能总会坚持那种选择。

**大量的主对象：** 主对象即能发出操作的对象，如围棋的棋子。围棋的魅力少不了大量的棋子，事实上，对于围棋来说，玩家实际上拥有无限的棋子，只是在棋子用完之前游戏一定会结束（见图 6-7）。

**操作带来的游戏空间的改变：**还是在围棋中，每颗棋子在棋盘上与其他棋子一起所形成的"势"会使玩家不停地改变策略。对围棋来说，有的规则还规定棋盘上不允许同样的棋形再次出现。

图 6-7 围棋

### 6.1.4 规则

在游戏机制的构建中，规则是最为基础的元素。它们定义了游戏的空间、对象、行为、行为的结果、行为的约束条件以及各种目标。换句话说，规则使得人们所见的所有游戏机制得以实现，并为游戏增添了一种关键因素，使其成为完整的游戏——即各种目标。游戏史学家戴维·帕莱特[1]对游戏中的不同种类的规则进行了详尽的分析，以下是他的分类与解释（见图 6-8）。

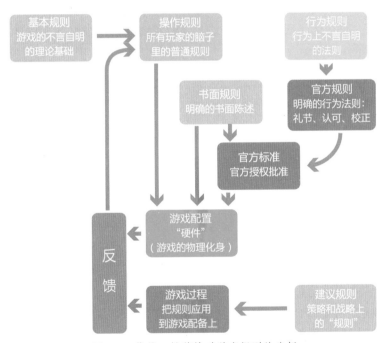

图 6-8 戴维·帕莱特对游戏规则的分析

---

1 戴维·帕莱特（David Parlett）是一位来自伦敦南部的游戏学者、历史学家和翻译家，他研究过纸牌游戏和棋盘游戏，是英国斯卡特协会的主席。帕莱特还发明了许多纸牌游戏和棋盘游戏。其中最成功的是《兔子和乌龟》（1974），其德文版于 1979 年荣获 Spiel des Jahres（年度游戏）奖。

**基本规则**（foundational rules）：基本规则是对玩家目标及状态变化的一种数学表达。通常，玩家并不直接知晓这些规则，设计师也很少会将其完整地文档化。

**操作规则**（operational rules）：操作规则描述了玩家在游戏中需要执行的具体操作。当玩家掌握了这些规则后，即可开始进行游戏。

**行为规则**（behavioral rules）：行为规则是指在玩家之间默认遵守的隐性规则，如"观棋不语，落子无悔"等。

**书面规则**（written rules）：书面规则是以文字形式记录的游戏规则，是玩家需要了解的具体规则。通常只有少数人会仔细阅读这些文字，大多数玩家通过他人的口述、游戏中的交互教程来学习如何进行游戏。游戏设计师应当使这些规则易于理解，以便玩家能够轻松上手。

**官方规则**（official rules）：官方规则一般适用于正式的竞技比赛场合，通常被称为"锦标赛规则"，如"三局两胜"或"淘汰赛规则"等。官方规则是确保比赛公平和平衡的额外规则。

**正式规则**（formal rules）：正式规则是书面规则和官方规则的结合体。有时，官方规则会最终被并入书面规则中，如"五子棋"中的禁手规则。

**建议规则**（advisory rules）：建议规则并不是真正的规则，而是为了帮助玩家更好地进行游戏的一些提示，如围棋中的开局定式。

戴维·帕莱特的分析帮助人们更好地了解游戏规则的复杂性和多样性，以及它们在实现游戏体验中的重要角色。

## 6.1.5　技能

大多数游戏要求玩家掌握各种不同类型的技能。这些技能大致可以被分为三类：身体技能、脑力技能和社交技能。

**身体技能**：身体技能包括力量、灵活度、协调性和耐久力等。体育游戏尤其注重这些技能，因为游戏直接模拟了现实中的体育运动。例如，足球、篮球等游戏需要玩家拥有出色的协调性和灵活度，而长跑或游泳等游戏则对耐久力要求较高。即使在某些视频游戏中，身体技能也同样重要。例如，动作类视频游戏经常需要玩家在游戏过程中快速按动按钮，进行各种复杂的手眼协调操作，以完成游戏中的各种任务。

**脑力技能**：脑力技能包括记忆力、观察力和解谜能力等。这些技能在策略类游戏和益智类游戏中表现得尤为突出。例如，象棋、围棋和各种棋盘游戏需要玩家具备很强的记忆力和策略思维，才能够在棋盘上进行有效的对弈。益智类游戏如数独和填字游戏则要求玩家有很高的解谜能力和观察力。尽管一些人可能会避开需要大量脑力投入的游戏，但实际上，大多数令人热衷的游戏都需要玩家通过深思熟虑和审慎决策来获得胜利。

**社交技能**：在多人游戏和团队游戏中显得尤为重要。社交技能包括洞察对手的想法、蒙骗对手以及与队友合作等。在竞争类的多人游戏中，玩家需要分析对手的策略，预测他们的下一步动作，并采取相应的对策。有时候，可能还需要用一些"小伎俩"来误导对手，以达到胜利的目的。而在合作类游戏中，玩家之间的协作尤为重要，分工明确、相互配合才能共同完成游戏任务。这不仅需要玩家在游戏中具备很强的沟通能力和团队精神，还能够增强现实中的社交能力。

除上述"真实技能"外，游戏中还存在诸多"虚拟技能"，这些技能通常指的是游戏角色在游戏中的等级、技能树、装备等方面的提升。例如，在角色扮演游戏中，玩家通过完成任务和战斗，可以提升角色的等级，学习新的招式或获得更强的装备。这些虚拟技能的提升虽然不直接反映玩家的真实技能，却可以带给玩家一种成就感和满足感。然而，如果滥用这些虚拟技能，很可能让游戏变得失去挑战性，甚至让玩家感到虚伪。一些游戏公司可能会通过销售虚拟技能或道具来盈利，不但破坏了游戏的平衡性，还可能使玩家失去对游戏的兴趣。

身体技能、脑力技能和社交技能在游戏中各有其重要性，玩家需要不断锻炼和提升这些技能，以在游戏中获得更好的体验和成绩。同时，虚拟技能的合理使用也能够增强游戏的趣味性和可玩性。玩家应适度掌握和使用虚拟技能，在提升角色的同时，真正享受游戏带来的乐趣和挑战。这样，游戏才能够在娱乐的同时，真正达到锻炼身心、提升自我的目的（见图 6-9）。

图 6-9　玩家需要掌握各种不同类型的技能

## 6.1.6　偶然性

偶然性机制将与其他五个机制相互作用，并且它是游戏中的核心部分之一。不确定性带来了惊喜和未知，这既是游戏的神秘元素，也是乐趣的重要来源。设计师最好能掌握一些基本的排列组合、概率论、期望值算法以及计算机辅助模拟算法。如果设计师无法自己掌握这些知识，至少要知道谁能提供这方面的帮助。

然而，设计师的角色不同于数学家，除了关注事件的实际概率，他们还需要关注感知概率。感知概率是指人们在内心中对某些概率的高估或低估。举个例子，人们往往会低估自然死亡的概率，而高估非自然死亡的概率。除此之外，还需要考虑风险厌恶型和风险偏好型的玩家在选择时并不完全依据期望值。特别是在没有明确告诉玩家具体数值时，玩家往往会凭感觉进行选择。

对于玩家来说，技能和概率是密不可分的。例如：

评估概率对玩家来说是一种技能。

评估对手的能力并作出一些假象，如表现得很强，从而阻止对手采取高风险的行动，或者表现得很弱，从而诱使对手轻敌或冒险。

预测和控制纯随机是一种想象力。玩家会有意无意地寻找模式，寻找原因和结果之间的关联，即使是纯随机的事件。

作为设计师，应该理解并利用玩家这种心理，让玩家通过一些行为感觉得到一些奖励，从而增加他们的乐趣。设计师应当意识到，玩家的感知概率和实际概率之间可能存在明显差异。这种差异可能会显著影响玩家的决策与游戏体验。例如，一些玩家可能会因为在过去几次尝试中的失败而认为某个事件发生的概率低于实际值，从而放弃继续尝试。而另一些玩家可能由于少数几次的成功经验，而高估该事件的概率，从而频繁地去尝试。这些都是设计师需要考虑的因素。

当玩家未被告知具体数值时，设计师应当小心地设计反馈机制，以避免让玩家产生误导性的感知概率。合理的反馈机制能够增强游戏的深度和玩家的参与度。例如，在某些情境下，通过视觉、听觉或其他反馈手段加强某事件发生的概率，可以让玩家在无形中产生对某一概率的特定感知，从而进行相关的策略调整。

在游戏设计中，能否巧妙地利用偶然性来提升游戏的乐趣和复杂性，直接关系到游戏的成败。设计师不仅要从理性的角度去思考概率问题，还要从感性的角度来理解玩家的心理。通过了解到玩家的行为模式和心理特点，设计师能够更加精准地利用偶然性，使游戏更加有趣和富有挑战性（见图6-10）。例如，在策略类游戏中，设计师可以设计一些看似随机但实际上受控的事件，这种设计可以增加游戏的深度和策略性。玩家可能认为他们的成功是运气使然，但实际上是设计师精心设计的结果。这种设计不仅让玩家在成功时感到满意，还让他们在失败时愿意继续尝试，因为他们认为有机会通过策略来改变结果。

图 6-10　偶然性提升游戏的乐趣和复杂性

## 6.2　双重挑战与复合机制

在游戏设计中，机制、挑战和目标是构建游戏体验的核心要素。不同的游戏通过不同的方式将这些要素结合起来，形成独特的游戏玩法和体验。例如，《俄罗斯方块》通过简单的机制和明确的目标，创造了深受欢迎的经典游戏。然而，并非所有游戏都采用这种单一机制、单一挑战和单一目标的模式。一些游戏通过双重挑战和复合机制的设计，提供了更为复杂和丰富的游戏体验。下面一起来探讨这两种设计方法，并分析它们在游戏中的应用和影响。

### 6.2.1　具象机制与抽象机制

任何数字游戏都需要通过某种媒介来影响虚拟世界。例如，在街机格斗游戏中，玩家通过操作摇杆和按钮来控制虚拟角色的动作。玩家在输入媒介上进行的动作和虚拟角色的动作之间存在一定的关联，这种关联便是游戏所规定的操作方式。

在许多游戏中，玩家的实际动作和虚拟角色的动作存在显著差异。例如，在《超级马里奥》系列中，马里奥的"跳跃"动作对应的是玩家"按下键盘空格键"的真实动作。通常将虚拟角色的动作称为"游戏机制"，并将执行频次最高的游戏机制称为"核心机制"（见图 6-11）。

《超级马里奥》中的游戏机制包括"跳跃""开枪""杀死怪物"等，

图 6-11　《超级马里奥》游戏画面

而核心机制则是"跳跃"，因为该动作相对于其他动作而言，被执行的频率最高。观察玩家的游戏过程可以发现，为了使马里奥进行跳跃，玩家必须按下键盘上的空格键。因此，在完整的游戏过程中，玩家会反复按下空格键，这使得"按下键盘空格键"成为玩家在现实空间中进行最多的操作。

可以将"游戏机制"拆分为"具象机制"和"抽象机制"两个概念。"具象机制"指的是玩家在现实世界中的实际操作，如按下键盘按键、移动鼠标或触摸屏幕等。这些操作是具体的、可观察的，并且与特定的输入设备相关。它是非常具体的，依赖于媒介的，对于旁观者而言，他们能够知晓如何玩这款游戏。"抽象机制"则是指游戏世界中虚拟角色或对象执行的动作，如跳跃、攻击或使用技能等。这些动作是游戏内部的抽象概念，不依赖于特定的输入设备。例如，马里奥的"跳跃"，虚拟赛车的"漂移"。它之所以是抽象的，是因为其独立于媒介，当旁观者观看到虚拟角色执行这些动作时，他们并不能够直接想象出玩家的真实动作，即不能够立刻获知这款游戏是如何玩的。

交互方式越简单，具象机制与抽象机制的相似度也愈高。例如，在平板电脑上进行《水果忍者》游戏，具象机制是快速滑动屏幕，抽象机制则是"切"水果，这两种动作相似度很高，因此极易上手。体感游戏和虚拟现实游戏之所以能够为玩家营造良好的生理沉浸体验，其原理也是如此。

### 6.2.2　双重挑战

双重挑战机制是一种独特而复杂的设计理念，它为玩家提供了多层次的游戏体验。这种机制不仅考验玩家的战略思维能力，还对其操作技巧提出了更高的要求。首先，需要理解什么是双重挑战机制。在传统的游戏设计中，玩家通常面临单一层面的挑战：通过简单的按键操作直接触发游戏中的抽象机制。例如，在经典的二维射击游戏中，玩家分别按下 W、A、S、D 键即可控制飞机移动，单击就能发射子弹。这种设计将玩家的注意力集中在游戏策略和目标实现上，而不是操作本身。相比之下，双重挑战机制在具象操作和抽象机制之间增加了一层额外的挑战。这意味着玩家不仅需要思考何时何地触发何种游戏机制，还需要通过更复杂的操作来实现这些机制（见图 6-12）。这种设计理念在许多现代大型动作游戏中得到了广泛应用。

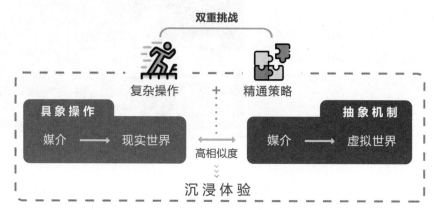

图 6-12    双重挑战

赛车游戏，如《极品飞车》系列，也是双重挑战机制的典型代表。在这类游戏中，玩家需要根据赛道的弯道情况决定何时何地进行漂移，这是第一层策略性挑战。而要实现理想的漂移效果，玩家还需要熟练地操控方向盘、刹车和油门，同时考虑到赛道条件、天气因素和车辆性能等多方面因素。这种复杂的操作构成了第二层技巧性挑战。

图 6-13    《我的电台》游戏画面

某些音乐游戏也采用了双重挑战机制。例如，在《我的电台》（*Inside My Radio*）中，玩家不仅需要决定何时触发"跳跃"等动作，还必须确保按键时机与背景音乐的节奏完美契合（见图 6-13）。这种设计不仅考验玩家的游戏策略，还要求其具备良好的音乐节奏感。

从理论角度来看，双重挑战型游戏相较于单层挑战型游戏，为玩家提供了更多层次的挑战和更丰富的技能要求。这种设计可以创造出更加持久和深入的游戏体验。然而，它也带来了一些潜在的问题和挑战。由于玩家需要同时应对多层挑战，他们无法将全部精力集中在某一特定技能的熟练上。这意味着玩家在掌握游戏技巧的过程中可能会感到进展较慢，这可能导致一些玩家感到沮丧或失去兴趣。因此，游戏设计师在制作双重挑战型游戏时，通常会采取相对缓慢的难度递增速度，以确保玩家有足够的时间适应和掌握新的技能。

双重挑战机制可能会影响游戏的灵活性和自由度。在传统游戏中，玩家可以相对自由地触发各种游戏机制。但在双重挑战型游戏中，每次触发机制都需要先克服底层的操作挑战，这可能会限制玩家的即时反应和创意发挥（见图6-14）。这种设计可能会让一些追求高度自由度的玩家感到受限。

值得注意的是，精心设计的双重挑战型游戏能够将高层策略挑战和底层操作挑战完美结合，创造出一种独特的游戏体验。在这种游戏中，玩家虽然在某种程度上受到了操作的约束，但却能够体验到一种不同于传统游戏的可玩性。让玩家感受到技能提升的成就感，同时也能在克服复杂

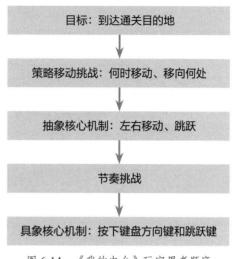

图 6-14　《我的电台》玩家思考顺序

挑战后获得更大的满足感。此外，双重挑战机制还可以增加游戏的深度和复杂性，延长游戏的生命周期。随着玩家逐渐掌握基本操作，他们可以开始尝试更加复杂和高级的技巧组合，这不仅能够保持游戏的新鲜感，还能为高水平玩家提供持续的挑战。

在实际应用中，游戏设计师需要谨慎平衡双重挑战机制的各个方面。他们需要确保底层操作挑战不会过于烦琐或困难，以免影响玩家对游戏核心策略的关注。同时，他们还需要设计出足够吸引人的高层挑战，使玩家愿意投入时间去掌握复杂的操作技巧。

### 6.2.3　复合机制

双重挑战机制不同，复合机制的独特之处在于当玩家触发一个具象机制时，实际上同时激活了两种或更多的抽象机制。这种设计方法不仅能够提高游戏的复杂度和深度，还能为玩家带来更加丰富多彩的游戏体验。

《超级马里奥》中可以清晰地看到复合机制的运用。当玩家控制马里奥进行跳跃时，如果恰好落在敌人头顶，不仅实现了"跳跃"这一基本动作，还同时触发了"消灭敌人"的效果。这种设计巧妙地将两种抽象机制融合在一个具象动作中，大大提升了游戏的趣味性和策略性。

复合机制的一个显著优势是，它能在不增加玩家操作负担的前提下，提供更加丰富的游戏内容和挑战。与需要多个玩家同时操控多个独立动作的游戏相比，复合机制游戏往往能让玩家更加专注于核心玩法。以《超级马里奥》和《魂斗罗》的对比为例，后者要求玩家同时控制跳跃和射击两个独立的动作，这可能导致玩家注意力分散。而在《超级马里奥》中，玩家主要需要掌握好跳跃这一核心动作，但是如何在恰当的时机和位置使用这个动作，才是游戏的精髓所在。

复合机制的设计理念不仅提高了游戏的可玩性，还为关卡设计提供了更多可能性。设计师可以通过巧妙安排敌人、障碍物和奖励项的位置，创造出需要玩家精心规划和执

行的挑战性场景（见图 6-15）。这种设计方法能够激发玩家的创造力和解决问题的能力，使得每次游戏体验都充满新鲜感和成就感。

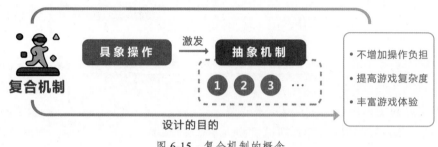

图 6-15  复合机制的概念

复合机制并不仅限于动作类游戏。在策略游戏、角色扮演游戏等多种类型中，都可以看到复合机制的影子。例如，在一些回合制策略游戏中，玩家的一次行动可能同时影响到单位的移动、攻击和资源收集等多方面。这种设计不仅增加了游戏的策略深度，还能让玩家在有限的行动次数内作出更加权衡的决策。

复合机制的成功应用，很大程度上依赖于游戏设计师的创造力和平衡性把控。一个设计良好的复合机制应该既能为玩家提供足够的挑战，又不至于让游戏变得过于复杂或难以理解。这需要设计师对游戏机制有深刻的理解，能够准确把握玩家的心理和行为模式。

## 6.3  游戏机制的平衡

在游戏设计领域中，平衡性设计是一个极其重要但常常被初学者忽视的方面。许多新手设计师往往过分关注游戏的趣味性，而忽略了平衡性对整体游戏体验的关键影响。然而，游戏平衡实际上是一个复杂而精细的过程，涉及游戏中各种元素的不断调整和优化，直至达到设计师预期的游戏体验。

从科学的角度来看，它涉及简单的数学原理和心理学知识的应用。设计师需要通过数据分析和玩家行为研究来评估游戏中各个元素的影响力。例如，在一个角色扮演游戏中，设计师可能需要计算不同武器的伤害值、防具的防御力、技能的冷却时间等数值，以确保游戏的难度曲线合理，不会出现某个角色或策略过于强大或弱小的情况。

从艺术的角度来看，游戏平衡需要设计师具备敏锐的洞察力和创造性思维。它要求设计师深入理解游戏中各种元素之间的微妙关系，准确把握哪些部分可以调整，如何调整，以及哪些部分应该保持不变。这种平衡艺术不仅是数值的调整，还是对整个游戏生态系统的精心雕琢。例如，在一个策略游戏中，设计师需要考虑不同单位之间的相互制衡关系，确保每种策略都有其优势和劣势，从而鼓励玩家尝试多样化的战术。

游戏平衡的一大挑战在于每个游戏都是独一无二的，没有通用的标准可以套用。不同类型的游戏，如动作游戏、策略游戏、角色扮演游戏等，都有其特定的平衡需求。甚至同一类型的游戏，由于主题、玩法、目标受众的不同，其平衡方式也会有显著差异。

因此，设计师必须首先明确识别出游戏中需要平衡的关键元素，然后通过反复地测试和调整，直到达到预期的玩家体验。

　　游戏平衡是一个持续的过程，不仅限于游戏开发阶段，还延续到游戏发布后的维护更新中。随着玩家群体的扩大和游戏策略的演变，设计师需要不断收集和分析数据，及时发现和解决新出现的平衡问题。这要求设计师具备灵活的思维和快速响应的能力，能够在保持游戏核心乐趣的同时，不断优化和调整游戏体验。这里综合归纳出以下 13 种最常见的游戏机制的平衡类型。

### 6.3.1　平衡类型 1：公平性

　　公平性是确保玩家体验的一项关键因素。公平的游戏意味着其中的任何一方都不应拥有比另一方更多的优势。实现游戏平衡的方法主要有三种：对称游戏、非对称游戏和剪刀石头布游戏。

　　对称游戏是指所有玩家在初始状态下拥有等同的资源和力量。这种设计方式在很多传统桌面游戏中得到了广泛应用，如跳棋、国际象棋（见图 6-16）和大富翁，以及几乎所有的运动项目。对称游戏的优势在于，它能确保所有玩家都处于同一起跑线，游戏的结果主要取决于玩家的技能和策略。然而，即便在对称游戏中，也可能存在一些小的不平衡因素，如"谁先开局"或"谁先发球"。这些小的不平衡有时会给某一方带来微小的优势。为了弥补这些差异，通常会采用抛硬币等随机方法来决定这些细节。此外，玩家也可以利用这些小的不平衡来弥补技能上的差距，如围棋中的"让先"规则。

　　非对称游戏则不要求所有玩家在初始状态下拥有相同的资源和力量。这类游戏通常模拟真实情境或具有高度个性化的设定。例如，《第五人格》是一款典型的非对称游戏，玩家可以选择不同的角色，每个角色都有独特的技能和属性（见图 6-17）。当两个玩家各有 10 个不同的角色可以选择时，就可以出现 100 种组合。如果再加上团队对抗赛，如 5 对 5 的团队对战，那么各种配合和策略将大大提升游戏的可玩性。尽管非对称游戏的魅力在于其多样性和复杂性，但平衡这类游戏相对困难。通常，游戏设计师需要花费大量

图 6-16　具有对称性的国际象棋

图 6-17　《第五人格》具有非对称性的游戏

时间来调整和测试技能点数和权重值，以确保游戏的公平性。即便如此，这些数值的平衡往往是模糊且难以量化的，通常需要设计师凭借经验和感觉来进行调整，花费六个月甚至更长时间来达到理想的平衡状态也是常见的。

剪刀石头布游戏是一种特殊的平衡方法，与非对称游戏不同，它的平衡性并不依赖于每个角色的权重相等，而在于每个角色都有克制和被克制的对象（见图 6-18）。就像经典的剪刀石头布游戏一样，石头可以砸坏剪刀，剪刀可以剪破布，布可以包住石头。通过这种方式，确保游戏中的每个元素都有其强项和弱项，没有任何一个元素是无敌的。这种简单而有效的平衡方法在格斗游戏中尤为常见，因为它能确保游戏中没有任何不可击败的角色。

图 6-18　石头剪刀布游戏

石头可以砸坏剪刀 → 剪刀可以剪破布 → 布可以包住石头

平衡游戏并让其感觉公平，是游戏设计中最基础也是最重要的任务之一。无论是通过对称设计、非对称设计，还是剪刀石头布的平衡方法，设计师都应确保游戏的公平性，以提升玩家的体验和满意度。公平性不仅是游戏平衡的核心，也是玩家对游戏产生兴趣和持续参与的关键因素。通过合理运用这些平衡手段，设计师可以创造出既有趣又具有挑战性的游戏，满足不同类型玩家的需求。

## 6.3.2　平衡类型 2：挑战

平衡挑战与玩家技能之间的关系是一个至关重要的设计。这种平衡不仅能够让玩家保持"沉浸"状态，还能够提升游戏的整体质量和玩家的长期参与度。平衡挑战包括难度递进、表现评价、难度选择以及游戏测试等多方面的关键因素。

提升每次成功的难度是一种常见且有效的方法。这种方法通常应用于关卡式游戏中，要求玩家不断提升技能以完成越来越具有挑战性的关卡。然而，这种方法也存在潜在的风险。如果难度曲线设计不当，可能会导致熟练玩家在简单关卡中感到无聊，或者新手玩家在高难度关卡中感到挫败。因此，游戏设计师需要精心规划难度曲线，确保其既能够为不同技能水平的玩家提供适当的挑战，又能保持游戏的整体节奏和趣味性。

评价玩家表现是另一种有效的平衡挑战的方法。这种方法不仅能够为玩家提供即时反馈，还能够激励玩家不断提升自己的技能。例如，通过设置多个评价等级（如 C、B、A、S 等），游戏可以为不同水平的玩家设定不同的目标。这种方法的优势在于它能够同时满足不同类型玩家的需求：对于普通玩家来说，获得及格评价就能继续游戏；而对于追求完美的玩家，则可以通过反复尝试来获得最高评价。此外，一些游戏还会设置特殊的成就，如 *DJMAX RESPECT V* 中要求玩家达到精确的 77.7% 命中率的成就（见图 6-19），这进一步增加了游戏的挑战性和可重玩性。

图 6-19　　*DJMAX RESPECT V* 游戏画面

让玩家选择难度等级是一种传统但仍然有效的方法。这种方法最早出现在早期的 RPG 中，通常包括"简单、中等、困难、地狱"等多个难度级别（见图 6-20）。这种方法的优点是能够让玩家根据自己的技能水平快速找到适合的挑战。然而，这种方法也给游戏设计师带来了额外的工作负担，因为他们需要平衡游戏的多个版本。此外，如何设计各个难度级别之间的差异，以及如何鼓励玩家尝试更高难度，都是需要仔细考虑的问题。

图 6-20　　《暗黑破坏神 II》中的难度系统

游戏测试在平衡挑战中扮演着关键角色。通过让不同技能水平的玩家进行试玩，游戏设计师可以获得宝贵的反馈，从而对游戏的难度进行微调。特别是在设置游戏后期难度时，需要特别谨慎。许多游戏设计师出于延长游戏寿命的考虑，倾向于将后期关卡的难度设置得过高，结果导致大部分玩家因挫败感而放弃游戏。虽然高难度确实可能延长一部分玩家的游戏时间，但在当今竞争激烈的游戏市场中，这种做法可能会适得其反，导致大量玩家流失。

因此，游戏设计师需要明确自己的目标：希望有多少比例的玩家能够完成游戏？这个目标将直接影响游戏的难度设置。例如，如果目标是让 80% 的玩家能够完成游戏，那么难度曲线就应该相对平缓；如果目标是让 20% 的精英玩家能够完成，那么难度曲线就可以设置得更陡峭。游戏设计师还需要考虑其他因素来平衡挑战。例如，可以通过提供多样化的游戏内容来吸引不同类型的玩家；可以设置动态难度调节系统，根据玩家的表现自动调整游戏难度；可以提供丰富的教程和提示系统，帮助玩家逐步掌握游戏技巧；还可以设置可选的辅助功能，让玩家在遇到困难时能够获得适当的帮助。

平衡挑战是一个复杂而持续的过程，需要游戏设计师不断收集数据、分析反馈、进行调整。只有通过精心设计和反复优化，才能创造出既能够吸引广大玩家，又能够保持长期吸引力的优秀游戏。在这个过程中，游戏设计师需要始终牢记：游戏的最终目标是为玩家提供愉悦和满足感，而不仅是挑战。通过恰当的平衡，游戏可以成为一种既有趣又有意义的体验，让玩家在克服挑战的过程中获得成长和乐趣。

### 6.3.3　平衡类型 3：有意义的选择

在游戏设计的过程中，"有意义的选择"是一个至关重要的平衡类型。通常来说，一款优秀的游戏会在多个方面要求玩家作出选择，如"我该去哪？""我该如何有效地利用资源？""我该使用哪些能力？"等。要实现有意义的选择，首先，这些选择必须对即将发生的游戏事件产生真实的影响；其次，不同的选择之间需要有足够的差异，以确保它们各自的独特性和不可替代性；最后，设计应尽量避免出现优势策略，即玩家可以明确识别出某个选择优于其他所有选择，从而使其他选项变得无意义（见图 6-21）。

图 6-21　玩家会做有意义的选择

在创建了有意义的选择之后，游戏设计师面临的下一个挑战是决定在一个决策中应提供多少有意义的选择。玩家的选择范围多少应与他们的期望相符。如果选项数量超过玩家预期，玩家会感到混乱和不知所措。例如，当玩家只期待在两条分岔路中做选择时，呈现二十条分岔路会使他们感到烦乱不安。相反，如果选项数量低于玩家预期，玩家会感到失望和受限制。比如说，玩家期待能在众多不同的建筑物中进行选择时，若实际选择只有两种，他们会感到不满足。当提供的选择数恰好符合玩家的期望时，玩家才能感受到真正的自由和满足感。

有时偶尔突破玩家的期望也是一种有效的设计手段，可以为玩家带来惊喜并激发他们的好奇心。然而，突破之后需要给予玩家相应的价值回报，高风险应对应高回报，低风险则对应低回报，这样才能保持期望与结果的平衡。在这种情况下，设计师面临的难点在于如何准确评估风险，也就是评估玩家成功率的难易程度。为了解决这个问题，设计师甚至需要建立计算模型来平衡游戏，通过反复测试以确保模型的准确性和有效性。只有当模型得以完善，游戏才会趋向真正的平衡。

游戏设计中的这种平衡不仅涉及具体的数量评估，还需要考虑玩家的心理体验和期望管理。玩家是主动参与者，他们在游戏中的每个选择和行动都是他们内心预期的一部分。因此，打破期望是一把双刃剑，它可能带来惊喜，但也可能带来挫败感。创建一个平衡且富有挑战的游戏世界，需要设计师深入理解玩家心态，并巧妙地调节他们的期望和实际体验之间的关系。

在这个过程中，AIGC 技术提供了新的可能性，为模型建立和风险评估带来了更高效的解决方案。通过 AI 的辅助，设计师可以更精准地分析玩家行为、预测选择结果以及调整游戏参数，从而进一步优化游戏体验，使之更加符合玩家的心理预期和娱乐需求。"有意义的选择"不仅是游戏设计中的一个关键平衡点，也是考验设计师智慧和创意的重要方面。通过合理的选择设置、有意识的风险回报设计，以及借助 AIGC 技术的辅助，设计师可以创造出既有深度又具吸引力的游戏体验，使玩家在一个动态平衡的世界中享受乐趣与挑战的双重快感。

### 6.3.4 平衡类型 4：技能与概率

平衡技能与概率不仅影响游戏的整体体验，还直接决定了游戏的受众群体和市场定位。技能代表了玩家通过练习和经验积累而获得的能力，而概率则引入了不确定性和随机性元素。两者的适度结合可以创造出引人入胜、富有挑战性又不失趣味的游戏体验。

技能与概率的平衡可以通过多种方式实现。一种常见的方法是在游戏机制中交替使用技能和概率元素。例如，在棋盘游戏中，掷骰子决定移动步数是一个概率因素，而选择如何移动棋子则需要玩家运用策略和技巧（见图 6-22）。这种交替使用的方法不仅能够创造出"紧张""放松"的节奏变化，还能够满足不同类型玩家的需求。另一种平衡方法是通过精心设计的游戏系统，让技能在某种程度上能够影响或控制概率。例如，在一些角色扮演游戏中，玩家的技能等级可以提高某些行动的成功率。这种设计既保留了随机性带来的惊喜感，又让玩家感受到技能提升的价值和成就感。

图 6-22 《大富翁 7》中的掷骰子

在设计过程中，游戏开发者需要深入了解目标受众的偏好和期望。偏重技能的游戏往往更适合追求竞技性和挑战性的玩家，这类游戏通常需要复杂的判定系统来评估玩家的表现。相比之下，偏重概率的游戏则更吸引那些寻求轻松娱乐的休闲玩家，因为这类游戏的结果更多依赖于运气，减轻了玩家的心理压力。

值得注意的是，随着人工智能和机器学习技术的发展，游戏设计师现在有了更多工具来优化技能与概率的平衡。例如，通过分析大量玩家数据，AI 可以帮助开发者识别游戏中的平衡问题，并提供调整建议。此外，动态难度调整（dynamic difficulty adjustment，DDA）系统可以根据玩家的表现实时调整游戏难度，在保持挑战性的同时避免玩家因技能差距过大而感到挫败。

在实际应用中，一些成功的游戏案例展示了技能与概率平衡的重要性。例如，《炉石传说》这款卡牌游戏就巧妙地结合了策略性和随机性。玩家需要运用技巧来构建卡组和规划战术，但每次抽卡的随机性又为游戏增添了不确定性和刺激感。另一个例子是《幽浮》(XCOM) 系列游戏，它在回合制策略中引入了基于概率的命中系统，既考验玩家的战术决策能力，又保留了战斗结果的不确定性。合理的平衡可以创造出既有挑战性又富有乐趣的游戏体验，吸引了广泛的玩家群体。随着技术的进步和游戏产业的发展，可以期待看到更多创新的平衡方式，为玩家带来更加丰富多样的游戏体验。

### 6.3.5    平衡类型 5: 动脑与动手

"动脑"与"动手"就像一对孪生兄弟，共同构筑了玩家体验的基石。"动脑"是指游戏中需要玩家进行思考、策略规划和解谜的成分，而"动手"则侧重于对玩家反应速度、操作精度和协调能力的考验。这两种元素并非泾渭分明，许多看似侧重一方的游戏，实际上也蕴含着对另一方的巧妙融合。例如，快节奏的平台跳跃游戏看似以"动手"为主，但关卡设计中往往隐藏着需要玩家仔细观察、思考破解的机关陷阱。优秀的数字游戏往往并非偏安一隅，而是巧妙地在这两者间找到平衡点，为玩家带来引人入胜的游戏体验。

从认知科学的角度来看，动脑和动手这两种活动分别激活了大脑的不同区域。动脑活动主要涉及前额叶皮质，负责高级认知功能如规划和决策；而动手活动则更多地涉及运动皮质和小脑，负责动作协调和精细运动控制。通过合理地结合这两种元素，游戏可以全面刺激玩家的大脑活动，提供更加丰富和有趣的游戏体验。

在设计过程中，开发者需要仔细考虑目标玩家群体的偏好。例如，策略游戏玩家可能更倾向于深度思考和长期规划，而动作游戏爱好者则可能更看重即时反馈和技能挑战。然而，这并不意味着游戏必须严格限制在单一类型中。事实上，许多成功的游戏都巧妙地融合了动脑和动手元素，创造出独特而吸引人的游戏体验。

以《吃豆人 2：新的冒险》为例，开发团队在原有的动作基础上增加了解谜元素，虽然意在丰富游戏内容，但这种突然的风格转变可能会使部分原有玩家感到失望。这提醒设计师，游戏设计的创新需要建立在对原有玩家群体深入理解的基础上，同时也要考虑如何吸引新的玩家群体。在实际的游戏设计中，动脑与动手的元素往往是紧密交织的，而非完全分离的。许多游戏中的挑战需要玩家同时运用思考和操作技能。例如，在一些角色扮演游戏中，玩家在面对强大的 Boss 时，不仅需要制订合理的策略，还要在实际战斗中灵活运用各种技能和走位。这种"放风筝"式的游戏玩法就是动脑与动手完美结合的典范。

游戏设计师还可以通过在不同阶段交替强调动脑和动手元素来实现平衡。例如，在解谜阶段主要考验玩家的思维能力，而在动作阶段则更注重操作技巧。这种交替不仅能够为玩家提供多样化的游戏体验，还能有效缓解单一玩法可能带来的疲劳感。随着人工智能和游戏技术的不断发展，动脑与动手的平衡在未来可能会呈现出新的形式。例如，

通过 AI 技术，游戏可以根据玩家的
个人偏好和技能水平动态调整难度和
玩法，从而为每个玩家提供最佳的游
戏体验。此外，虚拟现实和增强现实
技术的应用，也为动脑与动手的结合
提供了新的可能性，使得游戏中的思
考和操作更加贴近现实（见图 6-23）。

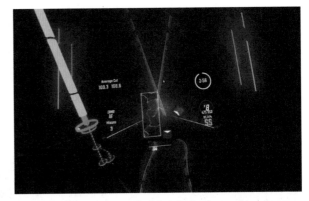

图 6-23　VR 游戏《节奏空间》（*Beat Saber*）
游戏画面

### 6.3.6　平衡类型 6：对抗与协作

对抗与协作并非二选一，而是相
辅相成，共同构建了一个多维的游戏
体验。玩家既要在团队内部紧密合作，又要在团队间展开激烈的较量。这种平衡不仅反
映了人类作为社会性生物在互动中的根本需求，也深深植根于人类作为高等动物侵略性
的本能。游戏中的对抗往往能够满足玩家的竞争欲望，激发他们的成就感和胜负欲，使
其感受到强烈的情感冲击和满足感。因此，不难理解为什么在游戏市场中，对抗类游戏
的数量远远超过协作类游戏。然而，尽管协作类游戏的市场份额相对较小，但其独特的
社交互动和共赢机制仍然拥有一批忠实的追随者。

对抗型游戏一直是游戏市场的主流，这与人类固有的竞争心理不无关系。从最早的
棋类游戏到现代的电子竞技，对抗元素始终是吸引玩家的核心因素之一。这种对抗可以
是直接的，如格斗游戏；也可以是间接的，如策略游戏中的资源竞争。对抗游戏能够激
发玩家的斗志，提供成就感和自我实现的机会，因此在市场上占据主导地位。

近年来协作型游戏也逐渐受到重视。这类游戏强调玩家之间的合作，共同完成任务
或解决问题。例如，多人在线角色扮演游戏（MMORPG）中的团队副本，或者合作射击
游戏如《求生之路》系列，都体现了协作的重要性。协作游戏能够培养玩家的团队精神，
增强社交体验，同时也能为玩家提供一种不同于对抗的游戏体验。

更为精妙的是将对抗与协作元素有机结合的游戏设计。这种设计通常表现为团队对
抗的形式，如多人在线战术竞技游戏（MOBA）。在这类游戏中，玩家需要在团队内部进
行协作，同时与对方团队展开对抗。这种设计不仅平衡了对抗和协作，还增加了游戏的
策略深度和社交维度。《守望先锋》的竞技模式便是典型例证，两支队伍在地图上展开激
烈争夺，胜利不仅依赖于个人技巧，更考验团队的整体策略与默契。这种模式不仅提供
了紧张刺激的对抗体验，还促进了玩家之间的合作与交流，展现了游戏设计中对抗与协
作的完美平衡（见图 6-24）。

AIGC 在游戏设计中的应用也为对抗与协作平衡带来了新的可能性。AI 可以根据玩
家的行为和偏好，动态调整游戏难度和协作需求，从而在单人游戏中模拟出类似多人游
戏的对抗与协作体验。此外，AI 还可以作为智能 NPC 参与游戏，在协作模式中扮演队友
角色，或在对抗模式中作为对手，从而丰富游戏体验。

图 6-24  《守望先锋》竞技游戏组队画面

对抗与协作的平衡并非静态不变的，而是随着游戏类型、目标受众和社会文化背景的变化而不断调整。例如，在东亚地区，强调团队协作的游戏可能更受欢迎，而在西方国家，个人主义色彩较强的对抗性游戏可能更受青睐。游戏设计师需要根据目标市场的特点，灵活调整对抗与协作元素的比重。游戏的对抗与协作平衡还需要考虑到玩家的长期参与度。纯粹的对抗可能导致新手玩家快速流失，而过于强调协作则可能使游戏缺乏竞争性和挑战性。

### 6.3.7  平衡类型 7：时间长短

在游戏设计的宏大叙事中，时间的掌控如同一把精细的刻刀，雕刻着玩家体验的深度与广度。游戏的时长，不仅是对玩家耐心与专注力的考量，更是游戏设计师对游戏节奏、策略深度及玩家情感曲线精心编排的结果。过于冗长，容易引发玩家的疲劳与厌倦；过于简短，则可能剥夺玩家深入探索、施展策略的机会。因此，如何精准把握游戏的时间长度，使之既能激发玩家的持久兴趣，又能确保游戏内容的丰富性和挑战性，成了游戏设计中至关重要的平衡艺术。

在设计游戏时，允许玩家根据自身偏好调整游戏时长，是一种大胆而创新的尝试。例如，《大富翁》的变体规则，通过取消现金彩票和购买道具的限制，玩家可以自由延长游戏时间，从而增加策略深度和社交互动。然而，这种自定义的灵活性是一把双刃剑，设计不当可能会破坏游戏的内在平衡，导致游戏体验的失真。因此，明智的做法是在给予玩家一定自由度的同时，设置合理的框架和限制，确保游戏核心机制的完整性和公平性。

游戏的胜利条件不应是一成不变的，而是要根据游戏进程和玩家技能水平动态调整。在游戏初期，为新手玩家提供一定的保护措施，如无敌状态或额外的生命值，有助于他们平稳过渡到游戏的挑战阶段。随着玩家能力的提升，胜利条件逐渐变得更加复杂和多元化，促使玩家不断学习新策略，提高应对复杂局面的能力。这种动态调整不仅增加了游戏的重玩价值，也确保了玩家体验的连贯性和满意度。

在某些策略游戏中，游戏可能因玩家之间的均衡态势而陷入漫长的僵局，消耗玩家的热情。为解决这一问题，设计师可以引入时间限制机制，如《米诺陶》中的末日房间规则，当游戏达到一定时长后，所有玩家被迫进入一个充满危险的环境，迫使他们采取行动，打破僵局（见图 6-25）。这种设计不仅加速了游戏的进程，也为玩家提供了新的挑战和决策点，增强了游戏的紧张感和不可预测性。

图 6-25　《米诺陶》游戏画面

　　游戏设计师拥有了更多创新的工具来优化游戏的时间管理。AIGC 可以自动生成适应玩家技能水平的关卡和任务，确保游戏难度与玩家的成长同步，避免了游戏过早变得乏味或难以克服。此外，AIGC 还能实时分析玩家行为，动态调整游戏时长和节奏，创造更加个性化和沉浸式的游戏体验。

## 6.3.8　平衡类型 8：奖励

　　游戏的奖励并非只是告诉玩家"你做得很好"，而是为了满足玩家的需求。奖励系统作为一种核心机制，不仅是对玩家行为的简单肯定，还是满足玩家多层次需求的重要手段。一个精心设计的奖励系统能够显著提升游戏体验，增强玩家的参与度和持续性。下面列举了一些奖励类型。

　　**称赞：** 这是最简单的奖励。明确的语句，或者音效，或者是游戏中的角色告诉你"我对你做了评价，而你做得很好"。这种直接的正面反馈可以通过文字、音效或游戏角色的对话来呈现，给予玩家即时的心理满足（见图 6-26）。虽然简单，但若运用得当，它能有效地强化玩家的行为模式。

图 6-26　《英雄联盟》中五杀后的称赞奖励

　　**得分：** 得分系统是另一种常见的奖励形式。它不仅能够量化玩家的成就和技能，还可以通过高分榜等形式激发玩家之间的竞争意识。然而，单纯的得分系统可能显得单调，因此通常需要与其他奖励形式相结合，以增加游戏的吸引力。如果有高分榜的话，分数本身的价值会更突出，最好辅以其他进行奖励配合。

　　**延长：** 游戏时间和次数本身就是奖励。在经典游戏《超级马里奥》中，获得绿蘑菇或收集 100 枚金币可以增加生命值，这不仅延长了游戏时间，也增加了玩家的成就感。

　　**新世界：** 通过一个关卡之后，开启下一个关卡的大门。通过完成特定任务或达到某个里程碑，玩家可以解锁新的游戏区域或关卡。这种奖励不仅满足了玩家的好奇心，还能保持游戏的新鲜感和挑战性。

**奇观：** 如通关动画或彩蛋，虽然不直接影响游戏进程，但能为玩家带来意外惊喜和满足感。这类奖励通常需要与其他形式的奖励配合使用，以增强其效果。

**展现自我：** 有些奖励在游戏中并没有任何用处，如某些卡牌游戏当中的金卡，但对于玩家来说，满足了他们展示的欲望。

**能力：** 通过升级系统或获取特殊道具，玩家可以增强角色能力，这不仅给予玩家成长的感觉，还能增加游戏的深度和策略性。例如，RPG 中升级的概念，超级马里奥吃蘑菇可以变大。

**资源：** 这是游戏当中最经常的一种奖励，如食物、弹药、能量、血量等，或是直接的金钱，玩家可以进行自由分配，给予玩家更多的选择和策略空间，增加了游戏的灵活性。

**完美：** 完成游戏当中所有的目标，给玩家带来特别完美，没有任何遗憾的感觉。它代表玩家已经征服了游戏的所有挑战，给予玩家极大的成就感。然而，这也意味着游戏体验的结束，因此设计时需要谨慎考虑。通常这是最终的奖励，这也意味着，玩家在游戏中已经不需要前进了。

**成就：** 成就系统作为一种现代化的奖励机制，不仅为玩家提供额外的挑战，还能满足成就导向型玩家的需求。该系统由微软 XBOX360 首创，后被大多数游戏引入。旨在为玩家提供新的挑战，满足以目标为导向的玩家需求，当玩家在他人面前自豪地展示这些成就时，一定会非常引人注目。通过可视化的徽章或奖杯，让玩家能够展示自己的游戏技能和投入。

玩家对奖励的期待并不是线性的，随着玩家不断深入游戏，玩家会希望增加奖励的价值。设计师可以在游戏中后期给予玩家更高的奖励。也可以试着给予玩家不断变化的奖励，给玩家以新鲜感和惊喜。因此，游戏设计师需要精心规划奖励的递进和变化，在游戏后期提供更丰厚或更独特的奖励，以保持玩家的兴趣和动力（见图 6-27）。同时，引入多样化和不可预测的奖励机制也能有效地给玩家带来惊喜和新鲜感，进一步提升游戏的吸引力和可玩性。

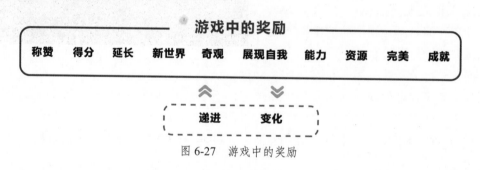

图 6-27　游戏中的奖励

### 6.3.9　平衡类型 9：惩罚

惩罚机制与现实中的惩罚有所不同，更多的是一种反馈机制，合理运用可以显著提升玩家的游戏体验。通过巧妙地设计惩罚机制，游戏设计师可以实现以下三个主要目的。第一，建立内源性价值。被剥夺的资源往往会变得更加珍贵，从而增强玩家对这些资源的重视。第二，平衡奖励与风险。只有在存在风险的情况下，奖励才显得更有意义和吸引力。没有惩罚的游戏风险太小，玩家可能会失去挑战的动力。第三，提升挑战性。如果玩家只是在平地上行走，半米宽的长廊不会带来任何挑战感。然而，一旦长廊下方是万丈深渊，同样的半米宽长廊就会变成巨大的挑战，增加游戏的紧张感和刺激感。

常见的游戏惩罚类型有以下七种。

**负反馈：**这是最直接的惩罚形式，如游戏提示"你挂了"或"你失败了"。这种反馈可以让玩家立即意识到自己的错误，并促使他们改进游戏策略。

**损失分数：**虽然这种惩罚并不常见，但在某些游戏中，分数的损失可以显著降低分数的内源性价值，从而影响玩家的游戏体验。

**缩短游戏时间：**如在游戏中"输掉一条命"，这是非常常见的惩罚方式。它不仅增加了游戏的紧迫感，还能促使玩家更加谨慎地进行游戏。

**结束游戏：**Game Over 是玩家最不希望看到的结果。这种终极惩罚会迫使玩家重新开始游戏，增加了游戏的挑战性和重复性。

**回档：**玩家在游戏中会被送回到某个存档点或特定地点。相比于结束游戏，这种惩罚更为人性化，因为它允许玩家从错误中学习并继续游戏。

**失去技能：**这种惩罚的价值难以掌握，因为不同的技能对不同的玩家有着不同的重要性。设计师需要慎重考虑这种惩罚的应用，以免过度影响玩家的游戏体验。

**消耗资源：**这是最常见的惩罚手段之一，玩家需要付出一定的资源作为代价。这种方式可以有效地控制玩家的行为，促使他们更加谨慎地管理资源。

在鼓励玩家完成某些任务时，最好使用奖励而非惩罚。奖励机制往往能更有效地激励玩家，并且让他们对游戏产生积极的情绪反应。然而，在某些情况下，惩罚是不可避免的。设计师需要注意轻量惩罚和严厉惩罚之间的平衡。轻量惩罚可能让战斗变得没有风险而乏味，而过于严厉的惩罚则会让玩家在战斗中过分小心，失去冒险的乐趣。因此，混合使用不同的惩罚手段可以更好地兼顾谨慎型玩家和冒险型玩家的需求。

惩罚的关键在于让玩家能够理解并知道如何避免惩罚（见图 6-28）。当惩罚让玩家感觉随机且不可避免时，他们会认为游戏不公平，进而可能放弃游戏。因此，确保游戏的公平性是设计惩罚机制时必须遵守的底线。通过合理设计惩罚机制，游戏设计师可以创造出既具有挑战性又公平的游戏环境，从而提升玩家的整体游戏体验。

图 6-28　游戏中的惩罚

### 6.3.10　平衡类型 10：自由与控制

自由与控制的平衡涉及游戏交互性的核心本质，即如何在赋予玩家自主权的同时，又能维持游戏的结构和目标。交互性是游戏不可或缺的要素，旨在让玩家在体验上拥有一定的控制权，或者更准确地说，是让他们感到自由。然而，在给予玩家控制权的问题上，并非越多越好。尽管控制权的增加似乎意味着更多的自由和乐趣，但实际情况往往并非如此。游戏并不是对现实生活的完美模拟，而是一个经过精心设计的抽象模型，其目的是提供有趣且简洁的体验。

从理论角度来看，游戏作为一种互动媒介，其本质是通过玩家的参与和决策来推动叙事和任务的进展。因此，给予玩家一定程度的控制权是必要的，这不仅能增强玩家的代入感和参与度，还能满足玩家对自主性和成就感的心理需求。然而，过度的自由可能导致游戏失去焦点和方向，甚至使玩家感到无所适从。

从实践角度来看，游戏设计师需要在开放性和引导性之间找到平衡点（见图 6-29）。一方面，适度的自由度能够激发玩家的创造力和探索欲，让他们感受到真实的影响力；另一方面，精心设计的限制和规则能够提供清晰的目标和挑战，保持游戏的紧凑性和节奏感。

图 6-29　游戏设计师与玩家间的关系

在具体实现上，设计师可以采用多种策略来平衡自由与控制。例如，通过设置多重目标或开放式任务，给予玩家在达成目标方式上的选择权；通过环境设计和叙事引导，柔性地限制玩家的行动范围；通过游戏机制的深度和复杂度，在有限的操作中创造出丰富的可能性。

不同类型的游戏对自由度的需求也不尽相同。开放世界游戏可能需要更高的自由度来支持探索和沙盒玩法，而线性叙事游戏则可能需要更强的引导来推动剧情发展。因此，设计师需要根据游戏类型和目标受众来调整自由与控制的比例。

### 6.3.11　平衡类型 11：简单与复杂

游戏设计中的简单与复杂平衡是一个颇具挑战性的课题，需要设计师深思熟虑、精心权衡。表面上看，简单和复杂似乎是对立的概念，但实际上它们之间存在着微妙而复杂的关系。一个优秀的游戏往往能够在简单易上手和深度可探索之间找到恰当的平衡点，既能吸引新玩家，又能留住老玩家。

要深入理解游戏的简单与复杂，需要从两个维度来分析：先天复杂性和自发复杂性。

先天复杂性是指游戏规则本身所具备的复杂度。一些游戏具有相当多的规则，如国际象棋中兵的移动规则：兵的第一步可以走一格或两格，以后每次只能向前走一格，不能后退；其攻击方式则是斜着向前走到对手的棋子所在格。一旦兵成功到达对方的最后一行，它就可以升级为马、相、车或后，而不能选择再次成为兵或王（见图 6-30）。这种内源复杂性在某种程度上可以增强游戏的涌现复杂性，但通常规则越复杂，游戏体验可能越糟糕，因为玩家需要花费大量时间去理解和记住这些规则。

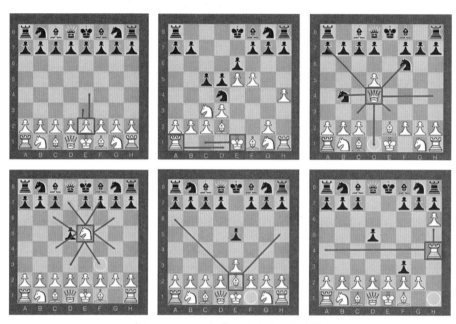

图 6-30　国际象棋玩法的内源复杂性

自发复杂性则是在简单规则基础上自然涌现的复杂变化。围棋就是一个典型例子：规则极其简单，但对局变化却千变万化，策略深度令人叹为观止。这种复杂性往往更受玩家欢迎，因为它能带来持久的探索乐趣和挑战性。但同时，过高的自发复杂性也可能导致新手和高手之间的技能差距过大，影响游戏的可及性。

理想的情况是，通过简单明了的规则实现丰富多彩的自发复杂性。如果这一点难以实现，适度增加先天复杂性来达成所需的复杂度也是可以接受的。关键在于找到恰当的平衡点，既能保证游戏的深度和可玩性，又不会让新手感到望而生畏。

在处理先天复杂性时，一个有效的策略是将复杂性巧妙地融入游戏机制中，使其对玩家来说显得自然而然。《太空侵略者》中外星人数量与速度的反比关系就是一个很好的例子（见图 6-31）：玩家无须刻意学习这一规则，但却能自然地感

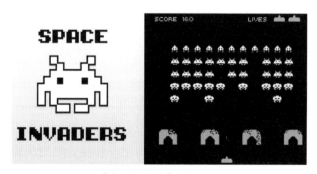

图 6-31　《太空侵略者》（*Space Invaders*）

受到游戏难度的递进。这种设计既增加了游戏的挑战性，又避免了生硬的规则说明。

另一个值得借鉴的做法是通过多功能设计来简化游戏元素。《吃豆人》中的小点就集合了减速、得分和目标指引等多重功能。这种设计不仅简化了游戏界面，还增加了游戏的策略性。玩家需要权衡是否吃掉小点，因为这会影响自身速度和得分。这种多功能设计既减少了游戏中的对象数量，又巧妙地增加了游戏的深度。

在追求简单与复杂平衡的过程中，设计师还需要考虑游戏的可学习性和成长曲线。一个好的游戏应该能够让玩家循序渐进地掌握游戏机制，逐步深入游戏的复杂性。这可以通过精心设计的关卡或教程系统来实现。同时，游戏也应该为不同水平的玩家提供适当的挑战和乐趣，这可能需要引入动态难度调节等机制。

此外，游戏的主题和叙事也可以成为平衡简单与复杂的有力工具。一个引人入胜的故事背景可以让玩家更容易接受复杂的游戏机制，因为这些机制在故事情境中显得合理自然。反之，如果游戏主题与机制不匹配，即使是简单的规则也可能让玩家感到困惑。

### 6.3.12　平衡类型 12：细节与想象力

游戏作为一种独特的交互媒介，其本质并非单纯的视听体验，而是通过精心设计的元素激发玩家主动参与和想象的过程。这种平衡需要设计师具备敏锐的洞察力和深厚的创意功底，以在有限的资源和技术条件下，最大化地激发玩家的想象力和参与感。

游戏设计师需要认识到，并非所有细节都需要或应该被具象化。选择性地细化那些能够达到高质量标准的元素，是平衡细节与想象力的第一步。这要求设计师对自身团队的能力有准确的认知，并能作出明智的取舍。例如，如果语音配音、背景音乐、动画效果等元素无法达到令人信服的水准，不如将其留白，交由玩家的想象力来填充。这种做法不仅可以避免低质量内容破坏游戏体验，还能激发玩家的创造性思维，让他们在心中构建更加丰富和个性化的游戏世界。

为玩家的想象力提供恰到好处的细节支撑，是激发其参与感的有效方法。以国际象棋为例，虽然棋子可以采用抽象的几何形状，但赋予其中世纪背景下的具体角色，如国王、骑士等，能够大大增强玩家对博弈过程的代入感。同时，不同棋子独特的走法规则，也为玩家理解和运用这些"角色"提供了清晰的框架。这种细节的设计不仅丰富了游戏的主题性，还在规则层面上为玩家的战略思考提供了基础。

在构建陌生世界时，提供适量的细节描述尤为重要。对于玩家熟悉的现实世界场景，可以适当减少细节描述，因为玩家能够轻松地用自己的生活经验填补空白。然而，对于科幻、奇幻等陌生的虚构世界，玩家往往缺乏相应的认知基础。这时，精心设计的细节就成了连接玩家想象力与游戏世界的桥梁，帮助他们建立对这个陌生世界的初步认知和情感联系。

巧妙运用"望远镜效应"是平衡细节与想象力的高级技巧。这种方法通过镜头的推拉转换，在特写细节和全局概览之间切换，既能让玩家深入了解世界的微观构成，又能在宏观视角下激发其对整体的想象。这种技巧不仅适用于视觉呈现，在叙事结构和游戏机制设计中也有广泛应用。例如，通过局部任务的细致描述来建立世界观，再通过概括性的背景设定来串联整个游戏世界，可以在有限的开发资源下创造出丰富而连贯的游戏体验。

游戏本身成了玩家想象力的催化剂，而不是限制。通过精心设计的细节引导和适度的留白，游戏可以成为一个开放的平台，让每个玩家都能在其中找到属于自己的独特体验和解读。这种参与感和创造性，正是互动媒体区别于其他艺术形式的核心魅力所在。

## 6.3.13　平衡类型 13：经济体系

游戏经济的核心在于如何让玩家通过各种途径赚取和花费虚拟货币。然而，达到经济体系的平衡状态是极其困难的，甚至可能比整个游戏其他部分的平衡难度更高。尤其是在大型多人在线游戏中，玩家间的交易系统更是让经济平衡成为一场噩梦。许多经典游戏因为引入了玩家间交易系统而被认为是不公平的，从而导致游戏的衰落。因此，设计一个平衡的经济体系需要极其谨慎的考量。以下是一些需要在设计中平衡的关键因素（见图 6-32）。

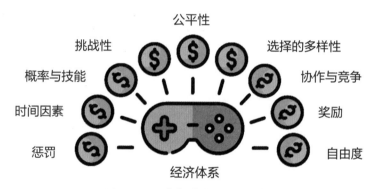

图 6-32　经济体系需要平衡的事物

**公平性**：设计者需要确保玩家不会通过购买某些特定物品获得明显的优势，这种优势可能会破坏游戏的平衡性，导致部分玩家感到不公平。此外，还需要防止玩家通过意料之外的方式迅速积累财富，这种情况会破坏游戏的整体经济结构。

**挑战性**：购买特定物品是否使游戏变得过于简单或过于困难？如果玩家能够通过购买强力装备轻松击败强敌，游戏的挑战性将大打折扣；反之，如果某些关键物品过于昂贵，导致玩家无法顺利推进游戏进程，这也会影响游戏体验。

**选择的多样性**：玩家获得和花费金钱的方式是否多样且有意义？如果玩家只有单一的赚钱和花钱途径，游戏的经济体系将显得单调乏味。设计师需要提供多种多样的经济活动，让玩家在不同的情境下作出有意义的选择。

**概率与技能**：玩家通过技能还是概率获得金钱？如果经济活动过于依赖运气，玩家可能会感到挫败；如果过于依赖技能，可能会让新手玩家望而却步。设计师需要在这两者之间找到一个平衡点。

**协作与竞争**：玩家是否能够通过有趣的方式积累财富？他们是否会联合起来利用经

济漏洞牟利？这些问题需要设计师仔细考虑，以防止游戏经济体系被少数玩家垄断。

**时间因素：** 玩家在游戏中需要花费多少时间来赚钱？如果赚钱过程过于冗长，可能会导致玩家流失；如果过于简单，可能会导致游戏内货币贬值，从而影响整体经济平衡。

**奖励和惩罚：** 玩家获得的金钱是否值得他们付出的努力？花费的金钱是否能带来相应的回报？惩罚机制如何影响玩家的赚钱和花钱能力？这些问题都需要在设计中予以平衡。

**自由度：** 玩家是否能够按照他们期望的方式赚钱和花钱？过多的限制可能会让玩家感到束缚，过少的限制又可能导致经济体系失控。因此，设计师需要在自由度和控制之间找到一个合适的平衡点。

# 6.4  AIGC 游戏机制调整

## 6.4.1  自适应难度

在现代游戏开发的复杂生态系统中，机制设计和平衡调整被视为提供优质游戏体验的关键之一。随着 AIGC 技术的迅速崛起，游戏设计中机制的优化和平衡调整迎来了前所未有的发展机遇。其中，自适应难度（adaptive difficulty）正成为一项广受瞩目的技术，它通过实时动态调整游戏难度，使得游戏既充满挑战性又不会让玩家感到无法应对。自适应难度对提升玩家体验的独特作用，使其在诸多游戏中得到了成功应用，并呈现出广阔的发展前景。

自适应难度的概念本质上是基于玩家的表现，实时调整游戏的难度，以确保玩家能够获得最佳的游戏体验。这一机制的首要目的是在游戏过程中保持一种动态平衡，使游戏始终具有适当的挑战性，同时避免玩家因游戏难度过大而产生挫败感或因难度过低而感到无聊。通过自适应难度，游戏设计者希望能够为各种水平的玩家创建一个个性化的、有趣且富有挑战性的游戏环境，从而提升玩家的沉浸感和整体满意度。

AIGC 技术在实现自适应难度方面发挥了至关重要的作用。首先，AIGC 能够通过高级数据分析和机器学习算法，实时监控玩家的游戏数据，包括反应速度、成功率、错误率、游戏时长等。这种全面的监控能够为游戏 AI 提供更为精准的玩家行为模型，使其能够更好地理解玩家当前的状态和需求。例如，一个在某个关卡中多次失败的玩家，可能反映出该关卡对于他来说过于困难，AI 可以收集这些数据并据此调整关卡的难度，如减少敌人的数量或降低敌人的攻击力，以便玩家能够顺利通过。

AIGC 技术还能够基于实时监控数据，动态调整游戏的各类元素，如关卡设计、敌人强度、解谜难度等。这种动态调整不仅限于简单的数值变化，还可以涉及更为复杂的游戏机制和逻辑的变化。例如，在一款解谜游戏中，当 AI 检测到玩家在某个谜题上停留时间过长，成功率较低时，可以根据玩家的需要给予适当的提示，或降低谜题的复杂性，使玩家能够继续游戏进程。而对于表现优异的玩家，AI 可以增加谜题难度或引入更多的

挑战性元素，使玩家获得更高的成
就感。

在实际应用中，*Left 4 Dead* 的
"导演模式"是自适应难度的一项经
典成功案例（见图 6-33）。该模式
通过实时监控玩家的表现，动态调
整僵尸的生成频率和数量，以确保
游戏氛围始终紧张刺激。当玩家表
现优异时，AI 会增加僵尸的数量和
攻击性，从而提高难度；当玩家陷
入困境时，AI 则会减少敌人的数量

图 6-33　*Left 4 Dead* 的"导演模式"自适应难度

或提供更多补给，帮助玩家渡过难关。这种动态调整机制不仅提升了游戏的紧张感和娱
乐性，还大大增加了游戏的重玩价值。此外，*Resident Evil 4* 也采用了类似的自适应难度
机制，通过动态调整敌人的强度和数量，确保玩家在游戏过程中能够获得持续的挑战和
成就感。

然而，自适应难度的实现并非没有挑战。最首要的问题在于如何确保调整后的难度
始终适中，既能够保持挑战性，又不会让玩家感到过于挫败。为了解决这一问题，可以
采用多层次调适的方法——通过在不同层级上微调难度参数，并采用平滑过渡的方式，
使玩家几乎察觉不到调整过程。这样一来，玩家的游戏体验会显得更加连贯和自然，避
免因难度调整过于剧烈而产生不适感。

另一个关键挑战是玩家的心理反应。AI 对难度的调整如果过于明显，可能导致玩家
产生挫败感或失去成就感。这是因为玩家通常会希望在一个公平的环境下挑战自我，并
从中获得满足感。如果 AI 的调整让玩家感觉到游戏在"帮"他们，可能会削弱他们的成
就感。对此，游戏设计师需要通过合理的 AI 调适策略，确保难度调整过程的自然流畅。
具体来说，可以让 AI 在后台进行微调，避免给玩家直接的反馈，以此来保护玩家的自尊
心和成就感。

随着 AI 技术的持续进步和数据分析能力的提升，自适应难度将变得更加细化和个性
化。AI 不仅能够根据玩家的实时表现进行调整，还可以基于玩家的历史数据和游戏习惯
进行更为个性化的难度设置。例如，通过分析玩家在多款游戏中的表现，AI 可以预测玩
家在新游戏中的表现，并据此预调难度，为玩家提供一个更加适合其个人风格和水平的
游戏体验。除此之外，AI 还可以利用深度学习技术，不断优化自适应难度机制，使其在
保持游戏趣味性和挑战性的同时，进一步提升玩家的沉浸感和参与感。

另一个值得关注的未来发展方向是，利用 AIGC 进行细化的个性化调整。AI 可以记
录并分析每个玩家的独特游戏风格、策略偏好和反应模式。例如，通过检测玩家在战斗
中使用的策略，AI 可以调整敌人的 AI 行为，使之更具针对性和挑战性；在解谜游戏中，
AI 可以根据玩家此前解决谜题的路径和思考模式，生成新的、更具挑战性的谜题。这种
高度个性化的调整，不仅能够提高游戏的复杂性和趣味性，还能极大地增强玩家的黏性。

AIGC 在自适应难度中的应用为游戏开发者提供了全新的设计思路和优化方法。通过实时监控和动态调整，游戏可以根据玩家的表现实时调整难度，创造出一个细腻而个性化的游戏体验，极大地提升了游戏的趣味性和耐玩性。随着 AIGC 技术的不断进步，自适应难度将成为更多游戏的重要特性，推动游戏产业迈向新的高度。无论是对于游戏开发者还是玩家，自适应难度的广泛应用都预示着一种更加灵活、智能和个性化的游戏体验的到来。通过不断探索和优化，人们有理由相信，这一技术将为游戏行业带来更多创新和突破。

### 6.4.2  技能与装备平衡

技能与装备的平衡性在游戏设计中占据着至关重要的位置。它指的是游戏中各类技能和装备之间的相对强度应保持在一个合理的范围内，从而确保游戏的公平性和趣味性。平衡性不仅影响玩家的游戏体验，还直接关系到游戏的生命周期和玩家的忠诚度。在现代游戏开发中，AIGC 技术的引入为实现技能与装备的平衡提供了强有力的工具。

AIGC 在技能与装备平衡中的应用主要体现在数据收集与分析、参数调整以及实例分析等方面。首先，数据收集与分析是 AIGC 应用的基础。AI 技术能够从海量的玩家数据中提取有价值的信息，包括技能使用频率、胜率、伤害输出等关键数据。这些数据不仅反映了玩家在游戏中的操作习惯，还揭示了技能和装备之间的优劣势，从而帮助开发者发现潜在的平衡性问题。例如，AI 可以分析某种技能是否被广泛使用且效果显著，从而判断该技能是否过于强大。如果发现某个技能的使用频率和胜率远高于其他技能，这可能表明该技能性能过于强大，影响了游戏的整体平衡性。基于这种分析，设计师可以有针对性地采取调优措施。

在确定需要调整的技能或装备后，AIGC 同样可以在参数调整方面发挥重要作用。AI 系统能够基于所收集和分析的数据，自动优化技能和装备的属性，如调整伤害值、冷却时间、装备重量等。例如，在一款 MOBA 游戏中，AI 可以动态平衡英雄技能，通过增减伤害值或调整技能冷却时间来实现平衡。某个英雄的技能被频繁使用并且在比赛中胜率远高于其他英雄，这可能意味着技能需要削弱。AI 可以在检测到这种不平衡后，自动减少该技能的伤害值或增加冷却时间，从而使游戏重新恢复平衡。

实例分析方面，*League of Legends* 的平衡团队是一个典型的应用场景。该团队利用 AIGC 技术分析海量对战数据，定期对英雄技能和装备属性进行调整。通过数据驱动的方式，他们能够迅速识别哪位英雄过于强大或者过于弱小，并进行相应的平衡性调整。例如，某位英雄的胜率突然上升，AIGC 进行分析后发现其技能伤害值过高，从而决定削弱其伤害输出。另一个例子是 *Overwatch*（见图 6-34）。这款游戏的开发团队也定期通过 AIGC 分析玩家数据和社区反馈，对英雄进行调整和更新。每次更新都会平衡游戏中的英雄技能，使得游戏过程中的公平性和玩家体验都能得到保障。

然而，AIGC 在技能与装备平衡中应用时首先要考虑数据准确性问题。为了确保分析结果的准确性，所收集的数据必须足够全面且具有代表性。首先解决这一问题的方法

图 6-34　*Overwatch* 游戏英雄阵容分析

是多渠道、多维度地收集数据，如结合游戏内数据、玩家论坛讨论以及社交媒体反馈等，从而获得更全面的数据输入。其次是玩家反馈的问题。虽然数据分析能够提供有力的支持，但玩家的实际体验和感受同样重要。单纯依赖数据进行调整可能会忽略玩家的主观体验。开发者应建立一个综合反馈系统，将玩家的意见和建议与 AIGC 的数据分析结果结合，从而作出更全面和合理的调整。

　　最值得期待的一点是 AIGC 对实时监控与调整的支持（见图 6-35）。AIGC 不仅可以在游戏开发过程中进行平衡调整，还可以在游戏发布后实时监控玩家行为的数据，并做出动态调整。这样可以更有效地应对玩家策略的变化和新出现的平衡问题，使得游戏能够长时间维持平衡状态。例如，在实时战略（RTS）游戏中，AI 可以随时监控不同兵种的使用情况和胜率数据，发现问题后立即调整兵种的参数。例如，某类兵种在游戏发布初期表现平平，但随着玩家策略的进化，突然变得极为强大并主导了游戏环境。AI 可以通过分析这种变化，及时调整该兵种的各项属性，使游戏重新达到平衡。

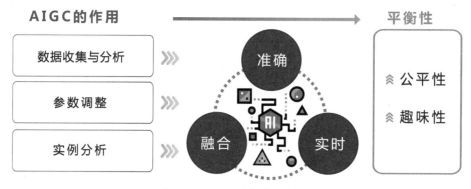

图 6-35　AIGC 平衡游戏的作用

　　AIGC 技术还可能融合更多外部数据，如社交媒体上的玩家讨论、游戏社区的反馈等，更加精准地调整游戏平衡。通过这种多维度的数据采集和分析，开发者将更好地理解不同玩家群体的需求，从而提供更加个性化和公平的游戏体验。AIGC 技术不仅能够处理更复杂的平衡调整任务，还能在游戏发布后实时监控玩家行为，并根据策略变化即时调整技能和装备属性。这不仅能应对快速变化的游戏环境，还能提升游戏的长久平衡性和玩家满意度。

AIGC 在技能与装备平衡中的应用为游戏开发带来了革命性的变化。通过数据收集与分析、参数调整和实例分析，AI 技术帮助开发者更好地理解和优化游戏中的平衡性问题。尽管面临数据准确性和玩家反馈等挑战，但通过多渠道的数据收集和综合反馈系统，开发者可以更准确地识别和解决平衡性问题，从而提高游戏的公平性和趣味性。随着 AIGC 技术的不断进步，技能与装备的平衡调整将变得更加精准和实时，为玩家提供更好的游戏体验。

## 6.4.3　资源分配

资源分配是指游戏中各种资源（如金币、道具、经验值等）的获取和分配方式。合理的资源分配不仅能够提升游戏的策略性和互动性，还直接影响玩家的游戏体验与满意度。一个完善的资源分配系统可以确保玩家在游戏中获得持续的成就感和挑战感，从而提升游戏的整体吸引力与生命周期。

资源分配的合理性不仅取决于资源的数量和种类，还与其获取途径、难度、频率等因素密切相关。在传统游戏设计中，资源分配往往依赖于设计师既定的规则和算法，这种静态的分配方式难以满足不同玩家群体的多样化需求。随着技术的发展，AIGC 的应用在资源分配领域展现出了巨大潜力。AIGC 通过智能算法和动态调整，能够实时分析玩家行为、理解玩家需求，并相应地调整游戏中的资源分配策略，使其更加个性化和动态化。

AIGC 技术能够根据玩家的行为数据和游戏进展情况，智能设计资源点和掉落率，使不同类型和水平的玩家都能合理获取资源。例如，AIGC 可以在设计游戏地图时，动态生成各种资源点，既考虑到了新手玩家的上手难度，也兼顾了高水平玩家的挑战需求。在战斗场景中，AIGC 可以根据 Boss 战的难度调整战利品的掉落率，确保玩家在完成较难的任务后能够获得相应的奖励，从而增强游戏的成就感和激励机制。例如，在 *Diablo* 系列游戏中，随着玩家角色等级的提升和需求的变化，AI 动态调整物品的掉落频率和稀有度，使得高等级玩家仍能在探索和战斗中获得有价值的资源。

此外，需求分析是 AI 技术在资源分配中的另一关键应用。通过分析玩家的行为数据，AI 能够识别出玩家对不同资源的需求类型和需求量，从而动态调整资源的分配策略。例如，当 AI 发现某类道具在游戏中有很高的需求量时，可以提高其掉落率或在商店内增加供应，以满足玩家的需求。这种需求驱动的资源分配方式确保了玩家能够得到他们所需的资源，从而提升游戏的流畅度和满意度。又如，*Warframe* 通过 AI 分析玩家行为，调整游戏内资源的掉落和分配策略，确保玩家在不同进程阶段都能获得合适的资源，不仅平衡了游戏的难度，也提升了玩家的投入感和持续游戏的动力。

尽管 AI 在资源分配中的应用展现出了诸多优势，但在实际应用中仍面临着一系列挑战。其中，资源稀缺性和动态调整是两大主要难题。首先，资源稀缺性是维持游戏挑战性和趣味性的关键因素之一。如果资源过于丰富，玩家的获取难度降低，游戏的挑战性随之减弱，从而影响游戏的长期吸引力。因此，AIGC 在调整资源掉落率时，必须兼顾资源的稀缺性和玩家的需求平衡。例如，在游戏设计中，AI 可以通过设定一定的资源获取上限或引入时间限制等方式，确保资源的稀缺性，从而维持游戏的挑战性和策略性。其次，动态调整是应对因游戏版本更新和玩家行为变化导致资源分配失调问题的重要手段。随着游戏内容的不断更新和玩家策略的演变，原有的资源分配方案可能不再适用，甚至可能导致游戏体验的不平衡。为了解决这一问题，AIGC 技术可以实时监控游戏中的资源分配情况，分析玩家的行为数据，并根据实际情况动态调整资源的分配策略。例如，在检测到某个新版本中某类资源被过度滥用后，AI 可以立即调整其掉落率或获取途径，避免游戏平衡性受到影响（见图 6-36）。

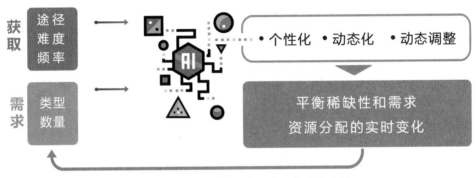

图 6-36　AIGC 对游戏资源分配的影响分析

未来的 AI 可以在资源分配过程中引入更多维度的数据，如玩家的社交互动、游戏时间、地理位置等，从而实现更精细和多样化的资源分配策略。例如，AI 可以根据玩家的社交网络分析其组队情况和共同兴趣，从而在组队任务中分配更多的团队奖励。再如，AI 可以根据玩家的地理位置和时区，智能调整游戏中的活动时间和奖励内容，以适应全球玩家的不同游戏习惯和需求。还可以实现更加个性化的资源分配系统，动态适应不同玩家的个性需求和游戏风格。根据玩家的历史游戏数据和偏好，AI 可以定制化设计其游戏进程中的资源分配方案，使得每位玩家都能获得独特的游戏体验。这种个性化的资源分配不仅提升了玩家的满意度和忠诚度，还能够有效增加游戏的商业价值和用户留存率。

在技术层面上，未来的 AI 可以结合更多先进的算法与技术，如深度学习、强化学习等，从而提高其数据分析的精确性和响应速度。例如，通过深度学习算法，AI 可以更准确地预测玩家的行为模式和需求变化，从而实时调整资源的分配策略。再如，通过强化学习，AI 可以自主探索和优化资源分配的决策过程，确保在各种复杂的游戏场景中都能实现最佳的资源分配效果。

## 6.4.4　敌人 AI 智能化

通过增强游戏中的敌人 AI，开发者不仅可以提升游戏的挑战性和互动性，还能使游戏体验更加丰富和深刻。传统的敌人 AI 通常依赖预设的行为模式，限制了其在复杂场景中的应用潜力。然而，随着 AIGC 技术的不断进步，这一领域迎来了突破性的发展。AIGC 技术在敌人 AI 智能化中的应用，不仅为玩家带来了更加动态和多样化的敌人行为，还显著提高了游戏的可玩性和沉浸感。

敌人 AI 智能化的核心在于其动态学习能力。传统的 AI 系统通过预设的行为模式来应对玩家的行动，缺乏灵活性和变化。而 AIGC 技术则能赋予敌人 AI 动态学习的能力，使其能够实时分析玩家的战术和策略，并相应调整自己的行为。当玩家在游戏中采用特定的进攻或防守战术时，AI 能够逐步识别这些战术，并在后续关卡中针对性地采取反制策略。例如，在一款射击游戏中，AI 可以检测到玩家频繁使用某种火力压制战术，随后调整敌人的行动模式，采取分散阵型或利用掩护物进行迂回，从而增加玩家的挑战难度和策略深度。这种动态学习机制不仅使敌人 AI 更加智能和多变，还促使玩家不断思考和调整自己的战术，避免陷入单一的游戏模式，增强了游戏的趣味性。

AIGC 技术的另一重要应用是模拟与预测玩家行动。AI 通过大数据和机器学习算法可以对玩家的历史行为进行分析，预测其下一步的行动，从而为敌人设计出更加合理和有挑战性的应对策略。在战术策略游戏中，这种能力显得尤为重要。例如，当玩家计划在某个地图区域发动突袭时，AI 可以通过对玩家之前的行为模式进行分析，预测其可能的进攻路线和时间点，并提前布置防御力量或设置陷阱，使玩家面临更大的挑战。这种模拟与预测机制不仅使敌人 AI 更加智能和灵活，还提高了游戏的真实性和沉浸感，让玩家感觉自己在与一个真正的对手进行博弈，而非简单地应对预设的程序。

《异形：隔离》（*Alien: Isolation*）是 AIGC 技术成功应用于敌人 AI 智能化的典型案

图 6-37　《异形：隔离》（*Alien: Isolation*）游戏画面

例。在这款游戏中，异形敌人的 AI 通过动态学习玩家的行为，在不同场景下采取不同的进攻策略。例如，当玩家频繁使用某条逃生路线时，AI 会逐步学习这一模式，并在后续的游戏过程中进行针对性拦截，迫使玩家不得不寻找新的逃生路径（见图 6-37）。此外，异形 AI 能够根据玩家的行为调整其巡逻和搜索模式，增加了逃生的难度和紧张感。这种智能化的敌人行为大大提升了游戏的恐怖氛围和挑战性，让玩家时刻处于高度紧张的状态中。

另一个值得关注的案例是 *F.E.A.R.* 中的敌人 AI。*F.E.A.R.* 中的敌人 AI 以其高度智能化的行为而著称，能够利用掩体、投掷手榴弹等多种战术手段应对玩家。通过 AIGC 技术，这些敌人的行为不再是简单的预设动作，而是根据战场态势和玩家的行动实时调整。例如，当玩家躲在某个掩体后面时，敌人 AI 会选择合适的角度进行包抄或使用手榴弹将玩家逼出掩体。这种智能化的战术行为不仅增加了游戏的战斗难度，还使战斗过程更加真实和刺激。

敌人 AI 智能化在实际应用中也面临一系列挑战。首先是如何平衡难度与玩家体验的问题。AI 智能化无疑可以增加游戏的挑战性，但过高的难度可能会让部分玩家感到沮丧，从而影响其游戏体验。因此，设计师需要在智能化与游戏难度之间找到一个合适的平衡点，确保玩家既能享受到高智能 AI 带来的挑战，又不会因过度困难导致游戏体验不佳。例如，可以通过设置不同的难度级别，使 AI 在不同难度下表现出不同的智能化程度，从而满足不同水平玩家的需求。

未来的敌人 AI 将能够实现更复杂的行为模式和更真实的智能对战，进一步提升游戏体验。例如，通过结合自然语言处理和图像识别技术，AI 可以模拟更为真实的敌人交流和战术协作，使战斗过程更加逼真和紧张。此外，AI 还可以根据玩家的即时反馈和行为调整难度和策略，提供更加个性化和动态化的游戏体验。

## 思考与练习

本章深入剖析了游戏机制的核心要素及其在游戏设计中的重要作用。在阅读本章后，可以从以下四方面进行思考与练习。

（1）机制分析与设计：选择几款不同类型的游戏，分析其游戏机制，思考它们如何通过空间、对象、行为、规则等元素构建出引人入胜的游戏体验。尝试设计新的游戏机制，探索如何平衡挑战性与趣味性，满足不同玩家的需求。

（2）难度与平衡性：研究不同游戏中难度曲线的设计方法，理解如何通过调整关卡难度、敌人配置和奖励机制来保持玩家的兴趣和参与度。思考如何平衡技能与概率、动脑与动手等要素，确保游戏既具有挑战性又不失公平性。

（3）复合机制与双重挑战：探索复合机制在游戏设计中的应用，尝试将多个抽象机制融入一个具象动作中，提升游戏的策略性和趣味性。同时，思考如何在游戏中引入双重挑战机制，让玩家在战略思维和操作技巧上都得到锻炼。

（4）技术与应用：关注 AIGC 等新技术在游戏机制设计中的应用案例，思考如何利用这些技术优化游戏机制，提高设计效率和玩家体验。尝试将新技术融入自己的游戏设计项目中，评估其对游戏质量的影响。

通过这些思考与练习，可以更深入地理解游戏机制的核心原理和设计方法，为创造出更优秀、更具吸引力的游戏作品奠定坚实基础。

第7章

# 游 戏 世 界

## 7.1 游戏世界的构成和目的

### 7.1.1 游戏世界的构成

#### 1. 空间设计

空间设计在游戏世界中扮演着至关重要的角色，它不仅是游戏剧情的载体，还是玩家体验的核心要素之一。通过精心设计的空间，游戏开发者可以引导玩家的探索行为，增强沉浸感，并有效传递游戏的情感和故事。下面将详细阐述空间设计的各个方面及其在游戏世界中的应用。

游戏空间环境可以通过视觉和互动元素增强剧情的表现力。例如，在《风之旅人》中，游戏的第一幕通过摄像机定位和高亮度光源标记，清晰地展示了游戏目标：一座高耸的山峰。这个目标在广袤的大漠中始终可见，帮助玩家时刻确认自己的方位，并在潜意识中生成前往山峰的动机（见图7-1）。这种设计不仅增强了游戏的叙事效果，还为玩家提供了明确的探索目标。游戏空间环境可以通过细节和线索传递背景故事和世界观。例如，在《纪念碑谷》中，空间设计不仅是事件发生的场所，更是玩家探索的主要目的。通过独特的几何结构和视觉错觉，游戏创造了一个充满奇幻和挑战的世界，使玩家在探索过程中不断发现新的惊喜和乐趣（见图7-2）。这种隐性叙事方式不仅增加了游戏的深度，还激发了玩家的探索欲望，使他们在游戏过程中不断发现新的内容和惊喜。

图 7-1  《风之旅人》游戏中的广袤的大漠

图 7-2  《纪念碑谷》几何结构和视觉错觉构成的游戏世界

空间引导性是指通过空间设计引导玩家的行为和探索路径。优秀的空间设计可以自然地引导玩家前进，而不需要过多的文字提示或指引。这种设计理念在第一人称射击游戏中尤为常见，因为玩家会将地理位置与特定的玩法和风格联系起来。设计师斯科特·罗杰斯曾引用沃尔特·迪士尼在构建迪士尼乐园时使用的"小香肠"技法。正如利用一系列香肠等食物诱导动物按照规定路线行走一般，设计师可以通过较为突出的空间元素引导玩家前进。在《侠盗猎车4》的自由之城中，幸运神像和鹿特丹大厦等标志性建筑便起着类似"小香肠"的作用——在这些建筑周围探索，玩家将更易掌握当前方位。在设计空间引导性时，设计师可以利用多种手段。例如，通过地形的变化、光线的引导、颜色的对比等方式，设计师可以吸引玩家的注意力，并引导他们朝着特定的方向前进。此外，设计师还可以通过设置障碍物和路径选择，增加玩家的探索乐趣和挑战性。

通过空间元素引导玩家探索是空间设计中的关键环节。设计师需要将建筑、物件和游戏中的各种挑战以有趣和有意义的方式排布，确保游戏有着适度的挑战、适量的奖励和有意义的选择。建筑是游戏空间的重要组成部分，它不仅提供了视觉上的美感，还为玩家提供了探索和互动的场所。设计师需要根据游戏的主题和风格，设计出符合游戏世界观的建筑物，并合理安排它们的位置和功能。例如，在《塞尔达传说：风之杖》中，游戏的整个结构中有着局部对称的设计，当玩家身处于一个房间或者一个区域时，它们看起来都是有着某种对称的，但连通到其他区域时又让人感觉它是富有组织的（见图7-3）。这种设计不仅增强了游戏的视觉效果，还为玩家提供了更加丰富的探索体验。

图 7-3  《塞尔达传说：风之杖》的局部对称地图

### 2. 视觉元素

视觉元素作为构建游戏世界的基石和传递游戏体验的桥梁，在营造沉浸感方面扮演着不可或缺的角色。通过对色彩、光线、纹理、形状等视觉元素的精心设计和巧妙运用，游戏开发者能够有效地传达信息、塑造氛围、引导情感，为玩家打造引人入胜、令人难忘的游戏体验。

游戏开发者可以通过对色彩和光线的精心调配，营造出与游戏主题和情感基调相符的独特氛围。例如，在恐怖游戏中，设计师往往会采用冷色调和昏暗的光线，营造出压抑、惊悚的氛围，从而增强玩家的恐惧感和紧张感；而在奇幻冒险游戏中，设计师则更倾向于使用明亮鲜艳的色彩和高对比度的光线，以展现一个充满活力、神秘莫测的奇幻世界，激发玩家的探索欲望。此外，通过对场景、道具、角色等元素进行细致入微的刻画，游戏开发者可以向玩家传递丰富的背景故事信息，增强游戏的叙事深度和文化内涵。例如，《荒野大镖客：救赎2》中，细致入微的场景设计和极具时代感的服饰道具，为玩家构建了一个栩栩如生的美国西部世界，让玩家仿佛置身于那个充满传奇色彩的年代（见图7-4）。

图 7-4　《荒野大镖客：救赎 2》场景和服饰构建了美国西部环境

视觉元素是提升游戏互动性和真实感的有效手段。动态效果和动画的运用，能够赋予游戏世界以生命力，增强玩家与游戏世界的互动体验。例如，在开放世界游戏中，随风摇曳的树木、波光粼粼的水面、来来往往的行人等动态细节，能够极大地增强游戏的真实感和沉浸感。而角色的动作设计、技能特效、场景破坏等动画效果，则能够为玩家带来更具冲击力的视觉体验，增强游戏的战斗快感和操作乐趣。

"好的外形"是优秀游戏视觉设计的目标，它强调视觉元素的和谐统一和美学价值。在设计"好的外形"时，需要关注以下主要四方面。

**形状和结构：**游戏中的建筑、场景、角色等元素的形状和结构设计，需要与游戏的世界观和艺术风格保持一致，并力求独特新颖，给玩家留下深刻印象。例如，《纪念碑谷》巧妙地利用几何图形和视觉错觉，构建了一个充满奇幻色彩的迷宫世界，其独特的视觉风格令人过目难忘。

**色彩和光线：**色彩和光线的运用，对游戏氛围的营造和情感的表达起着至关重要的作用。设计师需要根据游戏主题和场景氛围，选择合适的色彩搭配和光影效果，以增强游戏的视觉表现力和艺术感染力。例如，《风之旅人》运用大量暖色调和高亮度的光线，营造出一种温暖、治愈的氛围，带给玩家独特的情感共鸣。

**纹理和细节：**精致的纹理和细节处理，能够增强游戏的真实感和沉浸感。游戏开发者可以通过高精度模型、法线贴图、环境光遮蔽等技术手段，使游戏画面更加细腻逼真，为玩家带来身临其境的感官体验。

**视觉对比和变化坡度：** 视觉对比和变化坡度的运用，能够有效引导玩家的视觉焦点，增强游戏的层次感和空间感。设计师可以通过色彩、光影、形状等元素的对比，突出重点场景和关键信息，同时利用渐变和过渡，使场景之间的衔接更加自然流畅，提升玩家的视觉舒适度。

视觉元素是构建游戏世界、传递游戏体验、提升游戏品质的关键要素。游戏开发者需要充分理解和运用视觉元素的艺术规律，并结合游戏类型和目标用户，打造出独具特色、引人入胜的视觉风格，为玩家创造出难忘的游戏体验。

### 3. 比例和尺度

比例和尺度在游戏设计中占据着极其重要的地位，它们不仅影响着游戏的视觉效果和审美体验，还直接关系到玩家的沉浸感和互动质量。合适的比例和尺度设计能够有效传递信息，激发玩家的探索欲望和互动热情，提升总体的游戏体验。设计师需要在视线高度、角色比例、门道比例以及贴图比例等方面找到恰当的平衡，通过精心设计和布局，创造出一个既美观又实用的游戏世界。

视线高度在不同的游戏类型中所扮演的角色各不相同。在第一人称视角游戏中，视线高度一般与玩家的实际身高相仿，这样设计的目的是增强游戏的沉浸感，使玩家感觉他们真正融入了游戏场景中。如果视线高度设置过高，超过两米，玩家可能会有巨人般俯视世界的错觉；相反，视线高度如果低于一米，玩家则可能会感到自己成了一个小人，不断仰视周围的一切。这种不符合实际比例的视线高度会造成玩家对游戏世界的认知和感知产生扭曲，从而影响沉浸感和体验质量。

在第三人称视角游戏中，视线高度同样关键。设计师需要根据游戏的主题和风格，合理设置视线高度，以确保玩家能清晰地看到角色和周围环境。以《马克思·佩恩 3》为例，设计师通过扩大房间和家具的比例，然后将家具分散布置，有效解决了视点远离于身体所带来的视觉扭曲问题（见图 7-5）。这种比例设计不仅增强了视觉效果，还提升了玩家的沉浸感和体验质量。

图 7-5    《马克思·佩恩 3》的场景家具分散布置

除了视线高度，人物和门道的比例也很重要。人物比例是指角色的身高、体型等与现实世界的比例关系。合理的人物比例设计可以增强游戏的真实性和沉浸感，使玩家感

图 7-6　《巫师 3：狂猎》真实沉浸的场景

受到一个真实存在的游戏世界。如果比例不当，玩家对游戏世界的感知可能会失真，影响游戏的沉浸感和体验质量。举例来说，在《巫师 3：狂猎》中，角色的身高和体型与现实世界相仿，从而提升了游戏的真实感和沉浸感（见图 7-6）；而在《超级马里奥》中，夸张和卡通化的人物比例则增强了游戏的趣味性和娱乐性。

门道比例也需特别注意。门道设计在视觉上需要与角色比例相适应，确保玩家能够自然通过且没有任何不协调的感觉。过高或过低的门道会破坏视觉的一致性，影响玩家的沉浸感。例如，在诸多高级别的冒险游戏中，门道的高度和宽度都被设计得恰到好处，让玩家感受到一种自然的空间比例。

游戏中的贴图比例同样至关重要。墙面和地面的贴图比例需要依据游戏的主题和风格来设置。在《巫师 3：狂猎》中，墙面和地面的贴图比例高度还原现实世界，这种设计增强了游戏的真实感和沉浸感；反之，在《超级马里奥》中，夸张的墙面和地面贴图则带来了强烈的卡通感和趣味性，吸引玩家在一个非现实的奇幻世界中探险。

物件和装饰的比例也需要仔细设计。合理的物件和装饰比例能够提升游戏的真实性，并为玩家创造一个独一无二且具有吸引力的游戏世界。例如，在《巫师 3：狂猎》中，所有物件和装饰的比例都与现实世界相仿，从而提升了游戏的真实性和沉浸感；而在《超级马里奥》中，夸张的物件和装饰比例则给玩家带来了一种独特的视角和体验，增加了游戏的趣味性和挑战性。

合理的比例和尺度对于游戏设计至关重要，视线高度、人物和门道比例及贴图比例等方面的巧妙设计和布局，能够极大地提升游戏的真实感、视觉效果和沉浸感，使玩家在虚拟世界中获得理想的互动和探索体验。游戏开发者通过不断地创新和优化，才能创造出一个既美观又实用的游戏世界，真正满足玩家的需求和期待。

## 7.1.2　游戏世界的目的

游戏世界设计的目的是通过构建一个引人入胜的虚拟环境，增强玩家的沉浸感和参与感，使玩家能够更好地理解和体验游戏的剧情和机制。游戏世界设计就是要创造一个能够吸引玩家、挑战玩家、感动玩家的虚拟宇宙。它需要真实感、故事性、引导性、挑战性、探索性、情感性和重玩性的巧妙平衡。当所有这些元素完美结合时，就创造了一个玩家愿意一次又一次沉浸其中的魔法世界（见图 7-7）。

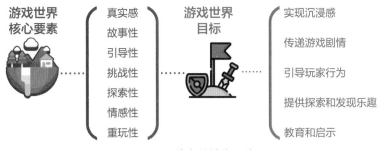

图 7-7 游戏世界的目的

增强沉浸感是游戏世界设计的首要目标。沉浸感是指玩家在游戏过程中感受到的身临其境的体验。一个精心设计的游戏世界能够让玩家忘记现实,完全投入虚拟世界中。为了实现这一目标,游戏设计师需要考虑多个方面。游戏世界需要具备一定的真实感,使玩家能够相信这个世界的存在。通过高质量的图形、逼真的物理效果和细致的环境设计,可以增强游戏世界的真实感。例如,游戏中的建筑、植被、天气效果等都需要尽可能地模拟现实世界。此外,游戏世界的各个元素需要保持一致性,包括视觉风格、音效、剧情设定等。任何不协调的元素都会破坏玩家的沉浸感。例如,如果游戏的视觉风格是写实的,那么音效和剧情也应该保持写实风格。最后,玩家能够与游戏世界中的各种元素进行互动,这种互动性能够增强玩家的参与感和沉浸感。例如,玩家可以破坏建筑、种植植物、改变地形等。互动性不仅体现在物理互动上,还包括与 NPC 的对话和互动。

游戏世界是传递游戏剧情的重要载体。通过虚拟环境的设计,游戏设计师可以向玩家传递大量的剧情信息,而不需要依赖大量的文字或对话。通过环境叙事,设计师可以通过游戏世界中的环境细节向玩家传递剧情信息。例如,破损的建筑、散落的物品、墙上的涂鸦等都可以用来讲述故事。玩家通过观察这些细节,可以了解游戏世界的背景和历史。视觉线索也是传递剧情的重要手段。通过视觉线索引导玩家探索游戏世界,并发现隐藏的剧情信息。例如,光线的引导、颜色的对比、显眼的标志等都可以用来吸引玩家的注意力。在游戏世界中设置动态事件,使玩家能够通过参与这些事件来了解剧情。例如,NPC 之间的对话、突发的战斗、环境的变化等都可以用来推动剧情发展。

游戏世界设计的另一个重要目的是引导玩家的行为,使玩家能够按照设计师的预期进行游戏。通过合理的世界设计,可以有效引导玩家探索、战斗、解谜等。路径设计是引导玩家前进的基本手段。通过合理的路径设计,引导玩家找到正确的道路。例如,通过光线、颜色、地形等元素,引导玩家找到正确的道路。同时,可以设置一些分支路径,增加探索的乐趣。在游戏世界中设置障碍和奖励,激励玩家进行挑战。例如,通过设置敌人、陷阱、谜题等障碍,增加游戏的难度;通过设置宝箱、道具、经验值等奖励,激励玩家进行探索和战斗。通过设置视觉焦点,吸引玩家的注意力。例如,通过显眼的建筑、特殊的光效、动态的事件等,吸引玩家前往特定地点。

提供探索和发现的乐趣是游戏世界设计的重要作用,使玩家在游戏过程中能够不断地发现新的内容和惊喜。通过丰富的世界内容，使玩家在探索过程中能够不断地发现新的内容。例如，通过设置隐藏的宝藏、秘密的地点、未知的生物等，使玩家能够在探索过程中不断地发现新的惊喜。通过动态的世界变化，使玩家在探索过程中能够不断地发现新的变化。又如，通过设置昼夜交替、天气变化、季节变化等，使玩家能够在探索过程中不断地发现新的变化。通过多样化的探索方式，使玩家在探索过程中能够不断地尝试新的方法。再如，通过设置不同的交通工具、不同的视角、不同的互动方式等，使玩家能够在探索过程中不断地尝试新的方法。

游戏世界还能提供教育和启示，使玩家在游戏过程中能够获得知识和启示。通过再现历史和文化，使玩家在游戏过程中能够对其进行深入了解。例如，通过设置历史事件、文化遗迹、传统习俗等，使玩家能够在游戏过程中了解历史和文化；通过展示科学和技术，使玩家在游戏过程中能够了解科学和技术；通过设置道德选择、价值冲突、伦理难题等，使玩家能够在游戏过程中思考道德和价值。

## 7.2  关卡设计

### 7.2.1  关卡设计的概念和目的

关卡设计其本质在于构建一系列精心设计的挑战，引导玩家在游戏世界中逐步深入，体验游戏核心机制，并最终达成游戏目标。优秀的关卡设计如同优秀的叙事，需要兼顾节奏、挑战和趣味性。它需要巧妙地运用游戏机制、空间布局、敌人配置、奖励机制等元素，为玩家创造引人入胜的游戏体验。合理的难度曲线设计能够让玩家在挑战中获得成就感，而不会感到过于沮丧或轻易厌倦。

关卡在数字游戏中有多重定义，有时叫作回合、波、关、幕、章、地图或者世界，它们都有自己独特的含义，具体如下。

**回合：**在游戏中总是要一遍又一遍地重复同样的行为或者相似的玩法。

**波：**通常指战斗，整个游戏可以完全由一波一波的敌人构成。

**关：**一般可与"波"通用，不过"关"更常用，通常指 Boss 的行为。

**幕和章：**通常是开发者希望玩家更专注于游戏的剧情时用到。

**地图：**通常是指游戏的场景，在第一人称射击游戏中很常见，因为玩家会把地理位置和某种风格或特定玩法联系起来。

**世界：**一种游戏场景，主要由其视觉风格或者题材加以区分。

关卡设计不仅决定了玩家在游戏中的体验质量，还直接影响到游戏的可玩性和吸引力。关卡设计的定义可以简单概括为：通过合理的布局和设计，将游戏中的各种元素（如地形、敌人、道具、任务等）组织在一起，形成一个一个独立的游戏场景或任务，使玩家在完成这些场景或任务的过程中获得乐趣和成就感。

关卡设计的目的主要有三方面。首先是提供挑战。关卡设计需要为玩家提供适度的挑战，使玩家在游戏过程中能够不断地克服困难，获得成就感。挑战的设计需要考虑到玩家的技能水平和游戏的难度曲线，确保游戏既不会过于简单而让玩家感到无聊，也不会过于困难而让玩家感到挫败。其次是引导玩家。关卡设计需要通过合理的布局和设计，引导玩家按照设计师的意图进行游戏。引导玩家的方式可以是显性的，如通过任务指引、地图标记等；也可以是隐性的，如通过环境设计、视觉线索等。最后是叙事功能。关卡设计还需要承担一定的叙事功能，通过环境设计、事件设置等方式向玩家传递游戏的剧情和背景信息。优秀的关卡设计能够通过环境叙事，让玩家在探索和解谜的过程中逐渐了解游戏的世界观和故事情节。

## 7.2.2　关卡设计的核心元素

构建关卡时，有两个重要的设计元素——游戏障碍和游戏技巧。游戏障碍是指游戏中对玩家形成挑战的元素，游戏技巧是指玩家与游戏互动的能力，如路障、敌人、陷阱、谜题等；游戏技巧是指玩家在游戏过程中需要掌握的各种技能和策略，如基础技能、新技能、组合技能等（见图 7-8）。

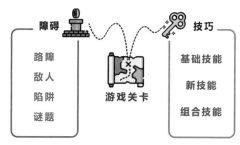

图 7-8　关卡设计的核心元素

### 1. 游戏障碍

游戏障碍设计直接影响着玩家的游戏体验和游戏的整体质量。优秀的游戏障碍设计需要充分考虑玩家的技能水平和游戏的难度曲线，以确保游戏既能保持足够的挑战性，又不会让玩家感到过于沮丧或无聊。这种平衡的艺术需要游戏设计师具备深厚的经验和敏锐的洞察力。游戏障碍通常可以分为四种主要类型：路障、敌人、陷阱和谜题。每种类型都有其独特的特点和设计原则，需要根据游戏的风格和目标玩家群体进行精心设计。

**路障：**最基本的游戏障碍类型之一，其主要目的是减缓玩家的进度，而非完全阻止玩家前进。典型的路障包括需要玩家跳过的围墙、栏杆或沟渠等。这类障碍不仅能够增加游戏的趣味性，还可以通过巧妙的设计来提高游戏的难度。例如，在路障中加入敌人或时间限制，可以大大增加玩家通过障碍的难度和紧迫感。设计路障时，需要考虑玩家的技能水平和游戏进程，逐步增加难度，以保持玩家的兴趣和挑战感。

**敌人：**一种常见的游戏障碍，它们能够对玩家造成直接威胁，需要玩家采取攻击或躲避策略。敌人的类型可以非常多样化，包括各种角色、交通工具、动物等，可以根据其属性、大小、移动方式和攻击方式进行分类。特别值得一提的是 Boss，作为一类特殊的敌人，它们通常只在特定关卡出现，拥有独特的造型和能力，需要玩家付出更多努力才能战胜。在设计敌人时，需要考虑关卡环境和游戏进程。例如，大型敌人更适合出现在视野开阔的场地，而飞行敌人则可以让玩家保持全方位的警惕。近战类型的敌人则更适合出现在狭窄的通道或独木桥上。为了保持游戏的新鲜感和挑战性，建议在每个关卡中只引入 1~2 种新敌人，这样可以在保持变化的同时，不至于让玩家过早见识到所有类型的敌人。

**陷阱：** 陷阱是主要的游戏障碍类型，它们通常是场景的一部分，需要玩家小心避开。典型的陷阱包括地刺、悬空的吊桥等。设计陷阱时，重要的是要为玩家提供适当的警告或线索，以提示潜在的危险。这可以通过视觉、听觉或其他感官提示来实现。例如，一座即将坍塌的桥可能会有松动的木板、发出吱吱声，或者可以通过展示一个敌人踩上去掉落的场景来提醒玩家。陷阱还可以用来增加游戏的紧张感，如设计一段不断倒塌的石阶，迫使玩家快速行动。

**谜题：** 谜题主要考验玩家的智力和解决问题的能力。与其他类型的障碍相比，谜题能够为玩家提供一种不同的游戏体验，让玩家暂时从紧张的动作或战斗中解脱出来，体验到动脑解决问题的满足感。然而，并非所有类型的游戏都适合加入谜题元素。例如，在注重快节奏和即时反应的射击游戏中，复杂的谜题可能会打断游戏流畅度，降低玩家的沉浸感。谜题的设计通常基于"锁和钥匙"的概念，即玩家需要在一个地方获得某个物品或完成某项任务，以解锁下一个剧情或区域。这种设计可以很好地推动游戏情节的发展，同时为玩家提供明确的目标和成就感。

在设计游戏障碍时，还需要考虑障碍之间的组合和平衡。例如，可以将路障与敌人结合，创造出更具挑战性的场景；或者在解谜过程中加入时间限制或危险元素，增加紧张感和难度。同时，障碍的设计也应该与游戏的整体风格和主题相协调，以提供一致且沉浸的游戏体验。此外，游戏障碍的设计还应该考虑到不同技能水平的玩家。可以通过设置不同的难度级别，或者在游戏中提供可选的辅助功能，来照顾不同玩家的需求。这不仅可以增加游戏的可玩性和受众范围，还能提高玩家的满意度和游戏的市场表现。

### 2. 游戏技巧

技能设计是玩家在关卡中通过障碍的关键因素，这里的技能指的是游戏角色所拥有的能力，而非玩家的熟练程度，因为前者是可以通过设计来实现的。技能是玩家与游戏关卡互动的方式，可以是简单的移动、跳跃、攀爬，也可以是攻击。在第一人称射击游戏中，武器也可以被视为技能的一种变体，不同的武器具有不同的参数和效果。随着游戏的进展，玩家会期望获得更多的技能以及组合技能。从技能展开的角度来看，可以分为三个阶段：基础技能、新技能和组合技能。类似于敌人图表，可以绘制一个技能图表，展示各种技能出现的时间以及各个关卡需要用到的技能。

**基础技能：** 玩家交互的基础，在游戏开始时，玩家最早接触到的就是这一批技能。通常会有一个训练关卡来教玩家使用这些技能。训练关卡的设计重点是在短时间内教会玩家操作，同时还得与其他关卡联系起来。教学的方法通常是通过画外音或者弹出的文本来告诉玩家，也可以让 NPC 角色教玩家技能。基础技能应该是相对简单的，玩家只需要按下一个按钮或键就可以使用，尤其是在快节奏的射击游戏中，玩家通常没有时间作出更多的反应。此外，基础技能和高级技能，有时候更多的是通过威力而不是现实中技能的难度来区分。同类游戏中，玩家会期望有相同的技能。

**新技能：** 随着游戏的进展，玩家会获得新的技能、武器、道具或魔法等。与基础技能不同，新技能通常是一个一个出现的，因此并不需要再设计一个训练关卡，但为了确保玩家掌握了新技能，最好设置一个玩家必须使用新技能才能通过的障碍。例如，在《口袋妖怪》中，一块大石头挡住了去路，需要玩家使用岩系小精灵的碎石技能通过

图 7-9　《口袋妖怪》使用技能与地图交互

（见图 7-9）。此外，还有类似《暗黑破坏神》中技能树的设计，玩家并不是在特定地点获得新技能，而是随着经验的积累和升级，用技能点数自己选择成长方式。同时，避免设计出"优势技能"，即一招打遍天下，这会使玩家快速通关而感到无聊。

**组合技能：** 游戏中大部分技能的最佳呈现方式。通过组合技能，玩家不需要反复学习新技能，却能体验到新鲜感。组合技能可以是多个不同技能的组合，如"跳跃 + 踢击 = 腾空踢"，也可以是一个技能的连续使用，如"连续跳"。玩家需要在使用组合技能之前，充分了解分解技能的用法。在设计类似"跳跃"过坑的场景时，需要测量"助跑 + 跳跃"的极限值，然后根据需要的难度调整坑的宽度。然而，如果设计的坑宽度大于助跑跳的极限值，需要明确告知玩家这个坑与其他坑不一样，可以在边缘加点碎石效果或者故意拉远一点距离。

## 7.2.3　关卡类型

游戏中的障碍和技能的载体就是关卡，关卡设计当中主要有四类关卡：标准关卡、枢纽关卡、Boss 关卡和奖励关卡。标准关卡是游戏的基础和核心体验来源，枢纽关卡提供了一个安全和便利的中转站，Boss 关卡带来了游戏的高潮和挑战，而奖励关卡则为玩家提供了额外的惊喜和奖励（见图 7-10）。通过精心设计这四类关卡，游戏开发者可以创造出一个丰富多彩、充满挑战和乐趣的游戏世界，吸引玩家不断探索和挑战。

图 7-10　主要关卡的类型

**标准关卡：** 标准关卡是游戏当中的基础关卡，决定了整个游戏的玩法，也是核心体验的来源。游戏中 90% 的关卡都是标准关卡，这也是关卡设计师最优先设计的部分。标准关卡的设计通常会考虑到玩家的学习曲线，从简单到复杂逐步增加难度，以便玩家能够逐渐掌握游戏中的各种技能和机制。标准关卡的多样性和挑战性是维持玩家兴趣的关键，因此设计师需要在其中加入各种不同的元素，如敌人类型、地形变化和任务目标等。

**枢纽关卡：** 枢纽关卡，与其说是关卡，不如说是区域，是连接所有其他关卡的区域。枢纽区域是玩家歇脚的地方，在一个有大量格斗的游戏中，这个区域可以作为安全区，不会有敌人或者不会有攻击玩家的东西。在《暗黑破坏神 3》里，这个区域还是一个

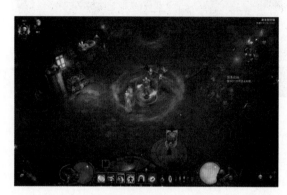

交易、储存装备、接任务、传送门的存在（见图 7-11）。设计枢纽区域时，开发者需要先决定游戏中有哪些是使用最频繁的元素，然后在枢纽区域安排它们的位置。枢纽区域的设计需要考虑玩家的便利性和游戏流程的流畅性，使玩家能够轻松找到所需的资源和信息。

图 7-11　《暗黑破坏神 3》中的枢纽关卡

**Boss 关卡：** 顾名思义 Boss 关卡会有 Boss，一个游戏可以有多个 Boss 关卡，每个 Boss 关卡都是阶段性或者整个游戏的高潮，因此 Boss 关卡很特别。主要体现在，敌人更具挑战性，而且通常有特殊能力来限制玩家的动作。和标准关卡不同，Boss 关卡通常并没有很大的场景，而是围绕着 Boss 的攻击方式和被击败的方式来设计关卡。Boss 关卡的设计需要特别注重平衡性和挑战性，使其既能给玩家带来足够的挑战，又不会让玩家感到过于挫败。一个好的 Boss 关卡不仅需要有独特的 Boss 设计，还需要有适当的环境和机制来增强战斗的紧张感和戏剧性。

**奖励关卡：** 奖励关卡是策划对玩家的一种奖励，是当玩家收集完某张藏宝图之后可以进入的（让玩家搜索每寸地图），也可以是一个彩蛋（如给某一个乞丐 NPC 连续施舍 8 次）。奖励关卡通常很短，有时还需要在有限时间内完成，奖励通常非常丰厚，如一件可以让接下来游戏更轻松的装备。但不通过这些关卡也不会影响剧情。奖励关卡的设计需要考虑到玩家的成就感和探索欲望，使其成为玩家在游戏过程中一个愉快的惊喜。通过奖励关卡，游戏开发者可以鼓励玩家进行更多的探索和互动，增加游戏的深度和可玩性。

# 7.3　构建优秀的游戏世界

## 7.3.1　自主性与故事叙述

优秀的游戏世界不仅是一个供玩家探索的虚拟空间，还是一个充满自主性和深度故事叙述的环境。自主性和故事叙述是游戏世界设计中不可或缺的两个要素，它们共同作用，提升玩家的沉浸感和参与度。

自主性是指玩家在游戏世界中拥有自由选择和行动的权利。一个优秀的游戏世界应该允许玩家根据自己的喜好和策略来进行游戏，而不是被迫按照预设的路径和规则进行。自主性不仅增强了游戏的可玩性，还使玩家感受到自己的决策和行动对游戏世界产生了实际影响。例如，《上古卷轴 V：天际》就是一个自主性极高的游戏世界。玩家可以选择

成为战士、法师、盗贼等不同职业，可以
自由探索广袤的世界，完成各种任务和挑
战（见图 7-12）。游戏中的每个选择都会
影响到后续的剧情发展和角色成长，使玩
家感受到自己在塑造和改变这个世界。

图 7-12　《上古卷轴 V：天际》游戏中自由完成各
　　　　　种任务

　　故事叙述是指通过游戏世界中的事
件、角色和环境，向玩家传递一个完整而
深刻的故事。一个优秀的游戏世界应该具
备丰富的背景故事和细腻的情节设计，使
玩家在探索和互动中逐渐揭开故事的全
貌。例如，《巫师 3：狂猎》通过细致入微的环境设计和复杂多变的任务系统，向玩家讲述
了一个充满情感和冲突的故事。游戏中的每个场景、每个角色都有自己的背景和动机，玩
家在与他们互动的过程中，不仅能够体验到精彩的剧情，还能感受到这个世界的真实和
深度。

　　自主性和故事叙述并不是相互独立的，它们可以通过巧妙的设计相互结合，创造出
一个更加丰富和有趣的游戏世界。设计师
可以通过分支剧情、多结局设计等方式，
让玩家在自主选择的过程中，逐步揭开故
事的全貌。例如，《底特律：变人》通过
多分支剧情和多结局设计，使玩家在每次
选择中都能感受到自己的决策对故事发展
的影响（见图 7-13）。玩家可以根据自己
的喜好和判断，选择不同的行动路径和结
局，使每次游戏体验都充满新鲜感和不可
预测性。

图 7-13　《底特律：变人》的多分支剧情

## 7.3.2　让玩家获得新知识

　　一个优秀的游戏世界更是一个能够启发和教育玩家的学习平台。通过巧妙的设计和
丰富的内容，游戏世界可以成为玩家获取新知识和技能的重要途径。设计师可以通过任
务和挑战，将知识的传递和技能的培养有机结合，使玩家在学习知识的同时，获得实际
的技能和经验。这不仅提升了游戏的深度和复杂性，还使玩家在娱乐的同时获得了宝贵
的知识和见解。

　　游戏世界可以通过多种方式向玩家传递知识。例如，通过任务和挑战，玩家可以学习
到新的技能和策略；通过环境和背景故事，玩家可以了解历史、文化和科学知识；通过角
色和对话，玩家可以获得关于人际关系和社会问题的见解。《文明》系列游戏通过模拟历史
进程和文明发展，使玩家在游戏过程中学习到丰富的历史和地理知识。玩家需要了解不同

文明的特点和发展路径，制订合理的策略来扩展自己的领土和影响力（见图 7-14）。这不仅增强了游戏的深度和复杂性，还使玩家在娱乐的同时获得了宝贵的知识和见解。

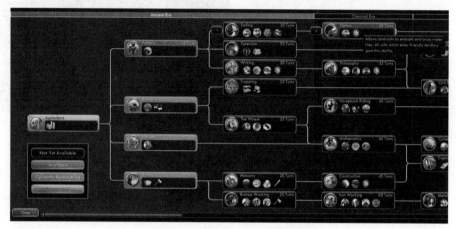

图 7-14　《文明》科技树制订策略

　　游戏世界还可以通过各种任务和挑战，培养玩家的各种技能。例如，通过解谜和策略游戏，玩家可以提高自己的逻辑思维和解决问题的能力；通过动作和冒险游戏，玩家可以增强自己的反应速度和手眼协调能力；通过模拟和管理游戏，玩家可以学习到组织和管理的技巧。《星际争霸 2》通过复杂的战术和策略设计，使玩家在游戏过程中不断提高自己的战略思维和决策能力。玩家需要根据敌人的行动和环境变化，灵活调整自己的战术和策略，以取得胜利（见图 7-15）。这不仅增强了游戏的挑战性和趣味性，还使玩家在游戏过程中获得了宝贵的技能和经验。

　　知识和技能并不是相互独立的，它们可以通过巧妙的设计相互结合，创造出一个更加丰富和有趣的游戏世界。设计师可以通过任务和挑战，将知识的传递和技能的培养有机结合，使玩家在学习知识的同时，获得实际的技能和经验。例如，《刺客信条》系列游戏通过历史背景和任务设计，使玩家在游戏过程中学习到丰富的历史知识和文化背景。玩家需要了解不同历史时期的社会和政治环境，制订合理的行动计划来完成任务（见图 7-16）。这不仅增强了游戏的深度和复杂性，还使玩家在娱乐的同时获得了宝贵的知识和技能。

图 7-15　《星际争霸 2》复杂的战术和策略

图 7-16　《刺客信条》中的巴黎圣母院

### 7.3.3 允许玩家控制难度

优秀的游戏世界还应该允许玩家根据自己的能力和喜好，控制游戏的难度。通过灵活的难度设置，游戏世界可以满足不同玩家的需求，提升游戏的可玩性和参与度。设计师可以通过设置不同的难度级别、提供多种游戏模式和调整游戏中的参数和设定，使不同水平的玩家都能找到适合自己的挑战。动态难度调整则可以根据玩家的表现和反馈，自动调整游戏的难度，使其始终保持在一个适合玩家的水平。这不仅提升了游戏的挑战性和趣味性，还使玩家在游戏过程中获得了更好的体验和满足感。

难度设置是游戏设计中的一个关键要素，它直接影响玩家的游戏体验和满意度。一个过于简单的游戏可能会让玩家感到无聊和乏味，而一个过于困难的游戏则可能让玩家感到挫败和沮丧。因此，设计师需要根据游戏的类型和目标受众，合理设置游戏的难度，使其既具有挑战性，又不过于困难。例如，《黑暗之魂》系列游戏以其高难度和高挑战性著称，吸引了大量喜欢挑战和冒险的玩家（见图 7-17）。然而，这种高难度的设计也可能让一些新手玩家感到挫败和沮丧。因此，设计师需要在游戏中提供多种难度选项，使不同水平的玩家都能找到适合自己的挑战。

图 7-17 《黑暗之魂》高难度的战斗

游戏世界可以通过多种方式允许玩家控制难度。通过设置不同的难度级别，玩家可以根据自己的能力和喜好选择适合自己的挑战；通过提供多种游戏模式，玩家可以根据自己的兴趣和需求选择不同的玩法；通过调整游戏中的参数和设定，玩家可以根据自己的喜好和策略灵活调整游戏的难度。《巫师 3：狂猎》通过设置多种难度级别，使不同水平的玩家都能找到适合自己的挑战。玩家可以选择简单、普通、困难和死亡行者等不同难度级别，根据自己的能力和喜好进行游戏。这不仅提升了游戏的可玩性和参与度，还使玩家在游戏过程中获得了更好的体验和满足感。

动态难度调整是指游戏根据玩家的表现和反馈，自动调整游戏的难度，使其始终保持在一个适合玩家的水平。动态难度调整不仅可以提高游戏的挑战性和趣味性，还可以减少玩家的挫败感和沮丧感，使其在游戏过程中获得更好的体验和满足感。例如，《生化危机 4》通过动态难度调整，使游戏的难度根据玩家的表现自动调整。如果玩家表现出色，游戏的难度会逐渐增加，提供更大的挑战；如果玩家表现不佳，游戏的难度会逐渐降低，减少玩家的挫败感和沮丧感。这种动态难度调整不仅提升了游戏的挑战性和趣味性，还使玩家在游戏过程中获得了更好的体验和满足感。

### 7.3.4 令人意外

优秀的游戏世界不仅应该提供丰富的内容和深度的故事，还应该充满令人意外的元素和惊喜。通过巧妙的设计和创新的玩法，在游戏中加入意外元素，使玩家在探索过程中不断发现新的惊喜和乐趣。意外元素与游戏机制的结合则可以创造出更加丰富和有趣的游戏世界，提升游戏的挑战性和趣味性，使玩家在游戏过程中获得更加丰富和有趣的体验。

意外元素是指游戏中那些出乎意料的事件、角色和环境，它们可以打破玩家的预期，带来新的体验和乐趣。意外元素不仅可以增加游戏的趣味性和挑战性，还可以提升玩家的探索欲望和参与度，使其在游戏过程中不断发现新的惊喜和乐趣。例如，《塞尔达传

图 7-18 《塞尔达传说：荒野之息》的意外元素

说：荒野之息》通过丰富的意外元素，使玩家在探索过程中不断发现新的惊喜和乐趣（见图 7-18）。游戏中的每个角落都可能隐藏着宝藏、任务和挑战，玩家需要不断探索和发现，才能揭开这个世界的全部秘密。这种充满意外和惊喜的设计，不仅增强了游戏的趣味性和挑战性，还提升了玩家的探索欲望和参与度。

意外元素的设计需要巧妙和创新，设计师可以通过多种方式在游戏中加入意外元素。例如，通过设置隐藏任务和秘密地点，玩家可以在探索过程中发现新的挑战和奖励；通过设计复杂多变的剧情和角色，玩家可以在互动过程中体验出乎意料的情节和发展；通过加入随机事件和环境变化，玩家可以在游戏过程中感受到不断变化的世界和挑战。例如，《巫师 3：狂猎》通过复杂多变的剧情和角色设计，使玩家在游戏过程中不断体验到出乎意料的情节和发展。游戏中的每个任务和角色都有自己的背景和动机，玩家需要通过互动和选择，逐步揭开故事的全貌。这种充满意外和惊喜的设计，不仅增强了游戏的深度和复杂性，还提升了玩家的参与度和沉浸感。

### 7.3.5 调动情绪

一个优秀的游戏世界不仅应该提供丰富的内容和深度的故事，还应该能够调动玩家的情绪，使其在游戏过程中体验到各种情感和情绪波动。通过巧妙的设计和细腻的情感表达，游戏世界可以使玩家在游戏过程中产生强烈的情感共鸣，提升游戏的沉浸感和参与度。设计师可以通过设计复杂多变的剧情和角色、设置紧张刺激的任务和挑战、加入

感人至深的场景和事件等方式，在游戏中调动玩家的情绪，使其在游戏过程中体验到各种情感和情绪波动。情绪调动与游戏机制的结合则可以创造出更加丰富和有趣的游戏世界，提升游戏的挑战性和趣味性，使玩家在游戏过程中获得更加丰富和有趣的体验。

　　情绪调动是指通过游戏中的事件、角色和环境，使玩家在游戏过程中体验各种情感和情绪波动。情绪调动不仅可以增强游戏的沉浸感和参与度，还可以使玩家在游戏过程中产生强烈的情感共鸣，提升游戏的体验质量。《最后生还者》通过细腻的情感表达和深刻的剧情设计，使玩家在游戏过程中体验到强烈的情感共鸣（见图 7-19）。游戏中的每个角色都有自己的背景和动机，玩家需要通过互动和选择，逐步揭开故事的全貌。这种充满情感和情绪波动的设计，不仅增强了游戏的沉浸感和参与度，还使玩家在游戏过程中产生了强烈的情感共鸣。

　　情绪调动的设计需要细腻和巧妙，通过设计复杂多变的剧情和角色，使玩家在互动过程中体验各种情感和情绪波动；通过设置紧张刺激的任务和挑战，使玩家在游戏过程中体验紧张和兴奋；通过加入感人至深的场景和事件，使玩

图 7-19　《最后生还者》游戏中细腻的情感表达

家在游戏过程中体验感动和共鸣。例如，《巫师 3：狂猎》通过复杂多变的剧情和角色设计，使玩家在游戏过程中体验到各种情感和情绪波动。游戏中的每个任务和角色都有自己的背景和动机，玩家需要通过互动和选择，逐步揭开故事的全貌。这种充满情感和情绪波动的设计，不仅增强了游戏的深度和复杂性，还提升了玩家的参与度和沉浸感。

## 7.4　AIGC 在游戏世界构建中的应用

### 7.4.1　自动生成地形和环境

　　AIGC 已成为各种游戏类型中不可或缺的一部分。基于 AIGC 不仅能够极大地提升游戏的复杂程度和可玩性，还能显著降低开发成本，缩短开发周期。本书将从噪声函数应用、分形技术、过程生成算法以及人工神经网络应用四个角度，深入探讨自动生成地形和环境在游戏开发中的应用。

　　噪声函数的应用在自动生成地形中尤为重要。噪声函数是生成复杂地形的核心工具。Perlin 噪声[1] 作为其中的典型代表，常用于生成自然逼真的地形。Perlin 噪声通过在二维

---

1　Perlin 噪声（Perlin noise，又称为柏林噪声）是指由 Ken Perlin 发明的自然噪声生成算法，具有在函数上的连续性，并可在多次调用时给出一致的数值。在电子游戏领域中可以通过使用 Perlin 噪声生成具有连续性的地形；或是在艺术领域中使用 Perlin 噪声生成图样。

或三维空间中生成平滑的、连续的随机值，模拟自然界中常见的变化模式。利用噪声函数生成地形的详细步骤包括初始参数设定、生成基础地形、多层噪声叠加以及后期处理。初始参数设定包括频率、幅度和细节级别。频率决定地形变化的频繁程度，高频率生成复杂多样的小地形，而低频率生成更平滑的大地形。幅度则影响地形的高度变化，大幅度生成显著高度差的地形。生成基础地形是确定初始参数后利用噪声函数生成。通过调整频率和幅度的组合，可以生成满足游戏需求的地形形式。高频细节用于模拟山脉和峡谷，而低频细节适合生成平原和丘陵。

为了增加地形的复杂性和真实性，通常采用多层噪声叠加技术。每层噪声具有不同的频率和幅度，通过叠加这些层次，生成更为细腻和丰富的地形。生成的地形后期需要经过一系列处理，以提升其视觉效果和可玩性。常见的处理方式包括应用平滑滤波器、调整高度图的对比度和亮度，以及添加细节如河流、湖泊等自然特征。以 *Minecraft* 为例，该游戏可以使用 Perlin 噪声生成随机化的方块世界（见图 7-20）。通过对噪声函数的频繁调整和多层次叠加，生成了包括山地、平原和洞穴在内的多样化地形结构。玩家可以在这个动态生成的世界中自由探索和创造，充分体现了噪声函数在地形生成中的核心作用。

图 7-20　*Minecraft* 游戏产生的随机世界

除了噪声函数，分形技术在地形生成中也有广泛应用。分形技术通过递归算法生成具有自相似性质的地形，使地形看起来更加自然。例如，经典的分形布朗运动（fractal Brown motion, FBM）[1]技术被广泛应用于山脉和河流的生成。分形技术的优势在于其能在简单的规则下生成复杂的结构，且能通过调整递归深度控制细节的丰富程度。

分形技术的应用不仅限于地形生成，它还被广泛应用于其他环境细节的模拟。例如，云层、树木和植被的生成，都是通过分形技术来实现的。树木的生成可以通过 L 系统（Lindenmayer 系统）[2]来实现，这是一个基于分形和递归规则的算法，被广泛用于模拟植物的生长模式。通过这种方式生成的植物结构看起来非常自然，并且可以根据不同的规则生成多样化的植物形态。

---

1　分形布朗运动（fractal Brown motion, FBM）是 1968 年 Mandelbrot 和 Ness 两人提出的一种数学模型，它主要用于描述自然界的山脉、云层、地形地貌以及模拟星球表面等不规则形状阶。

2　Lindenmayer 系统简称 L 系统，是由荷兰 Utrecht 大学的生物学和植物学家，匈牙利裔的阿里斯蒂德·林登麦伊尔（Aristid Lindenmayer）于 1968 年提出的有关生长发展中的细胞交互作用的数学模型，尤其被广泛应用于植物生长过程的研究。

过程生成（procedural generation, PCG）[1] 技术也是自动生成地形和环境的重要方法。这种技术基于预定义的规则和算法，在游戏运行时实时生成内容。程序生成算法的优点在于其生成的环境具有高的随机性和独特性，使每次游戏体验都不尽相同。例如，肉鸽游戏[2] 通常采用程序生成算法生成迷宫和关卡，每次游戏都会有不同的挑战，增强了游戏的可玩性和重玩价值。程序生成算法通常结合噪声函数和分形技术，生成更加复杂和多样化的地形和环境。程序生成算法不仅应用于地形和迷宫的生成，还可以用于生成任务、角色和故事情节。例如，在一些开放世界 RPG 游戏中，程序生成算法可以用于生成动态的任务系统，根据玩家的行为和决策，实时生成新的任务和挑战。这种动态任务生成系统可以有效增加游戏的可玩性和深度，让玩家每次进入游戏都有新的体验和发现。

人工神经网络的应用则为自动生成地形和环境提供了更多可能性。通过训练人工神经网络，开发者可以让其学习地形和环境的生成模式，并自主生成新内容。例如，生成对抗网络（GANs）[3] 被广泛应用于图像和地形生成。GANs 由生成器和判别器组成，生成器生成接近真实的地形，判别器则判断生成的地形是否真实。通过不断训练，生成器能够生成越来越逼真的地形。人工神经网络的优势在于其自主学习和生成能力，可以大幅减少开发者的工作量，并生成高质量的地形和环境。

在此基础上，下面进一步探讨每个技术的具体应用和优势。在噪声函数的应用中，除了 Perlin 噪声，还有一种常见的噪声函数被称为 Simplex 噪声[4]。与 Perlin 噪声不同，Simplex 噪声更适合高维度的生成任务，并且计算效率更高。Simplex 噪声在游戏地形生成中逐渐成为新的标准，尤其在需要生成高细节的地形时，其表现尤为出色。谈到分形技术，不得不提到中点置换法（midpoint displacement）[5]。这是一种利用分形技术生成地形的经典方法。中点置换法通过在一条直线上均匀地采样中点，并对每个中点进行随机位移，使得生成的地形在具有整体连贯性的同时，也保持了细节上的丰富变化。这样的地

---

1　过程生成（procedural generation, PCG）技术是计算机科学中的一种算法，它能够让计算机自动生成某类数据。在计算机图形学领域，这一技术也被称为随机生成，常见于制作材质贴图和三维模型资源。传统的 PCG 技术依靠人类根据创作过程进行归纳、推理与演绎，利用搜索和元搜索等方法来实现自动生成。

2　肉鸽游戏（Roguelike）是一种游戏类型，沿袭了 1985 年由 Michael Toy 和 Glenn Wichman 两位软件工程师共同在 UNIX 系统上开发，在大型机上运行的游戏 Rogue 玩法的游戏作品。肉鸽也是 Roguelike 的中文音译。

3　生成对抗网络（GANs）是一种深度学习模型，由 Ian Goodfellow 等在 2014 年提出。它主要由生成器（generator）和判别器（discriminator）两部分组成，用于训练一个能够生成高质量数据（如图像、音频等）的模型。训练过程中，生成器尝试生成越来越逼真的数据，而判别器则努力准确地分辨数据是真实的还是生成的。这种对抗性训练使得 GANs 能够在多个领域中应用，包括图像合成、超现实效果创造、图像修复等。

4　Simplex 噪声是一种优化过的 Perlin 噪声，由 Perlin 提出。它使用单纯形网格来构造，这种网格在二维空间中是由等边三角形拼接而成，在三维空间中由四面体构成。Simplex 噪声通过这种方式确保所有网格边长相等，从而提高了生成效率。要理解 Simplex 噪声，需要了解其背后的核心概念，即网格和渐变向量。

5　中点置换法（midpoint displacement）又称 Diamond-Square 算法，是一种用于生成一维噪声图像的算法。它通过从中心点开始，逐步生成和调整中点的方式来创建山脉、地形等复杂轮廓图案。

形生成方法非常适合用于模拟大规模山区地形和复杂的峡谷结构。

程序生成算法则包括两个重要的方面：规则定义和实时生成。首先是规则定义，开发者需要制订一系列规则，这些规则将决定地形生成的基础逻辑。例如，在一个地下城迷宫生成中，可以定义墙壁、通道和房间走向的基本规则。其次是实时生成，当玩家进入新的区域时，程序生成算法将根据预定义的规则，实时生成这个区域的地图和环境。这种实时生成的特性使程序生成算法在开放世界游戏和生存游戏中得到了广泛应用。

人工神经网络，特别是 GANs 的应用，为地形生成注入了新的生命力。通过训练生成器网络，开发者可以让其逐渐学会生成看起来非常真实的地形。而判别器网络的任务是区分这些地形是否真实，从而促进生成器的不断改进。这种对抗训练的方式使得最终生成的地形不仅视觉上非常逼真，而且具有复杂的内部结构。

随着技术的不断进步，这些方法在游戏开发中的应用也变得越发复杂和精细。例如，噪声函数与分形技术的结合应用，可以生成更加多样化和细腻的地形；而程序生成算法与人工神经网络的结合，则可以在保证随机性和多样性的前提下，大幅提升地形生成的质量和效率。未来的自动生成地形和环境技术将更加动态和自适应，可以根据玩家的行为和决策实时调整。通过大数据分析和深度学习，游戏可以动态生成和调整地形、任务和事件，确保每次游戏体验都是独一无二的。多样化的生态系统也将更加真实和复杂，形成自适应的生态平衡和动态变化，给玩家带来更加丰富和真实的游戏体验（见图 7-21）。

图 7-21　AIGC 生成的游戏场景概念图

跨平台和多人在线体验也是未来发展的一个重要方向。随着云计算和网络技术的发展，自动生成的地形和环境将能够实现跨平台的互动和多人在线体验。玩家可以在不同平台上无缝游戏，并在一个由人工智能生成的世界中进行互动，共同探索、建造和体验。

随着自动生成技术的普及，一些游戏已经开始探索跨越地形生成的新领域，如天气模式、自然灾害和野生动物的生成与控制。动态天气系统通过实时生成不同的天气状况，不仅增强了游戏的真实感，还直接影响玩家的策略和决策。例如，在生存类游戏中，突然出现的暴风雪可能迫使玩家寻找庇护所，而烈日炎炎则可能影响玩家的体力消耗和行进速度。自然灾害的生成与控制也是一个新兴的研究领域。例如，一些开放世界游戏中，地震、火山爆发和洪水等自然灾害不仅增加了游戏的紧张感和挑战，还为玩家提供了丰富的互动体验。而这些灾难事件的生成可以通过复杂的物理模拟和程序生成相结合，实现自然界中各种变化的动态模拟。野生动物的生成与生态系统的互动也是埋藏在自动生成地形和环境技术中的潜力宝藏。通过复杂的行为树和人工神经网络，游戏中的动物可以表现出逼真的生存、迁徙和捕食行为。玩家的行为可以直接影响整个生态系统的平衡，揭示出动态互动的奇妙世界。

## 7.4.2　智能敌人和 NPC 行为

智能敌人和 NPC 行为的设计，是 AIGC 在游戏开发中的重要应用方向之一。随着游戏技术和人工智能算法的进步，通过智能行为模式的引入，不仅提升了游戏的难度和挑战性，还增强了游戏的沉浸感和互动性。下面将详细探讨智能敌人和 NPC 行为在游戏中的应用与方法。

### 1. 智能敌人行为模式

智能敌人的行为模式不再是简单的预设路径和攻击方式，而是基于对玩家实时行为的分析进行动态调整。传统的敌人 AI 主要依赖于固定的脚本。例如，敌人会在玩家进入某个范围时进行攻击，而忽略了玩家个体差异和行动计划。现代 AI 通过学习玩家的行为模式，可以构建更为复杂和多变的敌人策略，从而大大增加了游戏的策略深度和挑战性。例如，在一款战略游戏中，敌人 AI 可以通过机器学习方法学习玩家的常用战术，并在战斗中采取相应的反制措施。当玩家频繁使用某种进攻战术时，敌人 AI 可以派遣侦察部队进行提前预判，并在关键点设下伏兵。敌人 AI 还可以根据玩家行动的时机调整自己的防御和进攻策略，形成更加难以预测的对抗状态。

为了实现这些高级智能行为，开发者常常使用一些高级 AI 技术，如遗传算法、强化学习和深度学习。遗传算法通过模拟自然选择和遗传变异的过程，可以优化敌人 AI 的决策路径，以达到最佳对抗效果。强化学习是一种自学习算法，通过与环境的不断互动，可以使敌人 AI 学习到最佳的行动策略。例如，在一款射击游戏中，敌人可以通过强化学习方法，不断调整它们的移动和射击策略，以在各种地形和环境下对玩家造成最大威胁。深度学习则通过构建复杂的神经网络模型，可以使敌人 AI 具备更高的感知和决策能力。深度学习技术使得敌人可以识别玩家的具体行为模式，如躲避、进攻路径和武器选择等，并作出精准的反应（见图 7-22）。

图 7-22　AIGC 生成的智能敌人

## 2. 智能 NPC 行为

与智能敌人行为类似，智能 NPC 行为同样基于 AI 技术，实现对玩家行为的理解和响应。智能化的 NPC 行为不仅提升了游戏的互动性和真实感，也增加了游戏世界的丰富性和生动性。

智能 NPC 可以通过 AI 技术进行动态任务分配和情节生成。例如，在角色扮演游戏中，游戏开发者通过为 NPC 配置复杂的任务生成系统，使得 NPC 可以根据玩家的等级、装备和已完成的任务，动态调整任务的难度和奖励。当玩家与某位 NPC 角色建立了较高的友好度时，智能 NPC 可以生成特有的任务和情节，为玩家提供专属的游戏体验。这种动态任务生成系统不仅提升了游戏的多样性，还增加了游戏的重玩性。

另外，智能 NPC 还能够模拟真实的社交行为，使得游戏世界更加逼真和充满活力。通过 AI 模拟，NPC 可以进行交流、交易、竞争等多种活动。一些开放世界游戏中，NPC 们不仅会进行日常对话、进行买卖、参与战斗甚至是发展个人感情，还会进行大型的社会行为模拟。通过多代理系统，不同的 NPC 可以根据各自的角色和任务相互协同，形成一个动态的、相互影响的社会生态系统。通过情感 AI，开发者可以赋予 NPC 更真实的情感反应。智能 NPC 不仅能够按照行为规则行动，还能够根据与玩家的互动关系表现出不同的情感状态。例如，当玩家完成某个困难任务时，NPC 可能会表现出惊讶、敬佩的情感反应；而当玩家选择攻击或背叛某个 NPC 时，该 NPC 则会表现出愤怒或悲伤的情绪。这些情感反应不仅增强了游戏的代入感，也使得玩家的每个决策和行动都变得更加有意义。

### 3. 智能行为的实现与技术细节

实现智能敌人和 NPC 行为需要涉及多个层面的技术，包括感知系统、决策模型和行为执行。感知系统负责收集和处理游戏世界中各种信息，包括玩家的行动、环境状态等；决策模型则根据感知信息生成具体的行动策略；行为执行负责将这些策略转化为具体的行动。

感知系统是 AI 的"眼睛"和"耳朵"，负责实时监控游戏世界的状态。感知系统通常由多个传感器组件构成，包括位置传感器、状态传感器和事件传感器等。这些传感器能够捕获玩家的行动轨迹、环境变化和事件发生等信息，然后通过数据处理和特征提取，生成高维度的感知信息。例如，一款射击游戏中的敌人 AI 可以通过位置传感器监控玩家的移动轨迹，并通过状态传感器捕捉玩家的健康状态、武器选择等，从而形成全面的感知信息。

决策模型则是 AI 的"大脑"，负责根据感知系统提供的信息，制订具体的行动策略。决策模型可以采用多种技术实现，包括规则引擎、决策树和神经网络等。规则引擎通过预设的规则和逻辑关系，生成具体的行为决策；决策树则根据不同的状态和条件，逐层筛选最优的行为路径；神经网络则通过学习和训练，自动生成最优的行为决策。例如，一款战略游戏中的敌人 AI 可以通过决策树模型，分析玩家的战术选择，并生成相应的反制策略；而某些高度复杂的敌人 AI 则可以结合深度神经网络模型，通过学习玩家的行为模式，生成更为精准和复杂的行为决策。

　　行为执行是将决策模型生成的策略转化为具体的行动。行为执行系统通常由动作生成器和动画控制器等组件构成。动作生成器负责生成具体的动作序列，如移动、攻击、防御等；动画控制器则负责将这些动作序列转化为具体的动画效果，使之在游戏中得以真实呈现。例如，一款冒险游戏中的智能敌人可以通过动作生成器生成一系列复杂的战斗动作，并通过动画控制器将这些动作精确地呈现在游戏画面中，提高了战斗的真实感和紧张感。

### 7.4.3　应用分析

　　《荒野大镖客：救赎 2 》（*Red Dead Redemption 2*）游戏中的 NPC 行为系统是其智能化设计的亮点之一。NPC 行为的核心是一个复杂的决策树和行为树系统。

　　行为树（behavior tree）是一种用于控制决策逻辑的树形结构，通过节点的嵌套和组合，实现复杂的行为模式。游戏中的每个 NPC 都有自己的目标和任务，这些目标和任务会根据玩家的行为进行动态调整。例如，当玩家帮助某个村庄的 NPC 完成了一次任务，该 NPC 的行为树会触发相应的变化节点，增加友好度，并可能触发新的任务节点。这个过程并非简单的预设，而是根据玩家行为实时计算和调整的。行为树节点不仅包括简单的任务完成、敌对转换，还涵盖了更复杂的互动，如对话触发和情感变化。

　　游戏中的社会模拟系统通过多代理（multi-agent）[1] 模型实现。每个 NPC 都被看作一个独立的代理，具备自己的感知系统和行为决策模型。NPC 之间可以进行社交互动、情感交流以及资源交易。具体而言，NPC 会根据玩家的行为改变态度和关系。这种关系变化通过一个情感状态机（emotional state machine）进行管理。

　　例如，如果玩家攻击某个 NPC，这个 NPC 会记住玩家的行为，并在未来的互动中表现出敌对或警戒状态。其他与该 NPC 有关联的角色，也会根据事件的传播链条，逐步改变对玩家的态度。这种关系系统使得游戏世界变得更加动态和真实，每个玩家的行动都会带来不同的连锁反应。

　　除了任务和关系调整外，NPC 还具备详细的日常行为模拟。每个 NPC 都有预设的日常安排，如工作、休息、交流等。这些行为通过不同的行为节点和触发条件进行控制。例如，某个 NPC 可能早上在农场干活，中午去酒店休息，晚上回家与家人共进晚餐。每个行为节点都包含时间和条件触发机制，使 NPC 的日常行为显得更加真实和自然。

　　《塞尔达传说：荒野之息》（*The Legend of Zelda: Breath of the Wild*）其敌人 AI 系统以高度智能化的行为反应和策略调整而著称。

---

1　multi-agent 系统（MAS）是多个 Agent 组成的集合，其多个 Agent 成员之间相互协调，相互服务，共同完成一个任务。它的目标是将大而复杂的系统建设成小的、彼此互相通信和协调的，易于管理的系统。鸟群、鱼群、兽群和菌落都可以被看成是多自主体系统。有许多数学家、经济学家和控制工程师正在对该系统进行深入研究。

　　游戏中的敌人 AI 通过强化学习（reinforcement learning, RL）[1] 和监督学习（supervised learning）[2] 相结合的方法，实现对玩家战术的学习和适应。例如，当玩家频繁使用长距离射击武器，敌人会通过一个观察 - 记忆（observation-memory）模块，记录玩家的常用战术，并启动相应的反制策略模块。敌人可能会利用掩体躲避射击，或在适当时机进行快速突袭。这种学习过程并非线性执行，而是通过一个具有记忆功能的神经网络模型（memory-augmented neural network）[3] 进行的。该模型能够在大量模拟中提取有效策略，通过不断优化和调整，生成最优的敌人反制策略。

　　敌人 AI 不仅对玩家行为进行智能反应，还能够利用环境因素进行战术调整。例如，游戏中的敌人可以利用地形障碍物进行躲避，通过高地进行远程攻击，或通过水域进行战略撤退。这种环境互动通过一个多层感知系统（multi-layer perceptron system）[4] 实现，每层感知系统负责特定类型的环境信息采集和处理，包括地形、气候和障碍物等。此外，敌人 AI 还可以根据战场上的实时变化进行策略调整。例如，当玩家接近某个关键区域时，敌人会强化防守或进行诱敌深入。这种实时调整通过一个动态规划算法（dynamic programming algorithm）进行，实现高效的策略生成和执行。

　　《塞尔达传说：荒野之息》中的敌人 AI 不仅具备个体智能，还能进行团队协同作战。多个敌人之间可以通过一个团队决策模型（team decision model）[5] 进行信息共享和战术配合（见图 7-23）。例如，当一名敌人发现玩家的踪迹，会向其他敌人发送警报信号，形成协同追击。这个过程通过一个分布式代理系统（distributed agent system）[6] 实现，每个敌人作为一个独立代理，通过与其他代理的信息交换，共享战术信息，实现协调作战。

　　《上古卷轴Ⅴ：天际》（*The Elder Scrolls V: Skyrim*）游戏中的 NPC 行为系统非常复杂，涵盖了任务交互、社交行为、资源管理等多方面。游戏中的任务系统基于一个动态任务生成器（dynamic quest generator）实现，该生成器利用数据库中的大量任务模板，根

---

1　强化学习（reinforcement learning, RL）又称再励学习、评价学习或增强学习，是机器学习的范式和方法论之一，用于描述和解决智能体（agent）在与环境的交互过程中通过学习策略以达成回报最大化或实现特定目标的问题。

2　监督学习（supervised learning）是机器学习领域的一种方法，它通过使用标注好的样本数据来训练模型，使得模型能够根据输入特征预测出相应的输出。在监督学习过程中，数据集包含了输入特征和对应的标签。模型通过学习这些样本的映射关系，最终可以对新样本进行预测。

3　模拟人类实际神经网络的数学方法问世以来，人们已慢慢习惯了把这种人工神经网络直接称为神经网络。神经网络在系统辨识、模式识别、智能控制等领域有着广泛而吸引人的前景，特别在智能控制中，人们对神经网络的自学习功能尤其感兴趣，并且把神经网络这一重要特点看作是解决自动控制中控制器适应能力这个难题的关键钥匙之一。

4　多层感知器（multi-layer perceptron, MLP）是一种前馈神经网络，通过引入一个或多个隐藏层来扩展单层感知器的功能，解决单层感知器无法学习线性不可分问题，实现复杂的分类和回归任务。

5　团队决策模型（team decision model）是管理领域中的一种模型，旨在帮助团队进行有效的决策和沟通。它通常涉及多个步骤和技巧，以便团队成员能够共同参与决策过程。这些模型可能包含决策树、流程图、假设测试等方法，并运用数学和概率统计来预测结果，帮助领导者作出有条不紊的决策。

6　分布式代理系统（distributed agent system）是一种分布式计算系统，由多个位于不同物理位置的计算程序组成，这些程序通过网络连接成一个逻辑上的整体。各个节点之间的通信和协作使得它们可以共同完成任务，系统用户看到的是一个单一的、协同工作的系统。

据玩家的等级、装备、已完成的任务等因素，实时生成适应玩家当前状态的任务。这些任务不仅包括简单的收集、击杀，还包含复杂的情节任务，这些任务会根据玩家的决策分支，触发不同的情节线和结局。例如，当玩家选择帮助某个 NPC 寻找失物时，任务生成器会根据玩家当前的技能和装备，调整任务的难度，同时在任务过程中插入多个情节节点，如中途遭遇敌人、找到线索等。这些节点通过一个自适应剧情算法（adaptive story algorithm）进行动态生成，使每次任务体验都具有独特性。

图 7-23　《塞尔达传说：荒野之息》中的系列敌人

在《上古卷轴Ⅴ：天际》中，NPC 之间的关系通过一个复杂的社会网络模型（social network model）进行管理。每个 NPC 都有特定的社会关系，如朋友、敌人、同事等，这些关系会根据玩家的行为发生变化（见图 7-24）。角色关系通过一个影响传播算法（influence propagation algorithm）进行计算，使得任何一个 NPC 的变化都能在整个社会网络中产生连锁反应。例如，当玩家帮助某个商人完成任务，商人会对玩家产生好感，并可能给予折扣或赠送物品。与此同时，商人的朋友和家人也会因此

图 7-24　《上古卷轴Ⅴ：天际》的 NPC 有着动态的社会关系

对玩家产生好感，进一步为玩家提供额外的任务和帮助。这些关系变化不仅通过直接互动实现，还通过一个间接影响模块（indirect influence module）进行远程传播，使整个游戏世界变得更加动态和复杂。

《上古卷轴Ⅴ：天际》中的 NPC 日常行为通过一个状态转换模型（state transition model）进行控制，每个 NPC 都有预设的日常行为计划，如早上锻炼、午餐、工作、休息等。这些行为计划通过时间触发机制和环境因素进行调整。例如，当 NPC 发现天气变化，会改变计划去避雨；当玩家出现在附近，NPC 会主动与玩家互动。这种高度动态的日常行为模拟不仅增加了游戏的真实感，还为玩家提供了丰富的互动机会。玩家可以通过观察 NPC 的日常行为，找到完成任务的最佳时机，或利用环境变化制造战术优势。

随着 AI 技术的不断进步和发展，智能敌人和 NPC 行为将会变得更加智能化和复杂化。通过更加先进的学习算法和更高效的计算模型，敌人 AI 和 NPC 行为将能够实现更加精细和逼真的模拟，提供更具挑战性和互动性的游戏体验。未来的游戏 AI 可以结合大

数据分析和深度学习技术，通过对大量玩家行为数据的分析，自动生成适应不同玩家风格和策略的敌人行为模式。智能 NPC 则可以通过自然语言处理技术，实现更加真实和流畅的对话和互动，进一步增强游戏的沉浸感和真实感。AI 技术的进步还可以使得游戏中的敌人和 NPC 行为更加人性化。例如，未来的 AI 可以通过情感计算技术，使得敌人和 NPC 能够识别玩家的情感状态，并作出相应的反应。当玩家在游戏中感到紧张或沮丧时，智能 NPC 可能会给予安慰和支持；当玩家表现出兴奋和愉快时，敌人 AI 则可以增加挑战的强度和难度。这种情感化的智能行为将进一步增强游戏的沉浸感和互动性，使玩家在游戏中获得更为丰富和深刻的体验。

　　智能敌人和 NPC 行为是 AIGC 技术在游戏领域的重要应用方向。通过高效的感知系统、先进的决策模型和精确的行为执行，智能敌人和 NPC 能够提供更加多样、复杂和真实的游戏体验。随着技术的不断进步，未来的智能敌人和 NPC 行为将会变得更加智能和灵活，使游戏世界更加鲜活和充满活力，为玩家带来更加丰富和独特的游戏体验。通过不断地研究和探索，开发者已经在多个实际的游戏案例中实现了高度智能化的敌人和 NPC 行为，显著提升了游戏的可玩性和用户体验。未来，人们有理由相信，随着 AI 技术的持续进步，智能敌人和 NPC 行为将会在游戏设计中发挥更加重要的作用，为玩家提供前所未有的互动体验和沉浸感。

## 7.4.4　动态任务和事件生成

　　动态任务和事件生成是 AIGC 在游戏设计中提升可玩性和自由度的重要手段之一。通过详细了解和分析玩家的行为习惯、游戏喜好和实时状态，AI 能够生成个性化的任务和事件，这不仅使游戏内容更加贴合玩家的兴趣和需求，还确保了游戏体验的难度和趣味性一直处在最佳水平。

　　动态任务生成技术的背后，是对玩家行为的深入分析和理解。传统的游戏任务设计往往是预设好的固定任务，缺乏个性化和随机性。而动态任务生成则通过 AI 实时监测和分析玩家的行动、喜好、策略选择，生成符合玩家当前状态的个性化任务。要实现动态任务生成，首先需要对玩家进行全面的数据收集，包括探索路径、战斗习惯、任务完成情况、物品收集偏好等。通过数据挖掘和机器学习算法，AI 可以分析这些行为数据，建立玩家档案，了解玩家的游戏风格。例如，在一款冒险游戏中，AI 可能会发现某个玩家有着极高的探索欲望，喜欢深入研究地图的每个角落，同时倾向于使用特定的战斗技能。在这种情况下，AI 可以生成包含更复杂迷宫和丰富隐藏区域的探索任务，并且在任务中安插需要玩家擅长的战斗技能来应对的敌人。这不仅使任务更加符合玩家的期望，还能激发玩家的兴趣，确保任务具有适当的挑战性。

　　在理解玩家之后，AI 通过行为树与决策树、贝叶斯网络以及深度学习等算法，实时生成任务。行为树和决策树作为传统的任务决策模型，通过层级结构来决定任务生成策略，而贝叶斯网络则通过计算各可能情况的概率来决定任务生成的走向。深度学习算法则通过神经网络模型从大量数据中识别玩家行为模式，生成更加智能和复杂的任务。基于这些算法，AI 可以实时生成个性化任务。例如，如果 AI 检测到某玩家有较强的探索欲望，系统可能会生成一个任务，要求玩家穿越全新区域，探索未曾踏足的地方，找到隐藏的宝藏或解锁新的剧情分支。同时，如果玩家更倾向于战斗，AI 会设计需要高战斗技巧的任务，如击败强敌或完成艰难的战斗。

动态事件触发机制则是指 AI 通过实时监测游戏内外各种状态和环境变化，自动触发不定期的事件。这些事件可以是自然现象、敌人动向变化或者其他玩家互动产生的连锁反应。要实现这一点，AI 需要具备对游戏环境的全面感知能力，包括时间、天气、资源状况、敌我力量对比等，从而构建一个动态的游戏世界模型。例如，在生存游戏中，AI 感知系统可以监测天气变化趋势、资源存量、敌人活动区域等，一旦某项参数发生显著变化（如资源即将耗尽或敌人势力增强），AI 会基于这些变化触发相应的游戏事件。

动态事件触发机制通常包括时间驱动事件、状态驱动事件和随机事件。时间驱动事件由游戏内时间推进触发，如每日例行任务、季节变化带来的挑战等，状态驱动事件由游戏世界各项状态变化或达到某个阈值时触发。例如，玩家资源耗尽引发资源掠夺战，敌方势力增长触发大战，随机事件则通过随机数和概率模型生成，确保游戏过程充满未知和惊喜。以开放世界游戏《荒野大镖客：救赎 2》为例，游戏中有大量的动态事件触发机制。例如，AI 会根据玩家角色行进的区域、时间和天气等条件，随时触发盗匪抢劫、野生动物袭击等事件，这不仅增强了游戏的真实感，还让玩家时刻保持紧张和刺激的游戏体验。

虽然动态任务和事件生成技术在理论上有着广阔的应用前景，但实现过程中仍面临诸多技术挑战。首先是实时数据处理与存储的问题，游戏内部的海量数据需要快速高效地处理和存储，这对系统的性能和稳定性提出了很高要求。采用分布式计算和存储系统如 Hadoop、Spark 等，可以提升数据处理速度和容量，同时利用高效的数据库技术如 NoSQL（如 MongoDB、Cassandra）和内存数据库（如 Redis），实现快速数据存取。在处理算法复杂度与性能优化方面，优化算法结构并采用并行计算和多线程技术可以提升计算效率，同时利用 GPU 加速深度学习算法计算，通过模型压缩和裁剪优化神经网络模型的计算速度。保持任务和事件的多样性和一致性也是一大难题。任务和事件过于单一可能导致玩家厌倦，而过多的随机性则可能破坏游戏的故事连贯性和玩家体验，通过设计多种任务模板和事件模板，以及引入剧情树和事件链技术，可以通过玩家反馈机制优化任务和事件生成策略，提升多样性和合理性。

《上古卷轴 V：天际》以其广阔的世界观和高自由度而著称。通过动态任务生成技术，这款游戏的任务并非全部预设，而是会根据玩家的等级、技能和行为动态生成。玩家在加入盗贼公会并完成一系列初级任务之后，系统会依据玩家的当前等级和技能生成更高级的盗贼任务。这些任务可能包括偷窃高价值物品、潜入重兵把守的区域，或者执行高难度的暗杀行动。这种任务生成机制不仅提升了任务的挑战性，还使每个玩家的游戏体验独一无二。游戏中还存在许多随机生成的任务，如村民的求助、商人的护送任务等。这些任务会根据玩家当前所处的区域和状态动态生成，确保玩家在探索世界时总能遇到新鲜的挑战和惊喜。

《无主之地》这款游戏通过动态事件生成技术，使得敌对势力和游戏环境能够随玩家的进展而动态变化。当玩家深入某个区域时，AI 会根据玩家的等级和装备情况实时调整敌人数量和强度。例如，如果玩家拥有强力武器并且等级较高，系统会生成更多或更强的敌人，甚至触发大型 Boss 战。这种设计确保了玩家在游戏过程中始终面临挑战。游戏中还会触发各种动态视觉事件，如敌人突袭、环境变化等。这些事件不仅增强了游戏的视觉效果，还增加了游戏的紧张感和刺激感。动态调整敌人数量和强度，使得玩家在游戏过程中持续面对挑战，避免了单调和乏味。动态视觉事件增强了游戏的视觉效果，使游戏更加生动和吸引人。玩家需要根据敌人的动态变化来调整自己的策略和装备，从而增加了游戏的策略性和深度。

图 7-25    《辐射 76》的动态任务生成增加社交性

《辐射 76》通过动态任务和事件生成技术，实现了任务和事件的个性化和多样化。系统根据玩家的个人行为生成任务（见图 7-25）。例如，当玩家在某个区域探索时，系统会生成该区域特有的任务，如寻找特定物品、击败特定敌人等。游戏中的任务和事件还会因服务器的环境变化而改变。例如，当某个区域的资源枯竭时，系统会生成资源争夺战的任务，促使玩家间的战斗与合作。动态任务生成技术增强了游戏的社会性和互动性，玩家需要合作完成任务或竞争资源，增加了游戏的社交性。任务和事件的多样性使游戏更加丰富和有趣，系统根据服务器环境变化生成任务，确保了游戏的动态平衡和可持续性。

《孤岛求生》通过模拟真实环境中的各种变化，展现了动态事件触发机制。游戏中的天气系统会根据时间和环境变化实时生成各种天气事件，如暴风雨、晴天、阴天等。这些天气事件会影响玩家的生存状态和策略选择。游戏中的资源和动物分布也是动态变化的。例如，当某区域的资源被过度开采后，会生成资源短缺事件，迫使玩家寻找新的资源点；野生动物的行为也会根据环境变化发生变化，如暴风雨来临时，动物会躲藏起来，大大增加了玩家的狩猎难度。动态事件生成技术使得游戏充满紧迫感和危机感，玩家需要时刻关注环境变化，调整生存策略。通过应对各种动态事件，玩家在成功生存之后会获得更强的成就感和满足感。环境驱动的动态事件增强了游戏的真实感，使得游戏世界更加生动和可信。

情感计算技术将让 AI 更好地理解玩家的情感状态，生成更加个性化和贴心的任务与事件；游戏世界将更加动态，AI 可以根据玩家行为和决策动态生成新的地形、建筑、任务和事件；跨平台与多模式的动态任务生成将成为新的趋势，AI 系统可以在多个平台上实现任务和事件的无缝生成与衔接；深度学习技术将驱动任务横向融合，借鉴不同类型游戏中的最佳实践，生成更加多元和创新的任务；自适应难度和动态平衡技术可以根据玩家的实时表现动态调节任务和事件难度；社交与合作任务则将融入更多社交元素，生成需要合作完成的任务，增强游戏互动性和社群感，提升玩家的合作和团队精神。

### 7.4.5　增强沉浸感

沉浸感不仅是衡量游戏质量的重要标准，也是玩家持久投入和游戏成功的重要因素。通过 AIGC 技术，游戏开发者现在能够以前所未有的方式提升游戏的沉浸感。

AI 技术在增强游戏环境方面展现了巨大的潜力。通过 AI 生成的细节丰富的生态系统和自然现象，游戏世界变得更加真实和引人入胜。例如，在许多开放世界游戏中，AI 被用于模拟复杂的生态系统，使游戏中的每个角落都充满生机和变化。

《荒野大镖客：救赎 2》游戏利用 AI 创造了一个复杂的生态系统，不仅包括多种动物和植物，还模拟了它们之间的相互关系和动态变化。动物会根据时间、气候和玩家的行为作出反应。这种动态生态系统不仅增加了游戏世界的真实感，还提高了玩家的沉浸感。除了生态系统，AI 还可用于模拟气候变化和自然现象，使游戏环境更加动态和不可预测。例如，在游戏《塞尔达传说：旷野之息》中，天气系统是由 AI 控制的，风、雨和雷电等自然现象根据日夜交替和季节变化随机生成。这种细致入微的环境变化不仅为游戏增加了挑战，也使玩家更深地沉浸在游戏世界中。

AI 生成的环境不仅限于自然世界，还包括城市等人为环境。通过 AI 模拟现实中的城市发展动态，游戏可以提供更加真实和具有挑战性的城市游戏体验。在一款模拟城市类游戏如《城市：天际线》中，AI 被用来模拟复杂的交通流量和人口密度。AI 会根据城市的发展动态实时调整交通和人口分布（见图 7-26）。例如，随着市区的扩展和新建筑的建成，AI 会重新分配交通流量，平衡不同区域的人口密度。这种动态模拟不仅增加了游戏的真实性，也为玩家提供了更多的战略和管理挑战。AI 还可以模拟环境污染和自然灾害等负面事件，增加游戏的复杂性。例如，当城市工业区的排放超标时，AI 会生成环境污染事件，迫使玩家采取措施加以治理。此外，AI 还可以生成地震、洪水等自然灾害，挑战玩家的应急管理能力。这种环境模拟不仅增强了游戏的真实感，也增加了玩家的沉浸感和参与度。

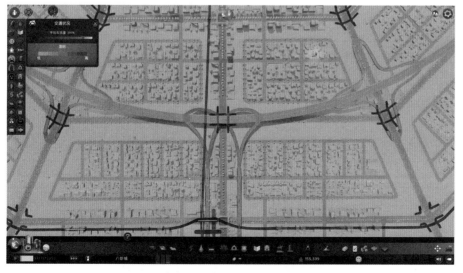

图 7-26　《城市：天际线》AI 模拟的交通情况

　　增强沉浸感的另一个关键方面是通过 AI 生成动态的故事情节和多结局，从而增加游戏的叙事性和代入感。AI 可以根据玩家的选择和行为，实时生成分支剧情，使每位玩家的游戏体验都独一无二。

　　在互动电影式游戏如《底特律：变人》中，AI 被用来生成复杂的分支剧情和多结局。每当玩家作出选择或行动决策时，AI 会根据这些选择动态生成后续的情节发展。例如，玩家的一个不起眼的对话选择可能会导致完全不同的剧情走向和结局。这样的设计不仅丰富了游戏内容，还增强了玩家的代入感和沉浸感。AI 生成的多结局设计也增加了游戏的重玩价值。玩家在不同的游戏过程中可以探索不同的路径和结局，每次的游戏体验都是独特的。例如，在游戏《质量效应》中，玩家的每个选择都会影响故事的最终结局，这种个性化的叙事方式不仅增加了游戏的重玩价值，还让玩家更加投入和沉浸其中。

　　更加智能和互动的游戏世界则进一步提升了玩家的体验。通过机器学习和大数据分析，AI 可以不断优化和调整游戏机制和内容，使游戏世界变得更加智能和动态。AI 可以根据玩家的行为习惯和心理状态，实时调整游戏的难度。例如，在开放世界游戏《上古卷轴 V：天际》中，游戏会根据玩家的表现动态调整敌人的强度和任务的复杂性。如果玩家在某个区域表现非常出色，游戏会增加该区域敌人的数量或增强他们的能力，确保玩家始终面临适当的挑战。这种动态调整机制不仅增加了游戏的挑战性，也使每一个玩家的游戏体验都更加个性化和沉浸。

　　AI 还可以通过智能互动增强玩家的沉浸感。例如，在游戏中，NPC 可以通过 AI 进行更加智能和自然的互动。在《辐射 4》中，NPC 会根据玩家的行为和对话选择作出不同的反应，有时甚至会影响任务的进展和结局。这种智能互动让玩家感觉自己在与一个真实的世界进行交流和互动，极大地增强了游戏的沉浸感和参与度。实时语音交流和情感识别是 AI 技术在游戏中应用的另一个重要方面，通过这些技术，玩家可以感受到更加真实和投入的互动体验。通过 AI 的语音识别和处理技术，游戏可以支持玩家与 NPC 进行实时语音交流。例如，在一些角色扮演游戏中，玩家可以直接通过语音与 NPC 对话，AI 会根据识别的语音内容生成相应的对话和反应。这种自然的交流方式不仅提升了互动体验，也增加了游戏的沉浸感。情感识别技术可以进一步增强游戏的互动性和沉浸感。AI 可以通过分析玩家的声音、面部表情和行为，识别其情感状态，并根据这些情感状态调整游戏内容和互动方式。例如，如果 AI 识别出玩家在某个任务过程中表现出焦虑和紧张，游戏可以适时调整难度或提供相应的帮助，使玩家的游戏体验更加顺畅和愉快。

　　AI 还可以通过生成动态的世界和实时事件，进一步增强游戏的沉浸感。这种技术可以使游戏世界变得更加生动和不可预测，让玩家时刻保持新鲜感和探索欲。在一些开放世界游戏中，AI 会实时生成各种事件和活动，使游戏世界更加动态和充满变化。例如，在《刺客信条：起源》中，AI 能根据玩家的位置和行为动态生成各种随机事件，如商队遇袭、盗贼抢劫等（见图 7-27）。这些实时事件为玩家提供了丰富的互动机会，使游戏世界更加生动和真实。游戏世界的状态变化也是增强沉浸感的重要手段。AI 可以根据时间、环境和玩家行为动态调整世界的状态。例如，在《孤岛惊魂 6》中，白天和夜晚不仅是时间的变化，还会影响到敌人的行为模式和任务的难度。这种设计不仅增加了游戏的挑战性，还让玩家体验到一个更加生动和真实的世界。

图 7-27 《刺客信条：起源》AI 动态生成盗贼抢劫

**思考与练习**

本章详细阐述了游戏世界的构建及其在游戏设计中的重要性。在阅读本章后，可以从以下五方面进行深入思考与练习。

（1）空间设计与引导：分析不同游戏中空间设计的成功案例，思考如何通过地形、光线、颜色等元素引导玩家探索，增强沉浸感。尝试设计具有引导性的游戏空间，让玩家在不知不觉中跟随预设路径前进。

（2）世界观的实现：结合本章内容，构思一个独特的游戏世界观，并思考如何通过视觉、听觉和叙事等手段将其融入游戏中。设计一系列场景和事件，以展示这个世界的文化、历史和规则。

（3）关卡设计的艺术：研究优秀游戏中的关卡布局和挑战设置，理解如何通过合理的难度曲线和多样的游戏障碍保持玩家的兴趣和参与度。尝试设计几个关卡原型，测试其挑战性和流畅性。

（4）细节与氛围营造：探索如何通过精细的纹理、逼真的光影效果和动态的环境变化提升游戏的真实感和沉浸感。思考如何运用细节设计增强玩家的代入感和情感体验。

（5）技术融合与创新：关注 AIGC 等新技术在游戏世界构建中的应用，思考如何利用这些技术自动生成场景、角色和事件，提高设计效率和多样性。尝试将新技术融入自己的游戏设计项目中，评估其对游戏体验的提升效果。

通过这些思考与练习，可以更全面地掌握游戏世界构建的各个方面，为玩家创造出更加丰富、生动和引人入胜的游戏环境。

第 8 章

# 游戏策划文案的制作

## 8.1　游戏策划书的制作格式

游戏策划书是游戏开发过程中至关重要的文档，它承载着将游戏创意转化为具体开发方案的责任。其核心作用在于清晰、完整地表达游戏策划的内容，为整个开发团队提供一个统一的认知基础。通过游戏策划书，开发者们能够深入理解游戏的核心玩法、故事情节、角色设定、关卡设计等关键要素，从而确保开发过程中的方向一致性，避免因理解偏差而导致的资源浪费和开发延误。

### 8.1.1　游戏策划书的参考结构

一、项目概述

1. 游戏名称：暂定名称和最终名称。
2. 开发团队：团队成员及其职责。
3. 游戏类型：如动作、冒险、角色扮演、策略、模拟等。
4. 平台：如 PC、移动设备、主机等。
5. 游戏简介：简要描述游戏的核心概念和卖点。

## 二、游戏背景与设定

1. 游戏世界观：故事背景、历史、文化等。

2. 故事情节：主要情节发展与关键事件。

3. 角色设定：主要角色介绍，包括背景故事、性格特征和能力。

## 三、游戏玩法

1. 核心玩法：游戏的主要机制和玩家目标。

2. 关卡与任务：关卡设计、任务类型及其难度设定。

3. 战斗系统：战斗模式、技能与能力、敌人类型。

4. 资源与物品：游戏中的资源类型、获取方式、用途。

5. UI/UX 设计：用户界面布局、用户体验设计原则。

## 四、艺术设计

1. 美术风格：总体美术风格、参考示例。

2. 角色设计：角色外观、服装、武器等。

3. 场景设计：游戏场景、环境细节、地图设计。

4. 音效和音乐：背景音乐、音效需求、配音要求。

## 五、技术实现

1. 引擎与工具：使用的游戏引擎、开发工具、插件。

2. 技术需求：最低配置要求、网络需求。

3. 开发进度：项目时间表、各阶段里程碑。

## 六、市场与运营

1. 目标用户：用户群体分析、市场需求。

2. 竞争分析：主要竞争对手、市场定位。

3. 推广策略：宣传渠道、预发布活动、营销计划。

4. 货币化策略：收费模式、内购设置、广告方案。

## 七、附录

1. 术语表：游戏内专有名词及其解释。

2. 参考文献：参考资料、设计灵感来源。

3. 其他资料：设计草图、测试方案、用户反馈等。

　　游戏策划书并非一份遵循固定格式、内容一成不变的模板，而更像是一份根据项目实际情况灵活调整的动态文档。每个游戏项目，无论是其核心玩法、目标用户群体，还是开发预算和周期，都存在着显著差异。因此，在起草游戏策划书时，开发团队必须具备足够的灵活性，根据项目的具体需求对内容模块进行合理的增删和调整，才能确保最终版本的实用性和针对性。

例如，对于一款大型多人在线角色扮演游戏来说，服务器架构、数据库设计、网络同步技术等方面的内容在策划书中需要被重点强调和详细阐述；而对于一款休闲益智类手机游戏来说，这些内容则可以适当简化，将更多篇幅留给核心玩法机制、关卡设计思路以及用户体验优化等方面的描述。这种根据项目需求对策划书进行定制化的调整，能够有效避免信息冗余或缺失，确保每个模块的内容都服务于项目的核心目标，从而提高开发团队内部的沟通效率，降低因理解偏差而导致的开发风险。最终，一份结构清晰、内容精准的游戏策划书将为项目的顺利执行和最终成功奠定坚实的基础，成为指导开发团队克服各种挑战、实现预期目标的行动指南。

## 8.1.2    图释是文案的好朋友

在信息传递的过程中，图像相比于文字通常具备更强的直观性和可理解性。一张精心设计的图片往往能够以简洁明了的方式传达复杂的信息，而大段的文字描述则可能显得冗长乏味，难以快速抓住用户的注意力。因此，在很多情况下，用图像来表达信息会比单纯使用文字更加有效。

### 1. 流程图

在游戏策划中经常需要处理各种复杂的关系和流程，如包含多分支和条件判断的系统逻辑。如果仅依靠文字描述，往往会显得烦琐、混乱，难以清晰地表述各部分之间的关系。相比之下，流程图能够以图形化的方式直观地呈现各个步骤、分支和节点之间的联系，使复杂的逻辑关系一目了然（见图 8-1）。

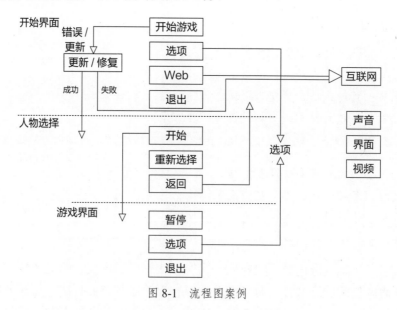

图 8-1    流程图案例

尤其是在处理具有多分支结构的流程时，流程图的优势更加明显。例如，游戏循环、UI 结构、AI 行为决策等通常都涉及大量的条件判断和状态转换，使用流程图能够清晰地展示各个状态之间的转换关系，以及触发状态转换的条件，从而使开发者更容易理解和掌握系统的运作机制。

### 2. UI/HUD 界面

用户界面（user interface, UI）和平视显示器（HUD）的设计在游戏开发中起着至关重要的作用，因为它们直接影响玩家与游戏的交互体验。UI 和 HUD 的视觉呈现不仅需要直观且美观，还必须服务于游戏本身的功能性需求。通常，游戏设计师会使用他们熟悉的图像处理软件来进行 UI 和 HUD 的设计。除了传统的图像形式，现代游戏的 UI 和 HUD 设计还可以通过编程语言生成简单的界面元素，并与美术部门紧密合作，以共同创建更具艺术性和视觉冲击力的界面风格。这种多样化的设计方法不仅丰富了设计师的选择，也为最终产品提供了更广阔的创作空间。

在大多数情况下，仍然建议游戏设计师能在 UI 和 HUD 布局设计上具有独立操作的能力。这是因为游戏设计师通常比其他团队成员更了解游戏的核心玩法、主题和玩家的真实需求。他们能够从全局视角出发，抓住 UI 和 HUD 设计的主线，确保界面元素的布局既合理又直观。独立完成布局设计的能力还使设计师能够更直接地将创意应用于开发过程中，减少了沟通成本和误解的可能性。因此，在设计过程中，游戏设计师常常需要绘制各种布局和草图，以确保设计方向的准确性和实施路径的明确性（见图 8-2~图 8-4）。

合理和清晰的 UI 设计能够引导玩家更好地理解游戏信息，而合理的 HUD 布局则有助于玩家在不影响游戏体验的情况下快速获取必要的信息。这两者对于提升玩家的沉浸感和游戏乐趣都是关键因素。因此，在考量 UI 和 HUD 设计时，游戏设计师不仅要关注视觉美学上的精致呈现，还需综合考虑交互体验上的易用性和便利性。只有这样，玩家才能在享受游戏内容的同时，获得流畅自然的操作体验而不被琐碎的界面细节分散注意

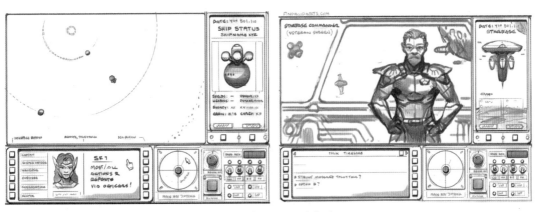

图 8-2　游戏 UI 设计草稿

力。在这一点上，游戏设计师与程序员、美术师的合作与沟通无疑是至关重要的，整体设计的成功离不开各个环节的紧密配合和协作。通过这样的综合努力，才能够打造出既能满足玩家需求又具备独特吸引力的优秀游戏作品。

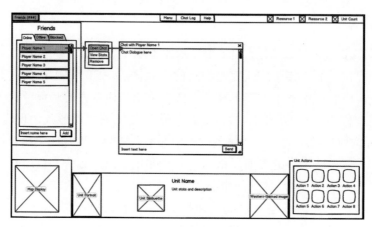

图 8-3　RTS 游戏 UI 草稿

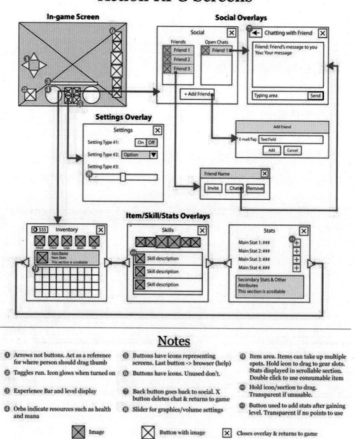

图 8-4　ARPG 游戏 UI 草稿

3. 环境草图

　　环境草图在游戏开发过程中扮演着至关重要的角色，其核心目的是为游戏内各个场景的规划奠定基础。通过这种先期规划，开发团队能够有效地确定各种场景的位置、大小以及它们彼此之间的相对关系。同时，环境草图还承担着传达背景故事的任务，从而为玩家营造出一个富有沉浸感和逻辑性连接的虚拟世界。详尽的草图不仅需要描绘出地形的基本轮廓，还应细致呈现场景中的植被分布、建筑布局，以及天气因素等自然和人为环境要素（见图 8-5 和图 8-6）。这些元素相互交织，共同构建出一个多样而丰富的游戏世界。草图设计过程中特别强调了高度的差异和光影的效果，这不仅对营造场景的立体感起到关键作用，也为后续的美术风格和关卡设计提供了视觉上的参考和现实约束。尤其是那些具有标志性和引导功能的关键景物，如高耸的山峰、古老的树木或独特的建筑物，它们的准确规划与描绘有助于塑造游戏环境的整体氛围，并成为游戏中玩家探索和互动的重要标记。通过细致勾勒环境草图，为开发团队搭建了一座从创意到实现的桥梁，确保游戏环境不仅具备视觉美感，还具有叙事深度和游戏可玩性。

图 8-5　环境草图（案例 1）

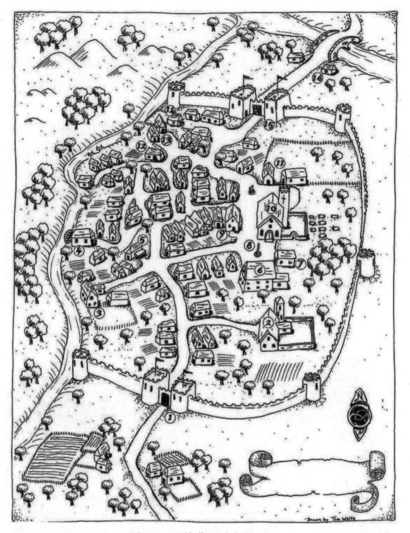

图 8-6    环境草图（案例 2）

## 8.2    可行性分析报告

游戏项目的可行性分析报告是一份用于评估一个游戏项目是否值得立项开发的分析报告。它会从多个维度理性且全面地分析该项目的优势和劣势、机遇与挑战，最终给出是否值得投入资源进行开发的结论建议。

这份报告通常会在游戏项目正式立项开发之前完成，可以由公司内部的市场、策划、技术等部门共同参与撰写，也可以委托专业的第三方机构进行评估。游戏项目的可行性分析报告包括以下四部分（见图 8-7）。

**市场分析：**这部分是给老板或者投资人看的。游戏必须适应市场需要，闭门造车的游戏企划案是不可行的。一般情况下要先对游戏市场进行调研和分析，通过对最新信息的分析来捕捉游戏市场动向和游戏玩家喜好，并把这些信息合理地加入游戏项目的可行

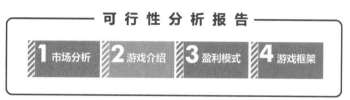

图 8-7　游戏可行性分析报告的四部分

性分析报告中来增强说服力和市场依据。对于游戏设计初学者来讲，短时间内并不需要对市场十分敏感，而且这对初学者而言也不是短时间内就能掌握的。但是需要对整个游戏行业的发展方向有个大体的认识和了解，尤其是所设计的这个类型的游戏。

**游戏介绍：** 这是一个简要描述所设计的游戏内容最好的方法和机会。技术性的企划文档内容大多数情况下不会有人认真看完。这时，可行性分析报告就决定着这个游戏项目是否能顺利进行下去，让游戏创意不被扼杀在企划案的阶段。所以，这是一个让别人了解设计想法的最好机会。这里对游戏的介绍不能太长，要把所有的精华部分都罗列在上面，如果能吸引上级和投资者，那么这个游戏项目的确立就成功了一半。对游戏企划来说，这也是显露自己才华最好的机会，如何用最简洁的语言把整个游戏的精华表述出来就要看设计师的文学功底了。一旦游戏项目被确立，那么以后所有的游戏设计工作都要围绕着游戏企划书来展开。所以，游戏的盈利点和主要特征都要进行认真的讨论与分析，利用调研中得到的信息展开讨论，并结合其他游戏的优缺点分析自己设计中需要突出展现和需要注意的地方。

**盈利模式：** 这部分要对整体开发成本以及回报进行估算。要分析需要多少人工费用、设备费用及管理费用，等等。然后要制订一套收费标准以及可以有效回收成本的销售途径，与此同时还要充分考虑是否有其他的盈利模式等。

**游戏框架：** 游戏要如何划分模块、用什么方式开发，以及模块之间的关系都要确定下来。对于一个大型的游戏项目，如果不进行模块划分和良好的整体设计，在实际的开发过程中就会陷入无限的混乱之中，人员也会很难控制。按照体系进行划分是一个比较有效的划分方法，任何游戏都是可以根据自身要求进行模块划分的。

## 8.3　项目计划

古语亦云：谋定而动。"谋"就是做计划，也就是做任何事情之前，都要先计划清楚。项目管理也一样，有人说项目管理就是制订计划、执行计划、监控计划的过程。项目管理泰斗科兹纳更是一针见血：不做计划的好处，就是不用成天煎熬地监控计划的执行情况，直接面临突如其来的失败与痛苦。可见项目计划在项目管理中的重要性。在大型游戏设计项目中，项目计划的制订是件非常重要但又非常有难度的事情，每天都会有同事问到：今天我该做什么工作呢？所以，一个优秀的游戏项目计划是游戏开发得以顺利进行的重要保障之一。

### 1. 整体实施计划

在明确了游戏项目的整体目标后，需要把这个游戏目标按阶段来进行分解，通常游戏项目的阶段划分是按照软件工程的阶段来划分，即需求、设计、开发、测试。如果其中有某项工作占的比重比较大，或者特别重要，可以把它单独拎出来作为一个阶段。

这个阶段的划分只是大体上的，说明每个时间段的工作重心，并非需求阶段就不能做开发阶段的事情，有些事情根据情况能提前做就提前做。每个阶段有开始时间和结束时间，相对而言，开始时间不是很重要，但结束时间很重要，往往结束时间会被当作一个小里程碑，其中某些节点会被视为项目的大里程碑。每个里程碑都对应了一个项目的子目标，以及重要的阶段性产出物。

### 2. 详细工作计划

让游戏项目的设计师、骨干成员等加入项目详细工作计划的制订中来，游戏研发的过程中他们会更清楚地了解某些部分到底需要多少的工作量。

根据项目范围，将具体工作任务进行分解，使每个设计师都能明确地了解自己的任务，并确保每项任务是独立的。任务的状态和完成情况是可以被量化的，每项任务是有明确的交付成果的，每项任务都有一个负责人或者主要负责人。对于具有共性的任务可以单独抽离出来进行定性并分解，而不是重复地被分解。

让合适的人做合适的事，为每项任务指派最佳的负责人。需要考虑该项任务是否与负责人的能力相匹配，负责人是否乐意做这项工作，是否有人更适合这项任务。连续性和关联性较强的任务尽量分配给同一个人，可并行的任务尽量分配给不同的人。

为每项任务评估工作量，设定开始时间和结束时间。因为任务项足够小，这里的评估工作量并非拍脑袋，而是要求比较精确，可以考虑让负责人自己评估或者专家评估。根据任务的优先级、任务关联度、任务依赖关系来制订任务先后开发顺序，开始时间和结束时间则是按每个任务的顺序而连续递增下去（见图 8-8）。

复查项目计划的科学性并进一步调整。例如，项目成员的工作是否分配比较均衡，每个人的工作是否都比较饱满。关键路径是哪一条或哪几条，谁在关键路径上，他在关键路径上是否合适。

图 8-8　制订详细的工作计划

## 8.4　开发费用预算

　　游戏开发费用的预算往往是一个游戏项目开始前最容易且最必须建立的部分，它实际上也是随着项目的不断深入而需要不断更新和修改的。预算需要跟踪所有项目相关费用的去向。这些费用包括人员工资、公司险金、外部开销、雇员险金、出差、预付款、授权费，以及其他各种各样的费用（见图 8-9）。那游戏设计师如何在最初就建立起一份预算呢？接下来会简单地介绍和了解如何建立一份合理、准确和灵活的预算。

图 8-9　计算开发预算

　　对于游戏开发商来说，游戏制作成本是个比较重要的问题，所以如何将这些有限的资金更合理地投入项目中的每个阶段成了设计师需要深思熟虑的事。

　　在预制作阶段，要和开发团队紧密协作，共同规划出理想的情况，列出这个游戏项目最高层的目标，利用这段时间去敲定游戏项目可能实现的内容，列出自己觉得需要的所有东西。当各种创意汇聚在一起形成一个可制作的激动人心的游戏时，把预算上各种细节也填补进去。项目管理过程中把这个阶段称为推测阶段，紧接其后的是探索阶段。在探索阶段中会考虑折中问题，在游戏设计和财政资源中寻求一个平衡点。通过把注意力集中在理想情形里，最终可能会有一部分的目标是看起来难以达成或者不可能达成的。不过在鼓励团队瞄准高目标的过程中，也可把自己设立成一个高标准的领导。即使团队在预制作阶段里可能达不到所有设立的目标，但假如从不设立理想目标，那永远不可能达成最理想的情况。

　　在这个环节里，最重要的部分是把各种想法列在纸上，评估出要完成哪些功能，这些功能需要团队里具备哪种经验的人员，以及在何时需要多少人员。在这个评估过程中，做出一份完整和详尽的预算是非常有必要的。在把这些详细的预算都写在纸上的过程中，团队也会考虑到各种过去没想到的问题和可能性，随之产生成千上万个还没解决的问题。

　　通过详尽的表和整体计划来确定出项目完成所需要的所有资源。接下来就需要考虑游戏项目必需的人员需求了，基于这些人员需求，会发现附带了其他的一堆成本。在人力资源上应该按人和月份划分（需要的人员数乘以项目的月数）。

　　整个研发团队包括策划人员、程序人员、制作人、美术人员、音效人员、音乐人员和测试人员。当对团队每个领域都有了人员评估后，就可以进入下一步去评估成本了。在预制作阶段，建立预算的目标在于尽可能准确地定下要多少钱才能让游戏按计划完成且保证在商业上成功。在这个过程结束时所准备和通过的预算，通常会成为衡量开发团队和制作人表现的参照。

表 8-1 举例展现了一个游戏项目的人力成本。

表 8-1　游戏项目的人力成本表案例

| 类　别 | 成本中心 | 每月成本 / 元 | 月份 | 总成本 / 元 |
|---|---|---|---|---|
| 策划 | 策划人员（1） | 10 000 | 24 | 240 000 |
| | 策划人员（2） | 8 000 | 20 | 160 000 |
| | 策划人员（3） | 6 000 | 20 | 120 000 |
| | 策划人员（4） | 4 000 | 18 | 72 000 |
| 美术 | 美术人员（1级） | 10 000 | 24 | 240 000 |
| | 美术人员（2级） | 8 000 | 20 | 160 000 |
| | 美术人员（3级） | 6 000 | 20 | 120 000 |
| | 美术人员（4级） | 4 000 | 18 | 72 000 |
| 程序 | 程序人员（1级） | 10 000 | 24 | 240 000 |
| | 程序人员（2级） | 8 000 | 20 | 160 000 |
| | 程序人员（3级） | 6 000 | 20 | 120 000 |
| | 程序人员（4级） | 4 000 | 18 | 72 000 |
| 音乐音效 | 音效主管 | 7 000 | 12 | 84 000 |
| | 作曲 | 固定成本 | | |
| | 合成 | 6 000 | 8 | 48 000 |
| 测试 | 测试人员（1） | 4 000 | 12 | 48 000 |
| | 测试人员（2） | 4 000 | 12 | 48 000 |
| | 测试人员（3） | 4 000 | 12 | 48 000 |
| | 测试人员（4） | 4 000 | 12 | 48 000 |
| 总成本 | | | | 2 100 000 |

一份好的预算能让开发团队实现梦想中的概念并把它带到市场上，要建立起这样的预算是需要很多工作的，它的细致程度需要达到游戏开发计划中的任务分解那样。

## 8.5　游戏开发设计文档

游戏开发设计文档如同团队成员之间沟通的桥梁，一份清晰、完整的文档可以准确地记录游戏设计的各个方面，如游戏玩法、系统功能、美术风格、剧情设定等。这使得所有团队成员，包括策划、程序、美术、测试等，都能够对游戏有一个统一且明确的理解，避免因理解偏差而导致的开发方向错误。

**记录：** 人类的记忆是很可怕的。游戏设计师会通过数不清的重要决策来界定出游戏的运作方式和运作理由，但却几乎无法记住所有这些决策。当这些耀眼的创意在头脑里闪现时，很可能感觉它们是不可能忘记的。然而经过两周以后，当做了两百个游戏决策以后，即使是最精巧的解决方案也很容易会忘掉。假如习惯了记录各种设计决策，那它会节省下一遍又一遍去解决同一个问题的时间。

**交流：** 即使真的是过目不忘，但游戏中的各种决策还是需要与团队里的其他人员交流的，而文档就是进行交流的一种很有效的方式。并且正如本书第 2 章和第 3 章里谈到的，这种交流并不是单向的。它会是一次对话，只要当一个决策落实到纸上后，肯定有人能从中找出问题或者是提出某种方法来让它变得更好。文档能把更多人的思维集合到设计上，让大家能更快地找出并更好地修复游戏设计中的缺陷。

## 8.5.1　游戏开发设计文档的类型

由于文档的目的在于记录和交流，因此文档类型是取决于所需要记录和交流的内容的。很少有游戏是一个开发设计文档就能满足所有需要的目的的——通常情况是制作出多种不同类型的文档。项目里有六个主要的群体是需要记录和交流不同内容的，他们中的每个群体都会产生出自己独有的一类文档。

图 8-10 展示了一个游戏设计团队中可能发生的记录和交流的途径。每个箭头都会产生一个或者多个文档。接下来将介绍每个群体会制作出哪些文档。

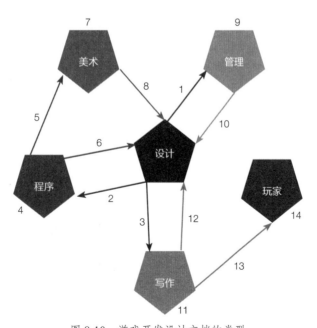

图 8-10　游戏开发设计文档的类型

### 1. 设计

**游戏设计概述**（game design overview）。这份文档属于高层次的文档，可能只有短短数页。它通常是为管理层写的，让他们能充分理解游戏大概是怎么样的以及它的定位是哪些人群，而无须太过深入。这份概述文档对整个团队来说也是很有用的，它能让团队了解到整个游戏的设计方向和目标。

**详细设计文档**（detailed design document）。这份文档会以大量的细节来描述出所有的游戏机制和游戏界面，它通常满足两个目的：一是帮助设计师能记录他们提出和遇到的所有想法；二是把这些想法传达给负责编码的程序人员和负责做出好看外观的美术人员。因为这类文档极少落入"外行人"手里，所以它通常会有很多能引起讨论和很多重要想法的细节。它们往往是所有文档中最厚的，也很少会一直保持更新。当到了项目进行到一半的时候通常会完全废弃——因为到了这个程度时，游戏本身已经包含了这些重要细节中的绝大部分，那些没有放到游戏里的细节往往是通过非正式的渠道（如通过E-mail 或者短短几页的注解）进行调换了。

**故事概述**（story overview）。很多游戏都需要专业的作家来为游戏创作对话和剧情。这些作家通常都是签约的，很多时候会远离团队工作。游戏设计师通常会让他们执行正式的写作之前先写一份简短的概述文档，这份文档会描述各种重要的设定、角色，以及在游戏中发生的各种行为。因为往往一个有着各种有趣创意的作家会依据自己的创意改变整个的游戏设计。

### 2. 程序

**技术设计文档**（technical design document）。通常一个游戏有着众多与游戏机制无关的复杂系统，这些系统只是和屏幕上的显示机制、网络传输数据，以及其他棘手的技术任务相关。往往程序团队之外的人都不太关心这些细节，但一旦程序团队是由多于一个人组成时，这些细节通常要记录到一个文档里，这样才能让加入团队里的其他人理解整体是将要如何运作的。这就像详细设计文档那样，它们很少会在项目过了一半以后还持续更新，但书写这些文档往往比系统架构和编码要更重要和更本质。

**流水线概述**（pipeline overview）。一个视频游戏编程的大部分挑战性工作都源于把美术资源合理地整合到游戏中。这个过程中往往有着很多特殊的操作准则是美术人员必须遵循的，才能让美术在游戏里合理地呈现。这份简短的文档通常是程序员为美术团队特地编写的，因此它越简单越好。

**系统限制**（system limitations）。设计师和美术人员往往完全不知道他们的设计中哪些是系统许可的（即使他们会假装知道）。对一些游戏来说程序员会觉得建立一份文档清楚地明确各种不可逾越的限制是很有用的。例如，同屏的多边形数量，每秒钟发送的更新消息的数量，屏幕上同时发生的爆炸效果数量，等等。通常这些信息也不是已成定局，但确立了这种限制（并把它写下来）会在以后节省很多时间——并且这也有助于促成大家讨论，一起去想出创造性的解决方案来越过这些限制。

### 3. 美术

**美术手册**（art manual）。假如多名美术人员是在同一款产品上工作，一起创造出一个统一的外观和感觉的游戏，那他们必须有一些指引来帮助维持过程中的一致性。"美术手册"正是提供这些指引的一份文档。它包括了角色卡（character sheets）、场景环境实例、用色实例、界面实例，以及其他界定了游戏中所有元素外观的因素。

**概念设定概述**（concept art overview）。在游戏制作出来前，团队里有很多人都需要了解整个游戏的外观将会是怎么样的。这正是概念设定的工作。不过通常单靠设定是不够说明的，它通常在一部分设计文档中才能产生最大的意义。因此，概念设定团队往往都会和设计团队一起工作，一起提出一组图画来展现出游戏设计将来成型时的外观和感受。这些早期的设定图会在很多地方被使用。例如，游戏设计概述和详细设计文档，有时候甚至还会用在技术文档中，借以用来说明技术上希望达到的外观。

### 4. 管理

**游戏预算**（game budget）。尽管大家都希望"一直做到游戏完成为止"，但游戏行业所需经济效益的事实使得很少能允许这种情况发生。往往团队在完全了解到自己将要做出什么游戏之前就必须提出开发这个游戏的具体成本。这个成本通常会通过一个文档来确定，一般是一份展开清单，里面试图列出游戏里所有需要完成的工作，然后通过开发时间估算来转化成金钱成本。单靠制作人或者项目经理来提出这些数字是不可能的，他们通常会和团队其他成员一起尽可能精确地估算出这些数字。这份文档往往是第一批建立的文档，因为它是用来确保项目所需资金的。一个好的项目经理会在整个项目过程中不断更新这份文档，以此来确保项目不会超出所分配的预算。

**项目计划**（project schedule）。在一个良好运作的项目里，这份文档是最经常更新的。大家都知道游戏设计和开发的过程充满着意外和各种意料不到的改变。但尽管如此，一定程度的规划是必需的，理想来说，计划应该至少每周更新一次。一个好的项目计划文档会列出所有需要完成的任务、每个任务需要花多长时间、每个任务必须在什么时候完成，以及该任务是由谁负责。如果条件允许，这份文档可以放进软件里。对一个中型或者大型游戏来说，保持这份文档的更新完整，需要一位专职人员维护。

### 5. 写作

**故事手册**（story manual）。尽管有人可能会觉得游戏的故事完全由项目里的作家（如果有的话）决定，但情况往往是项目里的每个人都会对故事带来有意义的改变。引擎程序员可能会发现某些故事元素会带来技术上的挑战，于是提议对故事进行改变；美术人员可能对故事中一个全新的部分有着作家从来没想象到的视觉创意；游戏设计师可能对游戏玩法设定有着一些想法，需要故事也跟着做一些改变。故事手册在故事许可和不许可的方面设立下权威，让团队里的每个人更容易对故事贡献各种创意，最终让整个故事和美术、技术和游戏玩法更好地整合在一起，从而让故事变得更强大。

**剧本**（script）。如果游戏里的 NPC 是会说话的，那他们的对话必定要来自某些地方。这些对话往往是编写在一个剧本文档里的，它会从详细设计文档中分离出来，作为其附录。这里的关键在于游戏设计师要复审所有的对话，因为很容易会发生某行对话和游戏玩法的规则不一致的情况。

**游戏教程和手册**（game tutorial and manual）。视频游戏是很复杂的，玩家必须通过某种方式学会怎样去玩。在游戏内部的教程里、网页上，以及印制的手册里都是录入这些指南的地方。在这些地方里所写的文字是很重要的——如果玩家不能理解设计的游戏，他们怎么会喜欢呢？游戏设计中的细节很可能直到开发完成前的最后一分钟还在不断改变，因此重要的是确保有人不断地校正这些文字，保证它们一直和游戏的实现是准确对应的。

### 8.5.2  玩家的游戏文档

**游戏攻略**（game walkthrough）。开发者并不是唯一写出与游戏相关的文档的人。假如玩家喜欢一个游戏，他们往往会写出自己的文档并把它发布到网上。详细研究玩家对其所玩游戏写下的内容，这样能很好地找出玩家具体喜欢和不喜欢游戏里的哪些部分，能了解到他们觉得哪些部分太难或太简单。当然，当一份游戏攻略发布以后，想调整游戏往往也显得太晚了——但设计师至少能知道下一次该怎么做（见图 8-11）。

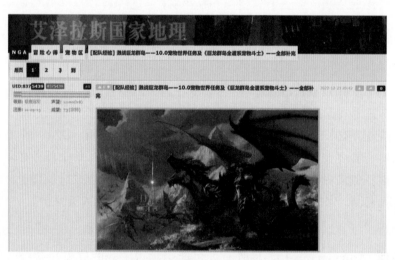

图 8-11　"艾泽拉斯国家地理"玩家社区上的游戏攻略

最后要再次强调，这些文档并不是一份通用的魔法模板——游戏设计的世界里并不存在一成不变的模板。每个游戏都是不同的，它们在记忆和交流上的需求也是不同的，必须自己去找出适合的文档方式。

游戏设计的初始阶段并非始于一套僵化的模板，而应源于创意的头脑风暴。建议设计师回归初心，像最初构思游戏那样，从一张简单的列表开始，将期望融入游戏的所有元素和机制都罗列其上。随着列表内容的不断丰富，脑海中必然会涌现出各种设计上的疑问和挑战，这些都是至关重要的。务必将它们一一记录下来，以防遗忘。实际上，"着手设计"的过程就是对这些问题的不断解答和完善。设计师需要认真对待每个疑问，并在找到满意的解决方案后，详细记录下解决方案以及背后的根本原因。随着时间的推移，所积累的这些想法、规划、问题以及答案，会逐渐形成一个清晰的体系，自然而然地演变成不同的章节，最终构成一份完整的游戏设计文档。这份文档并非基于某种预设的格式，而是完全依照设计师独一无二的游戏创意和设计思路，有机地发展而来。因此，请务必坚持记录所有需要记忆和沟通的信息，这将成为构建完整设计文档的基石。

## 8.6　团队交流

很多书都谈到如何促成良好的团队交流。这里把它浓缩成九个和游戏设计特别相关的关键问题。大家可能觉得这些点听起来都非常平常，它们的确是基础的，但掌握这些基础正是在任何领域成功的关键，尤其是像团队性的游戏设计这样复杂精细的过程。以下是团队交流的九个关键要素（见图 8-12）。

图 8-12　团队交流的要素

**客观性**（objectivity）。客观性是团队合作不可或缺的品质，它保证设计成果合理、高效，也是团队凝聚力的体现。在创作过程中，设计团队必须将客观性作为核心原则，避免个人情感干扰。设计师常对自己的作品有强烈情感，但在团队合作中，这可能成为障碍。重要的是将焦点从"谁的创意"转向"创意是否解决问题"。使用中立表达，如"太空飞船的创意"，能够将个人情感与创意分离，使团队集中讨论其价值和可行性。客观性还引导更深入、理性的讨论。评估方案时，应以问题为导向，分析每个方案的优缺点与影响。例如，询问："B 方案相较于 A 方案有哪些优势和缺陷？"这种方式帮助团队多角度审视并达成全面结论。此外，客观性有助于营造积极的团队氛围，减少因个人偏见引发的争执，让内向成员感到尊重和重视。在这样的环境中，成员能自由表达观点，创意更容易被发现和采纳。客观性是设计团队合作的核心原则。它确保设计方案合理且高效，促进理性讨论，营造积极、包容的工作氛围。坚持客观性，设计团队能不断优化方案，创造有价值的作品。

**清楚明晰**（clarity）。清晰明了的沟通是高效设计团队的基石。缺乏清晰度会导致混乱和误解，阻碍项目进展。为确保信息准确传递，需要关注两个关键点：坦诚表达和积极理解。在解释概念时，确认对方确实理解，用简洁语言避免行话，并注意对方反应。如果感到困惑，不要假装明白，而应诚实提问，直到理解为止。记住，短期尴尬不如项目误解和延误严重。清晰沟通不仅要理解他人，还需自我表达明确。将模糊表述转化为具体信息能有效避免误解。例如，"我在周四下午 5 点通过邮件发送了一份关于回合制战斗系统界面的详细文件"，这明确了任务完成的方式和内容，减少误解和沟通障碍。通过清晰表达、积极理解和具体信息的传递，确保团队对目标和内容达成共识，从而推动项目顺利进行。

记录（persistence）。在团队项目中，有效的信息传递和留存至关重要。尽管口头交流便捷，但容易导致误解和遗忘，也无法为团队提供统一的参考。因此，建立信息持久化机制显得尤为重要。信息持久化是将项目相关的信息记录和存储，以便团队成员随时查阅。记录内容包括会议纪要、设计决策、任务分配、进度更新、问题记录等。常用工具有笔记本、电子邮件、共享文件夹，以及现代协作平台如项目管理软件、团队 wiki 等。选择工具应根据团队规模、项目需求和使用习惯进行。为确保信息持久化的有效性，须建立明确流程。例如，每次会议后，应有专人整理并分享会议纪要；重要信息通过电子邮件传递时，需确保所有相关人员都在收件人范围内，以避免信息遗漏。信息持久化不仅提升沟通效率，减少误解，还为未来决策提供参考。通过完善的信息持久化机制，团队能更好地积累知识、分享经验，提高协作效率和项目成功率。

舒适（comfort）。舒适对于构建高效沟通环境至关重要。人在舒适环境中，身心放松，注意力集中，沟通自然而高效。相反，身体或心理不适会分散注意力，阻碍信息传递，甚至引发误解和冲突。要营造舒适的沟通环境，首先需关注物理环境的舒适度，包括提供安静、光线充足、温度适宜的空间，舒适的座椅和宽敞的桌面，以及必要的办公设施。同时，还需满足团队成员的基本生理需求，确保他们不会饥饿、口渴或疲惫。想象一下，在一个闷热的房间里，面对堆积的工作，疲惫不堪的团队成员能有效沟通吗？然而，仅改善物理环境是不够的。心理舒适感同样重要。团队成员需感到被尊重、倾听、理解，才能坦诚交流。这需要领导者营造平等、包容和信任的氛围，鼓励表达观点，尊重差异，及时解决冲突。只有在身体和心理上都感到舒适，团队成员才能放松，全心投入沟通，提高效率，实现团队目标。

尊重（respect）。尊重是良好沟通与高效合作的基石，尤其在设计领域。一位优秀设计师需具备倾听的能力，而倾听的关键便是尊重。当感受到被尊重，人们更愿意坦诚交流，促进信息流动和思想碰撞。反之，若被孤立，可能会沉默或迎合他人，导致沟通障碍和信息失真。尊重他人并不难，从细节做起即可。交谈时保持专注眼神，避免打断，即使不赞同对方观点，也要耐心倾听并尝试理解。用词礼貌，即便表达异议，也需委婉，避免攻击性语言。积极寻找共同点，通过关注共同目标和价值观增进理解和尊重。若在沟通中无意冒犯他人，应勇于承认并真诚道歉，以化解矛盾并赢得尊重。尊重是团队合作的核心，当成员间彼此尊重和信任时，沟通会更顺畅，每个人都能充分发挥作用，提升团队效能，实现共同目标。

**信任**（trust）。信任是人际关系的基石，奠定了尊重和合作的基础。若无法信任他人的言行，又怎能确信他们的尊重是真诚的？信任是在长期互动中积累的，沟通质量比频率更关键。频繁接触并共同解决问题的人，能在日常相处中逐渐判断对方是否值得信赖。相反，偶尔寒暄的人难以建立深厚信任。面对面交流珍贵，因为它微妙地帮助人们决定是否信任对方。观察团队成员的就餐习惯能简单有效地了解信任关系。无论是人类还是动物，都会选择与信任的对象共餐。如果美术和程序团队各自用餐，工作衔接可能出问题；如果 Xbox 和 PS 团队互不往来，接口设计也难免出纰漏。因此，为团队创造更多聚在一起的机会，鼓励积极交流，即便话题与项目无关，也能增进了解和信任。广泛交流有助于学习如何相互信任。这也是游戏工作室选择开放式办公环境的原因。在开放空间中，团队成员能每天面对面交流，增进了解和信任，构建更高效、和谐的合作关系。

**坦诚**（honesty）。坦诚是稳固人际关系和高效团队合作的基石，就像信任金字塔的基础，支撑着尊重、舒适和成功合作。舒适源于尊重，尊重建立在信任之上，而信任的根基就是坦诚相待。如果一个人不够坦诚，无论与游戏设计和开发是否直接相关，这都会成为阻碍真诚交流的屏障，导致团队信息流通不畅，合作效率低下。时间久了，团队成员间会丧失信任，合作氛围变得紧张，不利于团队发展。游戏开发需要高度协作和创意碰撞，成员间需要坦诚沟通、分享想法、共同解决问题。虽有时为项目推进或情绪稳定，事实可能需要修饰，但这种"善意的谎言"要建立在成员感受得到你的真诚并相信最终会坦诚相待的基础上。坦诚是维系团队信任和合作的生命线。游戏开发过程中，应时刻牢记坦诚的重要，营造坦诚氛围，为项目成功奠定基础。即便需权衡利弊，也要把握尺度，确保成员感受到你的真诚和最终的坦诚意愿，以建立牢固信任，推动团队共同前进。

**私密**（privacy）。私密对话在团队中至关重要，因为坦诚不易实现。在公开场合，人们羞于展露自我，担忧批评。因此，一对一的私密谈话尤为重要。在这样的环境中，人们更易坦诚表达想法和感受。设计师可借此机会了解团队成员的真实想法和隐藏的顾虑。这种交流消除误解，增进理解和信任。更重要的是，私密谈话能建立良性循环：信任促进坦诚交流，坦诚交流深化信任。牢固的信任关系使成员乐于分享想法，勇于提出不同意见，促进深入讨论和优质设计方案产生。因此，设计师应积极促成一对一私密对话，保持真诚和尊重，认真倾听和鼓励坦诚表达。只有在充满信任和坦诚的氛围中，设计团队才能充分发挥智慧和创造力，创造出优秀作品。

**达成一致**（unity）。在设计过程中，多元化的意见碰撞是团队活力和创新的源泉，但最终目标是将这些声音融合成一个统一的方案。当团队对设计方案有分歧时，不应忽视或压制，而应视为优化方案和提升凝聚力的机会。首先，尊重每位成员的意见，特别是对某观点有强烈执念的成员，耐心倾听他们的想法，了解其背后的原因，并传达给其他成员。这种沟通和换位思考能消除误解，找到各方接受的平衡点。达成共识并不容易，某些分歧可能根深蒂固，但不能因此无视或逃避。团队如同精密仪器，任何部分失灵都会影响整体效能。正如汽车引擎中一个汽缸失灵会导致性能下降，团队中一个成员的意见不被重视会降低凝聚力，最终可能导致项目失败。因此，遇到难以调和的矛盾时，领导者应积极引导，以"如何让你融入进来？"为出发点，寻求包容性解决方案。记住，沟通的最终目标是达成一致，这需要耐心、理解和努力。

　　游戏设计与开发是一个充满挑战与艰辛的历程，除非拥有超凡的才能，并且项目规模相对较小，否则仅凭一己之力难以胜任。在游戏创作领域，团队的重要性远胜于创意本身，正如皮克斯动画工作室所言："一个平庸的团队会毁掉一个绝妙的创意，而一个卓越的团队则能够将一个平庸的创意化腐朽为神奇。"您或许认为团队合作与设计本身并无直接关联，如果团队成员怠于履行职责，那么团队的存在对设计师而言的确毫无意义。然而，游戏作为一项需要通力合作才能完成的作品，每个参与其中的人员都将对最终的设计成果产生潜移默化的影响。因此，作为一名优秀的游戏设计师，需要将团队中的每位成员都团结起来，凝聚共识，朝着共同的目标迈进，唯有如此，才能将设计理念最终落地生根，结出丰硕的果实。

## 思考与练习

　　本章全面系统地介绍了游戏策划文案中的多维度考量，包括美学、技术、情感和伦理等方面。在阅读本章内容后，可以从以下四方面进行深入思考与练习。

　　（1）策划文案的反推生成：选取几款热门游戏进行策划文案反推制作，分析它们的游戏结构框架，包括项目概述、市场分析、游戏设计、运营计划等部分。思考各部分之间的逻辑关系和呈现方式，如何更有效地传达游戏设计理念和吸引投资者。

　　（2）语言风格与受众定位：探讨不同游戏类型和目标受众对策划文案语言风格的要求。例如，面向儿童的游戏可能需要更加生动有趣的叙述方式，而面向硬核玩家的游戏则可能更注重技术细节和策略描述。练习撰写针对不同受众的策划文案片段。

　　（3）数据分析与市场调研：结合本章中提到的市场调研方法，设计一份针对你感兴趣的游戏类型的市场调研问卷。分析调研结果，并结合数据分析结果，撰写一份简短的市场分析报告，提出针对性的游戏设计建议。

　　（4）创意点子转化为文案：将自己的一个游戏创意转化为详细的策划文案。从游戏背景、核心玩法、角色设定、关卡设计到盈利模式，全方位地描述游戏构想。注意文案的条理性和可读性，确保能够清晰地向他人传达想法。

　　通过这些思考与练习，将更加熟练地掌握游戏策划文案的制作技巧，提升游戏策划能力。

第 9 章

# 游戏原型开发

## 9.1　游戏原型的重要性

### 9.1.1　什么是游戏原型

　　游戏设计原型是将抽象构思转化为具体体验的关键，其核心目标是快速验证创意，如同建筑师的设计草图，帮助开发者在早期阶段进行探索和验证。原型形式多样，从简单的纸笔涂鸦到复杂的软件模拟，只要能快速呈现游戏机制和核心玩法，都是有效的工具。创建原型有助于开发团队在实际开发前测试游戏机制、玩法、视觉效果和用户体验。原型保真度灵活，低保真如手绘草图，高保真如功能样本，各有优势。通过快速迭代和验证，团队能将最初的创意发展为成熟的游戏设计。

　　在开发早期，原型开发至关重要，帮助团队验证概念、测试机制、优化设计并获取反馈。不同原型有其适用场景：纸质原型适合早期构思和验证简单机制，数字原型用于测试复杂技术和高保真体验，视频原型直观演示概念和故事，交互原型则专注于用户界面和体验测试。灵活运用这些方法，团队能更高效、精准地开发游戏，确保最终产品满足设计目标和市场需求。

　　**纸质原型：**纸质原型是一种最简单、成本最低的原型形式，通常适用于初步构思和验证简单的游戏机制。开发者可以通过手绘图纸、卡片，以及其他简单的工具，快速构

图 9-1 纸质原型案例

建出一个基本的游戏框架。纸质原型非常适合桌游和策略性游戏的原型开发，因为这些类型的游戏通常依赖规则和策略，而非高保真度的视觉效果（见图 9-1）。例如，一个开发团队正在构思一款新的桌游，他们可以使用纸张和笔快速绘制游戏板、卡牌和角色。通过这种方式，团队可以轻松地调整和优化游戏规则、机制和流程，而不需要复杂的技术支持。纸质原型不仅能节省开发成本，还能在早期阶段快速验证游戏概念的可行性。纸质原型还具有高度的灵活性，开发团队可以轻松地添加或移除元素，进行快速迭代和修改。这种灵活性使得纸质原型成为早期创意阶段的首选工具，可以帮助团队在短时间内探索多种不同的设计方向。

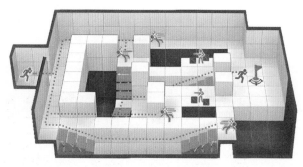

图 9-2 数字原型案例

**数字原型：** 数字原型是使用游戏引擎或其他开发工具创建的原型，能够更真实地模拟最终游戏的体验（见图 9-2）。数字原型通常适合需要测试复杂游戏机制、物理引擎或视觉效果的项目。这类原型能够提供更高的保真度，更接近最终产品的实际体验。例如，一个团队正在开发一款具有先进物理引擎的赛车游戏，他们可以使用 Unity 或 Unreal Engine 等专业的游戏引擎，创建一个简单的数字原型。通过这种方式，团队可以在早期测试车辆的物理行为、碰撞检测以及控制反馈。数字原型不仅能帮助团队验证和优化复杂的技术机制，还能为后期开发提供一个坚实的基础。数字原型还具有较高的可扩展性，可以随着开发进度逐步增加更多的功能和内容。例如，团队可以在初始原型的基础上，逐步添加更多的游戏关卡、视觉效果和音效，从而使原型逐步接近最终产品的状态。

**视频原型：** 视频原型是通过动画或视频的形式演示游戏概念和玩法，适用于视觉效果和故事情节为主的游戏。视频原型可以帮助开发团队和投资人快速直观地理解游戏的核心概念和吸引力，特别是在需要向外部展示项目的情况下。例如，一个团队计划开发一款剧情驱动的冒险游戏，他们可以通过动画或视频，展示游戏的主要角色、故事情节和关键场景。视频原型不仅能生动地传达游戏的核心概念，还能通过视觉效果和情感叙述，吸引潜在的投资人和合作伙伴。视频原型还具有较高的表现力，可以通过精心设计的动画和画面，传达复杂的故事情节和情感体验。例如，团队可以使用专业的动画软件，制作高质量的视频演示，展示游戏中的关键剧情转折和角色互动，从而帮助观众更深入地理解和感受到游戏的魅力。

**交互原型：** 交互原型是使用交互设计工具创建的原型，能够模拟用户界面和用户体验。交互原型对移动游戏和应用程序尤为重要，因为它能够在早期阶段测试应用的易用性和界面设计。这类原型通常使用专业的交互设计软件，如 Axure、Sketch 或 Figma 等。例如，一个团队正在开发一款新的移动游戏，他们可以使用 Figma 创建一个交互原型，模拟游戏的用户界面、菜单和导航。通过这种方式，团队可以在早期测试界面的易用性和交互逻辑，确保在正式开发前解决潜在的用户体验问题。交互原型不仅能提高用户界面的设计质量，还能减少后期的修改和返工。交互原型还具有高度的可操作性，团队可以通过真实的交互操作，测试和验证用户界面的各种功能和流程。例如，团队可以模拟用户在游戏中的操作路径，测试不同界面元素的交互响应和用户满意度，从而优化用户体验。

**混合原型：** 在实际开发过程中，团队通常会结合多种原型方法，形成一种混合原型，以更全面和高效地测试和优化游戏设计。例如，一个团队可能首先使用纸质原型快速构思和验证基本的游戏机制，然后转向数字原型测试复杂的技术细节，最后通过视频原型展示整体的游戏体验。这种混合原型的方法，可以综合利用各种原型形式的优势，提供更全面和高效的开发流程。例如，在开发一款复杂的 RPG 时，团队可以先使用纸质原型设计和测试游戏的主要规则和剧情分支，然后使用数字原型验证战斗系统和物理引擎，最后通过视频原型展示游戏的核心情节和视觉效果，从而确保各个方面的设计都能达到最佳状态。

知名游戏开发公司 Valve 在开发《传送门》（*Portal*）时，利用原型测试了"传送枪"的核心玩法。他们首先制作了一个简单的功能原型，测试了玩家在不同场景下使用传送门的体验。通过不断地测试和改进，团队最终优化了传送门的使用机制和游戏关卡设计，确保了游戏的创新性和可玩性。《愤怒的小鸟》（*Angry Birds*）在开发初期，同样利用了原型来测试游戏的弹射机制（见图 9-3）。通过简单的原型，开发团队能够迅速迭代和调整，最终找到了最佳的操作体验和物理反

图 9-3　《愤怒的小鸟》开发初期利用原型测试弹射机制

馈。这些早期的原型测试确保了游戏的直观性和易用性，使其能够吸引大量的玩家并取得巨大的成功。

游戏原型开发是一项关键性实践，是为开发团队提供了验证创意、节省资源、获取反馈和优化设计的重要工具（见图 9-4）。通过不同形式的原型开发，团队能够在实际开发之前充分测试和改进其设计，确保最终产品不仅符合设计初衷，还能满足市场需求和玩家期望。无论是简单的纸质原型还是复杂的数字原型，原型开发的核心都是快速迭代和验证，将原始的创意转化为成熟、吸引人的游戏设计。

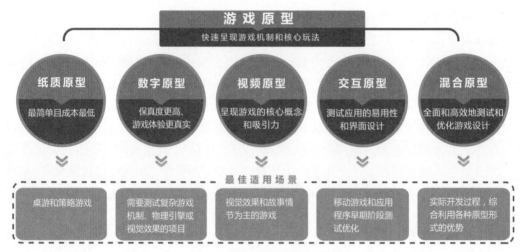

图 9-4　游戏原型类型分析图

### 9.1.2　快速验证创意

　　游戏开发中的创意往往是项目成功的核心。然而，一个新颖的创意能否真正吸引玩家、在市场上取得成功，这在初期是难以预料的。原型开发提供了一种快速验证创意的方法，使开发者能够在实际投入大量时间和资源之前，直接看到和体验到自己的创意。这种快速验证机制至关重要，尤其是对于创新性的游戏玩法和机制。

　　原型开发的一个关键优势在于，它能够在项目早期揭示潜在的问题和不足（见图 9-5）。如果没有原型，开发者可能会在开发中后期才发现一些关键问题，此时再进行修改不仅耗费巨大，还可能影响项目的整体进度。例如，一个开发团队可能有一个关于重力反转机制的创意，通过原型开发，他们可以快速创建一个简易的游戏场景，并在其中测试这个机制的实际游戏性和吸引力。这样，他们能在几天之内得到玩家的反馈，而不是在开发工作进行到一半时才发现这个机制并不符合玩家预期。

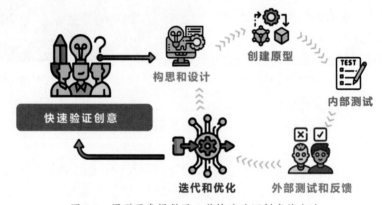

图 9-5　原型开发提供了一种快速验证创意的方法

　　具体来说，当开发团队有了一个新的创意时，他们可以通过以下五个步骤快速验证这个创意。

**构思和设计：** 首先，团队需要明确创意的核心概念和目标。例如，重力反转机制的核心是让玩家可以在游戏中随时改变重力方向，从而创造出独特的解谜和平台跳跃体验。团队需要详细设计这个机制的工作原理和应用场景。

**创建原型：** 接下来，团队使用简单的工具和技术创建一个基本的原型。这可以是一个纸质原型，用于模拟游戏场景和机制，也可以是一个数字原型，使用简单的游戏引擎或开发工具实现核心功能。在重力反转机制的例子中，团队可能会创建一个基本的关卡，玩家可以通过按键改变重力方向。

**内部测试：** 原型完成后，团队内部进行初步测试，验证创意的可行性和基本体验。通过内部测试，团队可以发现和解决一些明显的问题，如重力反转的控制是否直观、关卡设计是否合理等。

**外部测试和反馈：** 在内部测试的基础上，团队可以邀请一些外部玩家进行测试，收集更多样化的反馈。外部测试能够提供更真实的用户体验和意见，帮助团队进一步优化和改进创意。在这个阶段，团队可以通过问卷调查、访谈和观察玩家的游戏行为，深入了解玩家对重力反转机制的看法和体验。

**迭代和优化：** 根据收集到的反馈，团队对原型进行迭代和优化。这个过程可能会涉及调整机制的细节、修改关卡设计，甚至是重新考虑创意的实现方式。通过不断迭代，团队可以逐步完善创意，确保其在实际游戏中具有吸引力和可玩性。

通过原型的快速验证，开发团队可以确保他们的创意在早期就经过严格的测试和验证。即使是那些看似不切实际的创意，通过原型也可能发现新的可能性和创新点。例如，重力反转机制在初期测试中可能会发现一些意想不到的问题，如玩家在快速反转重力时容易迷失方向，或者关卡设计需要更加精细的平衡。通过这些反馈意见和建议，团队可以进一步优化机制，使其更加直观和有趣。

此外，原型开发还能激发团队的创造力和协作精神。在原型开发过程中，团队成员可以自由地提出和尝试各种创意和想法，不必担心失败的后果。这种开放和包容的环境有助于激发团队的创新潜力，推动项目不断向前发展。例如，在测试重力反转机制时，团队可能会产生一些新的想法，如结合时间控制、物理谜题等元素，进一步丰富游戏的玩法和体验。

原型开发还为项目的后续开发奠定了坚实的基础。通过原型，团队可以明确创意的核心要素和实现路径，为后续的详细设计和开发提供参考。例如，重力反转机制的原型测试可以帮助团队确定最佳的控制方式、物理引擎参数和关卡设计原则，从而提高后续开发的效率和质量。

在市场竞争日益激烈的今天，快速验证创意的重要性更加凸显。通过原型开发，团队可以在短时间内测试和验证多个创意，从中筛选出最具潜力和市场价值的方案。例如，一个团队可能同时有多个创意，包括重力反转机制、时间控制机制和多人合作机制。通过原型开发，他们可以快速测试这些创意的实际效果和玩家反馈，从而作出明智的决策，集中资源和精力开发最有前景的创意。

### 9.1.3　节约资源和迭代循环

在游戏开发中，一个糟糕的决策可能会导致资源的巨大浪费。无论是时间、人力还是资金，任何一个环节的失误都可能对项目造成严重影响。原型开发作为前期验证工具，能够显著降低此类风险。通过在开发早期识别出潜在问题，团队可以避免后期的返工和不必要的资源消耗，从而大幅度节约开发成本。

原型开发最大的优点之一在于其灵活性和快速迭代能力。通过不断地创建和测试简单的原型，开发者能够迅速找到最有效、最有创意的设计方案。原型还提供了一个有效的反馈循环机制。游戏开发是一个不断迭代和优化的过程，原型为开发者提供了一个平台，通过频繁地测试和修改，不断改进游戏设计。通过内部和外部的玩家测试，团队可以获得宝贵的反馈，并根据这些反馈进行调整（见图 9-6）。

图 9-6　原型开发优势分析图

#### 1. 避免后期返工

原型开发的一个显著优势在于，它能够在项目早期揭示和解决潜在问题，从而避免后期的返工。例如，一个团队计划开发一个大型多人在线游戏（MMO），通过原型，他们可以在早期测试核心的多人交互机制、服务器性能和网络延迟等问题。如果没有原型，团队可能会在开发后期才发现这些问题，导致项目的延误和成本的激增。MMO 游戏的开发涉及许多复杂的技术和设计挑战，如服务器架构、网络同步、玩家匹配和社交系统等。通过原型开发，团队可以在早期测试这些关键功能，识别和解决潜在的问题。例如，团队可以创建一个简化的原型，模拟多个玩家同时在线的场景，测试服务器的负载能力和网络延迟的影响。通过这些测试，团队可以发现并解决服务器性能瓶颈、网络同步问题和玩家匹配的优化需求，从而避免在后期开发中出现重大问题。

#### 2. 提高开发效率

原型开发不仅能节约开发时间和人力资源，还可以提高整体开发效率。在传统的开发流程中，团队通常在项目的中后期才进行详细的测试和优化，这往往会导致大量的返工和资源浪费。而通过原型开发，团队可以在早期阶段就进行频繁的测试和迭代，确保每个开发阶段的工作都是高效和有价值的。例如，一个团队计划开发一款具有复杂物理引擎的赛车游戏，通过原型开发，他们可以在早期测试物理引擎的性能和车辆控制的手感。团队可以创建一个基本的原型，模拟车辆在不同地形和速度下的运动，通过测试和调整，优化物理引擎的参数和控制逻辑。这种早期的优化工作可以显著提高后续开发的效率，避免在项目后期进行大规模的调整和修改。

### 3. 减少市场风险

原型开发还可以帮助团队减少市场风险，通过前期的测试和验证，更准确地预测游戏在市场上的表现，并调整开发策略，以提高成功的概率。游戏市场竞争激烈，一个成功的游戏不仅需要优秀的创意和技术支持，还需要准确把握市场需求和玩家偏好。通过原型开发，团队可以在早期阶段收集玩家的反馈和市场数据，从而更好地调整和优化游戏设计。例如，一个团队计划开发一款新类型的角色扮演游戏，他们可以通过原型测试不同的游戏机制和剧情设计，收集玩家的反馈和意见。团队可以创建几个不同的原型，分别测试不同的战斗系统、角色发展机制和剧情分支，通过玩家测试和数据分析，确定最受欢迎和具有市场潜力的设计方案。通过这种方式，团队可以在正式开发前优化游戏设计，减少市场风险，提高游戏的成功概率。

### 4. 资源优化配置

原型开发还可以帮助团队优化资源配置，通过前期的测试和验证，确定最有效和高效的开发方案。在游戏开发中，资源配置的合理性直接影响项目的进度和质量。通过游戏原型开发，团队可以在早期阶段识别和解决资源配置的问题，确保每个开发环节都能高效运作。例如，一个团队计划开发一款具有复杂 AI 系统的策略游戏，通过原型开发，他们可以在早期测试 AI 系统的性能和行为逻辑。团队可以创建一个基本的原型，模拟 AI 在不同策略和环境下的表现，通过测试和调整，优化 AI 系统的算法和资源使用。通过这种方式，团队可以在正式开发前确定最优的 AI 设计方案，避免在项目后期进行大规模的调整和优化，从而提高开发效率和质量。

### 5. 早期和频繁的反馈

与传统的开发流程不同，原型开发强调早期和频繁的反馈。游戏开发团队可以在项目的初期就创建一个基本的原型，并进行测试，这样可以及早发现和解决潜在问题。早期反馈不仅可以节省大量的时间和资源，还能确保项目始终朝着正确的方向前进。例如，一个团队正在开发一款新的平台跳跃游戏，他们创建了一个基本的游戏原型，以测试核心的跳跃机制。通过内部测试，团队成员可以迅速发现一些显而易见的问题，如跳跃高度不合理、控制不够灵敏等。而这种早期的反馈，可以帮助团队快速调整和优化游戏机制，提高整体的游戏体验。

### 6. 内部测试和快速迭代

内部测试是反馈循环的重要组成部分，通过内部测试，团队可以在原型的基础上进行频繁的迭代和优化。内部测试的优势在于，开发团队可以迅速获取反馈信息，并立即进行调整。这种快速的反馈循环，可以显著提高开发效率，确保每轮迭代都有实质性的改进和优化。例如，在平台跳跃游戏的开发过程中，团队可以通过内部测试反复调整跳跃机制的参数，如跳跃高度、速度和惯性等。每轮测试后，团队可以马上进行修改，并在下一轮测试中验证这些修改的效果。通过这种快速的反馈和迭代，团队可以不断优化游戏机制，使其逐步接近理想状态。

### 7. 外部测试和多样化反馈

除了内部测试，外部测试也是反馈循环中不可或缺的环节。外部测试的目标是获取更广泛和多样化的玩家意见，确保游戏设计不仅符合开发团队的预期，还能满足不同玩家的需求和偏好。通过外部测试，团队可以从实际玩家的角度了解游戏的可玩性和吸引力，发现一些在内部测试中可能忽略的问题。例如，在平台跳跃游戏的开发过程中，团队邀请了一些外部玩家进行测试。这些玩家的反馈显示，游戏的跳跃机制不够直观，他们希望能够更灵活地控制角色的跳跃距离。此外，一些玩家还提出了关于游戏关卡设计和难度平衡的意见。接收到这些反馈后，团队立即对跳跃机制进行了调整，并修改了一些关卡设计。在下一轮原型测试中，团队验证了这些修改的效果，发现游戏的可玩性和玩家满意度显著提高。

### 8. 不断优化和改进

通过反馈循环不断优化的过程，使得游戏在开发的每个阶段都能朝着更完善的方向进步。每轮的反馈和迭代，都是一次对游戏设计的校正和优化。最终，开发者能够确保推出的游戏不仅符合设计初衷，还与玩家的期望高度一致。例如，在平台跳跃游戏的开发过程中，通过多轮反馈和迭代，团队不断优化跳跃机制、关卡设计和游戏平衡。在每轮测试中，团队都能够获取新的反馈，并根据这些反馈进行相应的调整。最终，团队推出的游戏得到了玩家的高度评价，获得了广泛的市场认可。

反馈循环不仅是一个开发过程中的技术手段，还是一种团队文化的体现。通过建立和维护持续的反馈循环，开发团队可以形成一种积极和开放的工作氛围，鼓励每位成员提出改进建议并参与迭代优化。这种文化有助于提升团队的整体创造力和协作精神，推动项目不断优化。例如，在平台跳跃游戏的开发过程中，团队可以定期举行反馈会议，所有成员都可以自由发言，提出自己的见解和建议。通过这种开放和包容的文化，团队能够充分利用每位成员的智慧和经验，共同解决问题、优化设计。

通过持续的反馈循环开发，团队还可以更加灵活地应对市场变化和玩家需求的变化。在快速变化的游戏市场中，玩家的需求和偏好可能会迅速变化。通过持续的外部测试和反馈，团队可以及时了解市场动态，调整开发策略，确保游戏始终保持市场竞争力。例如，在平台跳跃游戏的开发过程中，通过外部测试，团队发现市场上越来越多的玩家喜欢具有社交和多人互动元素的游戏。基于这些反馈，团队决定在游戏中加入一些多人合作和竞争的机制，提高游戏的社交互动性和吸引力。通过这种灵活的调整，游戏得以更好地满足市场需求，增加了成功的概率。

## 9.2　高效率研发技巧

众所周知，优秀的原型制作对高质量的游戏开发是至关重要的。以下的这些技巧能有助于为你的游戏做出最棒且最有用的原型（见图 9-7）。

图 9-7　原型制作技巧

### 1. 原型制作技巧 1：回答一个问题

每一个原型都应该是为了回答一个问题而设计的，有时候会为了回答多个问题而设计。设计师应该能清晰地陈述出这些问题。假如做不到这样，那这个原型就真的很危险了，它很可能只是一项浪费时间的无用功。一个原型可能会回答以下的问题。

从技术角度来看，在一个场景里能支持多少运动的角色？

核心的游戏玩法有趣吗？它能长时间保持有趣吗？

从美感上来说，角色和背景设定相互符合吗？

这个游戏需要多大一个关卡？

要抵制住把原型做得过分精致的诱惑，把注意力只放在关键的问题上，点到即止则可。

### 2. 原型制作技巧 2：忘掉质量

任何一类游戏开发者都有着一个共同特征：他们对自己做出来的东西都很在意，希望能做得尽可能好。于是自然而然地，很多人觉得做出一个"快捷简陋"的原型和他们的理念完全格格不入。结果美术人员会把大部分的时间都花在前期的概念草图上，程序员会把过多的时间花在一段必定丢弃的代码上。当制作原型时，唯一要关心的是它能不能回答最初设定的问题。即使最终出来的原型看起来很粗糙简陋几乎不能算作是作品，但只要能快速回答那些问题就很好了。事实上，对原型进行精心打磨可能会让事情变得很糟。相比于精心打磨过的原型，那些看起来粗糙简陋的原型会更容易让玩家测试人员（和其他同事）发现其中的问题。之所以做原型就是因为原型可以帮助设计师找出问题并尽早解决问题，而一个精心打磨的原型实际上会隐藏真正的问题，这样就破坏了制作原型的初衷。倘若制作的原型能回答最初设定的问题，那即使它看起来很糟，结果也会变得越好。

### 3. 原型制作技巧 3：学会抛弃

在创作过程中，常常会陷入"完美主义"的陷阱，尤其对于倾注了大量心血的初版作品，更难以割舍。但正如作家安妮·拉莫特所说："你必须写出糟糕的初稿，才能写出

图 9-8　英文原版《人月神话》

好的作品。"这句话同样适用于原型设计领域。正如软件开发大师弗雷德·布鲁克斯[1]在《人月神话》中提到的，第一个版本往往只是探索"正确"方向的垫脚石（见图 9-8）。事实上，为了最终找到最佳方案，很可能需要推翻、迭代许多个版本。每次的推翻重建，都是一次宝贵的学习机会，它帮助设计师更清晰地了解用户的需求，也让游戏设计师对最终产品的形态有更精准的把握。雕塑家罗丹所说："雕塑的过程，就是不断去除多余部分的过程。"原型设计也是如此，需要不断审视，哪些部分是真正不可或缺的，哪些部分可以优化，哪些部分需要彻底舍弃。这个过程或许会伴随着痛苦和纠结，但请记住，所做的每次"减法"，都是为了让最终的产品更加完美。

## 4. 原型制作技巧 4：设定优先级

在开发过程中，识别和管理风险是确保项目成功的关键步骤。当列出所有潜在风险后，会发现需要通过多个原型来降低这些风险。然而，在开始制作原型之前，必须为每个原型设定优先级，以便首先解决最具威胁的风险。设定优先级的过程需要仔细考虑每个原型的潜在影响和相互依赖关系。如果某个原型的结果可能使其他原型的开发变得不再必要，那么这个具有"上游"影响的原型就应该被赋予最高优先级。通过优先处理这些关键原型，可以有效减少不必要的工作，节省时间和资源。在设定优先级时，还需评估每个原型的复杂性、开发成本和预期收益。优先选择那些既能最大限度降低风险，又能在短时间内提供有价值反馈的原型进行开发。这样不仅能提高团队的工作效率，还能确保项目朝着正确的方向发展。

## 5. 原型制作技巧 5：高效并行开发

在产品开发过程中，同时开发多个原型是一种节省时间且提高效率的策略。通过并行开发，团队可以同时进行多方面的探索和验证，从而加速迭代和改进。在一个多学科的团队中，不同的成员可以专注于各自领域的原型制作。系统工程师可以专注于技术原型，以解决技术可行性的问题；美术团队则可以开发视觉原型，确保美术风格符合项目预期；同时，游戏设计人员可以创建玩法原型，测试游戏机制的趣味性和可操作性。这种多线并进的方式允许团队同时解决多个关键问题。通过设立多个小型独立的原型，团队能够更快地获取反馈，回答诸如"技术是否可行？""美术风格是否符合预期？""玩法机制是否有趣？"等核心问题。并行开发的最大优势在于其灵活性和快速响应能力。通过

---

1　弗雷德·布鲁克斯（Fred Brooks）是一位著名的计算机科学家，在计算机体系结构、操作系统和软件工程领域有着重要贡献。他曾获得 1999 年图灵奖，是美国国家科学院院士。

尽早发现设计上的缺陷，团队可以及时进行调整，避免后期可能出现的大规模修改。这不仅有效缩短了开发周期，还提升了整体开发效率。

### 6. 原型制作技巧 6：纸质原型

在原型开发中，快速迭代和频繁测试是关键。虽然软件原型是常见的选择，但并非所有原型都必须是电子版的。事实上，非电子版原型可以提供一种快速而有效的方式来测试和验证概念。如果有一个独特的视频游戏创意，不妨尝试将其转化为简单的桌面游戏或"纸上原型"。这种方法的优势在于制作速度快，并且能够直观地展示游戏玩法，从而迅速发现问题。原型制作的核心在于识别和解决问题，而纸上原型能够显著节省时间，尤其是对于回合制游戏而言。例如，《卡通城在线》的回合制战斗系统最初就是通过桌面游戏原型化的。在纸上追踪角色的生命值，反复测试和调整攻击和连锁技能的平衡性，直到游戏机制达到理想状态，才开始编写代码。即使是即时制游戏，也可以通过纸上原型进行测试。可以将游戏的一部分转化为回合制模式，保持核心玩法不变。通过让不同的人扮演 AI 角色和其他玩家，可以模拟游戏环境。以《俄罗斯方块》为例，可以剪出小卡片块并让它们在纸板上滑动，模拟下落和消除过程。虽然这并不完美，但足以测试形状和下落速度，只需五分钟即可完成（见图 9-9）。

图 9-9　《俄罗斯方块》纸质原型

### 7. 原型制作技巧 7：快速循环游戏引擎

在传统的软件开发过程中，调整和测试代码往往就像烤面包一样耗时：编写代码、编译并链接、运行游戏，找到需要测试的部分，然后返回第一步重新开始。这个反复的流程对大型游戏项目来说尤其冗长。如果测试结果不如预期，那就只能从头再来。通过选择一个支持即时脚本修改的游戏引擎，可以在游戏运行过程中调整代码，整个过程更像是用黏土进行雕塑。可以持续迭代和修改，流程变得灵活流畅：运行游戏，找到需要测试的部分，进行测试，编写代码，再进行测试。这种方式能够显著加快开发周期，提高游戏质量。使用支持动态修改的脚本语言，如 Scheme、Smalltalk 或 Python，可以每天执行更多次的迭代测试。如果担心这些语言的性能问题，可以采取混合编程的策略：对于游戏中不经常改动的底层部分，使用速度快的静态语言如 C 语言或汇编语言来编写；对于需要频繁调整的上层接口，使用较慢但灵活的动态语言。这种组合可能需要一定的技术实现，但它充分利用了快速迭代的优势，是值得的。

### 8. 原型制作技巧 8: 创造玩具

定义玩具和游戏之间的区别时,可以这样理解:玩具本身具有趣味性,而游戏则通常包含目标和丰富的体验。然而,对许多游戏而言,它们的起点往往是一个有趣的玩具。例如,一个简单的球可以被视作玩具,而一项包含规则和目标的篮球比赛则是游戏;一个在屏幕上奔跑跳跃的角色是游戏的元素,但在《大金刚》中,它更像一个玩具。在设计游戏时,首先确保那些核心玩具元素本身就好玩。在构建这个基础"玩具"时,它常常会启发设计师产生一系列新的游戏创意和玩法。《侠盗猎车手》最初并不是现在呈现的样子,它始于一个令人愉悦的城市"玩具",这个城市的设计灵感甚至来源于经典游戏《吃豆人》,城市的警察角色借用了幽灵的概念,而玩家的车犹如吃豆人那样在其中穿梭(见图 9-10)。

图 9-10 《侠盗猎车手》始于"玩具"

通过构建一个有趣的玩具,能在两个层次上提升游戏的趣味性。首先,这种设计方法强调的是玩具自身的吸引力,然后进一步让玩法围绕玩具的趣味性进行设计,从而确保游戏的各个层面和谐共生。问自己下面的问题来检验设计的玩具基础。

如果去掉目标,游戏依旧有趣吗?如果不有趣,该如何调整?

玩家在不明确玩法时,是否会自发地想与游戏互动?如果不是,该如何改变?

在设计原型时有两种方法可以运用玩具理念。其一是在现有游戏中增加玩具特性,提升游戏的操作趣味;其二是在游戏未成形时大胆试验新的玩具概念。后者虽有风险,但在没有框架限制的情况下,它能激发出无法在其他情境下想象的惊人创意。

## 9.3 AIGC 快速开发游戏原型

### 9.3.1 提升效率

游戏开发者们正逐步将 AIGC 应用于原型制作的各个环节。这些技术不仅提升了开发速度,降低了开发成本,还显著提高了迭代效率和创意探索的能力。

在游戏开发过程中,时间往往是最宝贵的资源之一。AIGC 工具能够显著加快美术、音效和关卡设计的生成速度。例如,GANs 可以在极短时间内生成高质量的图像,这使得游戏美术设计的初期工作变得更加高效。传统的美术设计需要耗费大量时间进行手工绘制,而 GAN 技术可以通过学习大量已有的图像数据,快速生成符合游戏风格的美术资源,从而大大缩短了开发周期(见图 9-11)。

PCG 技术也在关卡设计中发挥了重要作用。PCG 技术能够根据设定的规则和参数，快速生成大量随机关卡。这不仅提高了关卡设计的效率，还增加了游戏的可玩性和多样性。开发者们可以在短时间内生成多个不同的关卡，并对其进行测试和优化，从而更快地完成游戏原型的制作。

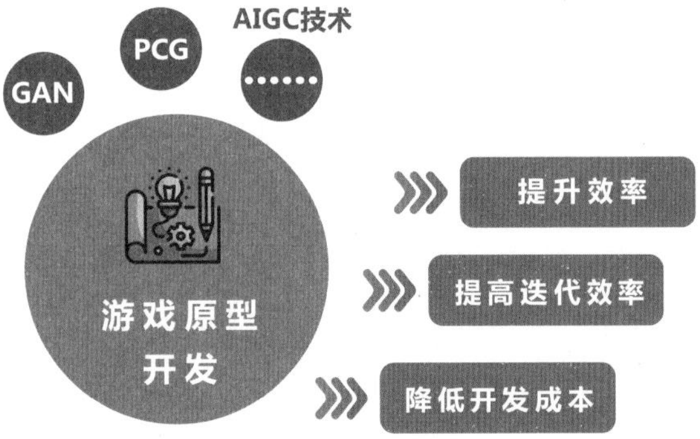

图 9-11　AIGC 快速开发游戏原型分析

### 1. 美术资产生成

GANs 等深度学习技术能够在极短时间内生成高质量的图像和纹理。例如，开发团队可以使用 StyleGAN 等工具快速生成大量的角色肖像、环境纹理或道具图像。这些工具不仅能生成逼真的图像，还可以根据输入的文本描述或参考图像生成符合特定风格的内容。

在游戏原型阶段，开发团队可以利用这些工具快速生成大量的视觉概念，用于探索游戏的视觉风格和美术方向。例如，团队可以在几分钟内生成数百个不同风格的角色设计，然后从中选择最适合游戏概念的几个进行进一步开发。这大大缩短了传统手绘概念图所需的时间。

### 2. 3D 模型生成

AIGC 技术还可以用于快速生成 3D 模型。例如，基于深度学习的 3D 模型生成工具可以从 2D 图像或简单的文本描述中创建复杂的 3D 模型。这对于快速创建游戏环境、角色或道具模型非常有用。在原型阶段，开发团队可以使用这些工具快速生成游戏所需的基本 3D 资产，而不需要花费大量时间进行手动建模。这使团队可以更快地将游戏概念可视化，并进行早期的游戏性测试。

### 3. 音效和音乐生成

AIGC 技术在音频生成方面也取得了显著进展。AI 作曲工具可以根据指定的风格、情绪或参考曲目快速生成原创音乐。同样，AI 音效生成工具可以创建各种环境音效、角色声音和特效音。在游戏原型阶段，这些工具可以帮助开发团队快速为游戏场景配置临时的音乐和音效，从而更好地呈现游戏的氛围和感觉。例如，团队可以在几分钟内生成多个不同风格的背景音乐，用于测试哪种音乐最适合游戏的特定场景或关卡。

### 4. 关卡生成

PCG 技术能够快速创建大量随机但结构合理的游戏关卡。这些工具可以根据预设的规则和参数自动生成地形、建筑布局、障碍物分布等。在原型阶段，PCG 工具可以帮助开发团队快速生成多个测试关卡，用于验证游戏机制和难度曲线。例如，对于一个通过使用这些 AIGC 技术，游戏原型开发的速度可以大幅提升。开发团队可以在更短的时间内创建更多的内容，从而更快地验证游戏概念、测试游戏机制，并向利益相关者展示游戏的潜力。

## 9.3.2　降低开发成本

游戏开发是一项复杂且昂贵的工程，尤其是在美术、音响和关卡设计方面，往往需要投入大量高技能劳动力。AIGC 技术的引入，极大地减少了对这些高技能劳动的依赖，从而降低了整体开发成本。例如，音效生成工具能够自动生成各种游戏音效，免去了雇佣专业音乐制作人的费用。这不仅节省了成本，还使得开发团队能够更灵活地调整和优化音效设计。

在美术设计方面，GAN 技术可以生成各种风格的角色和场景设计，减少了对专业美术设计师的需求。开发团队可以利用这些自动生成的素材进行快速原型制作，并在此基础上进行进一步的修改和完善。这种方式不仅降低了人力成本，还提高了设计的灵活性和效率。

### 1. 减少人力需求

自动化内容生成减少了对高技能劳动力的依赖。在传统的游戏开发中，创建概念图、3D 模型、音乐和关卡设计等工作通常需要雇佣专业的美术师、3D 建模师、音乐制作人和关卡设计师。而使用 AIGC 技术，一个较小的团队甚至是单个开发者就可以生成大量的初始内容。例如，一个独立游戏开发者可以使用 AI 图像生成工具创建游戏的视觉风格，使用 3D 模型生成工具创建基本的游戏资产，使用 AI 音乐生成工具创作背景音乐，并使用 PCG 工具生成游戏关卡。这极大地降低了游戏原型开发的人力成本。

### 2. 减少外包需求

在游戏原型阶段，开发团队经常需要外包一些专业工作，如音乐制作或特定类型的美术创作。使用 AIGC 技术可以减少甚至消除这些外包需求。例如，AI 音效生成工具可以创建各种环境音效和特效音，无须聘请专业的音效设计师。

### 3. 降低软硬件成本

某些 AIGC 工具可以减少对昂贵软硬件的依赖。例如，使用基于云的 AI 图像生成服务可以减少对高性能图形工作站的需求。同样，使用 AI 辅助的 3D 建模工具可以减少对专业 3D 软件许可的需求。

### 4. 减少返工成本

在游戏原型阶段，设计变更是常见的。使用 AIGC 技术可以快速生成新的内容或修改现有内容，减少了因设计变更而产生的返工成本。例如，如果需要改变游戏的视觉风格，使用 AI 图像生成工具可以快速创建新的概念图和纹理，而无须重新聘请概念艺术家。

通过降低这些成本，AIGC 技术使得更多的独立开发者和小型团队能够进行游戏原型开发，增加了游戏行业的创新机会。同时，它也使得大型开发团队能够更经济地探索多个游戏概念，提高了资源利用效率（见图 9-12）。

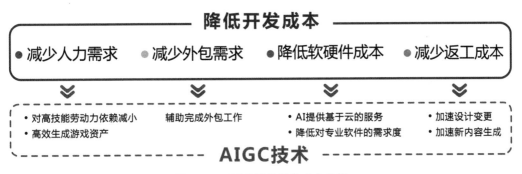

图 9-12　AIGC 降低开发成本分析

### 9.3.3　提高迭代效率

游戏开发是一个不断迭代和优化的过程，快速生成和修改内容的能力对于开发团队来说至关重要。AIGC 技术支持快速生成和修改内容，使得开发团队能够进行频繁的测试和迭代。例如，通过 PCG 技术生成的关卡，开发人员可以迅速将其添加到游戏中进行测试，并根据测试结果进行调整。这种快速迭代的能力，使得开发团队能够更快地发现和解决问题，从而提高了整体开发效率。AIGC 技术还支持自动化的内容调整和优化。例如，基于玩家反馈的数据，AIGC 工具可以自动调整游戏难度、优化关卡设计，甚至生成新的游戏内容。这种自动化的迭代过程，不仅提高了开发效率，还增强了游戏的可玩性和用户体验。

#### 1. 快速生成测试内容

使用 AIGC 工具，开发团队可以快速生成用于测试的游戏内容。例如，通过 PCG 工具生成的关卡可以立即添加到游戏中进行测试。这使团队能够在很短的时间内测试多个不同的关卡设计，快速找出哪些设计更有趣、更具挑战性。同样，对于角色设计，团队可以使用 AI 图像生成工具快速创建多个角色变体，并将它们集成到游戏中进行测试。这种快速生成和测试的能力使得团队可以在短时间内探索更多的设计可能性。

#### 2. 快速调整和优化

基于测试结果，AIGC 工具允许开发团队快速调整和优化内容。例如，如果测试显示某个 AI 生成的关卡太难或太容易，开发者可以调整 PCG 算法的参数，立即生成新的、经过调整的关卡版本。对于视觉内容，如果测试显示某个角色设计不够吸引人，团队可以使用 AI 图像生成工具快速创建新的变体，或者调整现有设计。这种快速调整的能力大大提高了迭代效率。

#### 3. 支持 A/B 测试

AIGC 技术使得进行大规模 A/B 测试变得更加容易。开发团队可以快速生成多个版本的游戏内容（如不同风格的美术、不同难度的关卡等），然后将这些版本随机分配给测试玩家，收集反馈数据。这种大规模、快速的 A/B 测试能力使得团队可以基于数据作出更明智的设计决策。例如，团队可以测试多种不同的视觉风格，看哪种风格最受目标玩家群体的欢迎。

#### 4. 促进跨学科合作

AIGC 工具的易用性使得不同专业背景的团队成员都能参与到内容创作中来。例如，一个程序员可以使用 AI 图像生成工具创建初步的视觉概念，然后与美术团队讨论和优化。这种跨学科合作可以加速创意过程，提高团队整体的迭代效率。

#### 5. 支持持续集成和部署

AIGC 技术可以与持续集成和部署（CI/CD）系统集成，实现自动化的内容生成和更新。例如，每次代码提交后，CI/CD 系统可以自动触发 PCG 工具生成新的游戏关卡，并将其集成到最新的游戏构建中。这使开发团队可以更频繁地进行测试和迭代。

通过提高迭代效率，AIGC 技术使得游戏原型开发变得更加敏捷和灵活。团队可以更快地验证设计假设，更快地响应反馈，从而在有限的时间和资源内创造出更优秀的游戏原型（见图 9-13）。

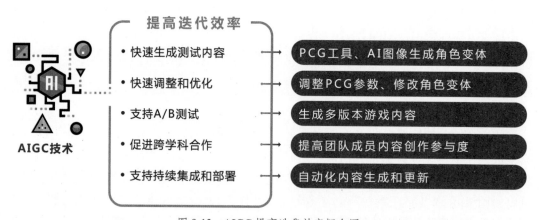

图 9-13　AIGC 提高迭代效率概念图

## 9.4　测试与评估

游戏测试作为软件测试的一部分，它具备了软件测试的所有特性：测试的目的是发现软件中存在的缺陷。测试需要测试人员按照产品行为描述来实施。产品行为描述可以是书面的规格说明书、需求文档、产品文件、用户手册、源代码或是工作的可执行程序。

### 9.4.1　游戏测试特性

游戏测试作为软件测试的一部分，它具备了软件测试的一切特性。

（1）测试的目的是发现软件中存在的缺陷。

（2）测试都是需要测试人员按照产品行为描述来实施。产品行为描述可以是书面的规格说明书、需求文档、产品文件或是用户手册、源代码、工作的可执行程序。

（3）每种测试都需要产品运行于真实或是模拟环境之下。

（4）每种测试都要求以系统方法展示产品功能，以证明测试结果是否有效，以及发现其中出错的原因，从而让程序人员进行改进。

测试就是发现问题并进行改进，从而提升软件产品的质量。游戏测试也具备了以上的所有特性，不过由于游戏的特殊性，游戏测试主要分为两部分，一是传统的软件测试，二游戏本身的测试。由于游戏特别是网络游戏，是一个网上的虚拟世界，是人类社会另一种方式的体现，也包含了人类社会的一部分特性。同时它又是游戏，还涉及娱乐性、可玩性等独有特性，所以测试范围相当的广。一般称为游戏世界测试，主要有以下三个特性。

**游戏情节的测试，**主要指游戏世界中的任务系统的组成，有人也称为游戏世界的事件驱动，笔者喜欢称为游戏情感世界的测试。

**游戏世界的平衡测试，**主要表现在经济平衡，能力平衡（包含技能，属性等），保证游戏世界竞争公平。

**游戏文化的测试，**如整个游戏世界的风格，是中国文化主导，还是日韩风格等，大到游戏整体，小到 NPC 对话，如一个小家闺秀，她的对话就会比较拘谨（见图 9-14）。

很多人有这样一个观点："在游戏开发完成后，再进行测试。"这种观点有悖于软件开发的生命周期，游戏产品缺陷的发现必须是越早越好，这样才可以有效规避风

图 9-14　中国文化为主导的《仙剑奇侠传 七》

险，而在"最后进行测试"的测试观念的指导下，测试工作必将会产生很多问题，这种观念的错误在于：他们认为测试工作只发生在"测试阶段"。通常，到了测试阶段，测试的主要任务是运行测试，形成测试报告。而想要提高游戏的质量，则必须使测试较早介入，如测试计划、测试用例的确定以及测试代码的编写等都是要在更早的阶段进行。如果把测试完全放在最后阶段，就错过了发现构架设计和游戏逻辑设计中严重问题的最好时机。到最后阶段想要再修复这些缺陷将很不方便，因为缺陷已经扩散到系统中，所以这样的错误将很难寻找与修复，并且修改的代价也会更高。

要了解如何测试游戏必须了解如何做游戏，了解它的整个开发过程，只有这样才能真正地测试好游戏。其基本的必要条件有三个，分别为想象力（vision）、技术（technology）和过程（process），这三个条件缺一不可（见图 9-15）。

想象力是对游戏还没有实现部分的整体把握，前瞻性的理解与策略的考量。有了想象力，如果没有技术，则各种美妙的想法只能停留在虚无缥缈的阶段，通过技术来实现想象力。有了想象力作为指导和技术作为保证，也不一定能够把好的想法转换成高质量

的游戏。要创造高品质的游戏，尚缺重要的一环，即过程，制作游戏是一个长时间的动态过程。游戏产品的质量则是要靠动态过程的动态质量来进行保证。过程由很多复杂的相互牵制的环节与部件组成，如果任意的环节或者是部件出了问题都会对最终的产品的质量有所影响。因此对这个动态的过程，一定要有规划与控制，以保证按部就班，按质按时完成工作。

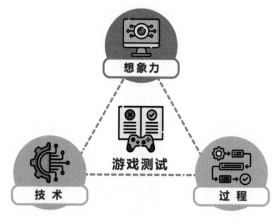

图 9-15　测试好游戏的基本必要条件

### 9.4.2　游戏测试与开发过程的关系

CMM（capability maturity model）软件成熟模型，大家都比较熟悉了，但在实施的过程中却存在这样那样的问题，对于游戏开发就更没有一条固定的路可以讲了。开发团队是具有较长开发周期的游戏开发团队，对游戏开发有着很深的认识，游戏的开发过程实际上也是软件的开发过程，不过是特殊的游戏软件开发过程，各个生命周期还是相通的。所以，这里总结出一套以测试作为质量驱动的、属于自己的开发过程。图 9-16 所示为游戏的迭代式开发过程。

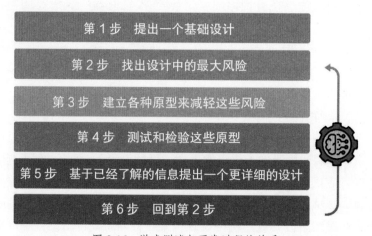

图 9-16　游戏测试与开发过程的关系

由于网络游戏的生命周期也是半年至一年左右，因此采用迭代式的开发过程，既可以适应网络游戏本身这种长周期的开发，又可以利用 RUP 迭代式开发的优点与 CMM 的里程碑控制，从而使游戏产品的全生命周期得到保证。

在游戏开发过程中，通过对软件的需求来进行分析的阶段会逐渐被策划所代替，但它们起的作用却是一样的，明确游戏的设计目标（包括风格、游戏玩家群），游戏世界的组成，为后期的程序设计、美工设计、测试提出明确的要求。由于开发是一个阶段性过程，测试与开发的结合就比较容易，通常测试工作与游戏的开发工作是同步进行的。每个开发阶段中测试都进行了参与，能够深入了解到系统整体与大部分的技术细节，从而从很大程度上提高了测试人员对问题判断的准确性，并且可以有效地保证游戏系统的稳定。

测试过程分成五个阶段，下面具体描述包括哪些内容（见图 9-17）。

# 测试过程的 5 个阶段

**1** 测试的时间分配　**2** 测试的人员安排　**3** 测试的内容清单　**4** 测试的结果汇报　**5** 开发的进度调整

图 9-17　测试过程的 5 个阶段

**测试的时间分配：**测试时间如何分配会直接影响到开发的进度，它包含测试时间、测试结果汇总时间以及修改错误的时间等几个部分。一般来说，开发人员认为只有测试时间才是需要分配的，其实合理的安排测试总结和修改 bug 等工作也需要进行时间的分配，因为这些往往也是占用时间较多的工作。如果不进行测试情况汇总，项目管理者就无法弄清到底是哪些部分出了问题；不马上对发现的问题进行修改就会导致更多问题的产生。所以，定期测试、发现问题、解决问题才是最合理的，把整个开发周期划分为几个阶段定期测试是对产品质量的保障。科学安排测试的时间能够用最少的代价解决最多的问题，否则把测试都堆积在最后的结果只会是一团糟。

**测试的人员安排：**测试人员的选择和调配对游戏来讲是非常关键的。测试人员尽量不要选择游戏的开发人员，只有对游戏没有任何了解的人才能真正发现程序或设计中的问题，虽然他可能对程序和游戏设计一点都不懂。如果能有一支专门的测试队伍当然是最好的，在经费和人员实在紧张的情况下把其他非开发部门的人借调一下也不失为一个好办法。

**测试的内容清单：**这部分要求测试方案设计人员需要精心的考虑计算，尽量把测试内容精确到操作级。意思就是说最好细化到某测试人员点击鼠标几百次这种程度，因为测试人员是对游戏内容一点都不了解的，只有把任务全都明确后才可以得到预期的效果。只规定某人去玩这个游戏然后给予反馈是不负责任的做法。要明确每个测试人员的工作，用测试表格的形式来填写测试报告、签字并写清楚测试时间，才算是合格的测试方案。

**测试的结果汇报：**最终测试报告汇总上交后，策划人员要对全部方案进行评估并分类，把测试中发现的问题进行优先级的划分然后反馈给相关部门。问题特别严重的要敢于要求返工，任何一点小问题也不能放过，严格的测试才能带来高质量的游戏产品，这个法则不仅适合于游戏，也适用于其他任何产业。

**开发的进度调整：**要将由于测试发现的问题对进度的影响及时反馈给上级领导，然后马上更新项目进度表，并注明更改原因。因为开发进度的调整关系到很多部门的工作，所以最好在早期设计进度时就把测试时间预算进去，但实际上大多数情况下开发进度的变化是非常频繁的。如何修整进度但还不影响游戏完成的最终时间，对于任何项目管理人员来说都是一个挑战。

测试方案一旦确立，就只剩下烦琐和枯燥的机械工作了。测试是最痛苦的，但没有经过测试的游戏不可能成为产品，这也是国内大多数游戏因为要赶工期而 bug 频出的原因所在。科学制订测试方案并协调好各部门之间的进度，对任何一个项目来说都是至关重要的事情，对于刚入门的游戏设计师来说，学会写测试方案也是必修的课程之一。

### 9.4.3　游戏测试方案

下面先了解两个测试名词"黑盒测试"和"白盒测试"（见图 9-18）。

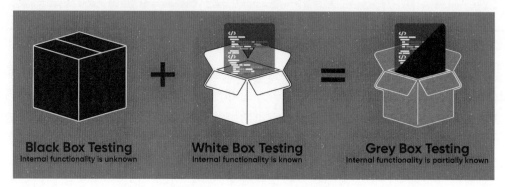

图 9-18　黑盒测试和白盒测试

黑盒测试也称功能测试，它是通过测试来检测每个功能是否都能正常使用。在测试中，把游戏程序看作一个不能打开的黑盒子，在完全不考虑程序内部结构和内部特性的情况下，在程序接口进行测试，它只检查程序功能按照需求规格说明书的规定是否可以正常使用，程序能否适当地接收输入数据并产生正确的输出信息。黑盒测试着眼于程序外部结构，不考虑内部逻辑结构，主要针对软件界面和软件功能进行测试。黑盒测试是以玩家的角度，从输入数据与输出数据的对应关系出发来进行测试。很明显，如果外部特性本身设计有问题或规格说明有误，用黑盒测试方法是发现不了的。

白盒测试又称结构测试、透明盒测试、逻辑驱动测试或基于代码的测试。白盒测试是一种测试用例设计方法，盒子指的是被测试的软件，白盒指盒子是可视的，测试人员清楚盒子内部的东西以及里面是如何运作的。"白盒测试"法全面了解程序内部逻辑结构、对所有逻辑路径进行测试。

基于黑盒测试所产生的测试方案属于高端测试，主要是在操作层面上对游戏进行测试；白盒测试所产生的测试方案属于低端测试，是对各种设计细节方面的测试。黑盒测试中不需要知道里面是如何运行的，也不用知道内部算法如何设计，只要看游戏中的战斗或者情节发展是否按照要求进行就可以了。这种测试可以找一些对游戏不是很了解的玩家来进行，只要告诉他们要干什么，最后达到什么样的效果，并记录下游戏过程中所出现的问题就可以了。而白盒测试就需要知道内部的运算方法，如 A 打 B 一下，按照 A 和 B 现在的状态应该掉多少血之类都应当属于这种测试。白盒测试需要策划人员自己来完成，因为内部的算法只有开发人员自己才清楚，而且策划是最容易发现问题并知道如何解决该问题的人。由于测试的工作量巨大，合理安排好测试和修正 bug 的时间比例就显得十分重要了，否则很容易出现发现了问题却没有时间修改或者问题堆在一起无法解决的情况。

在测试方案中，设计人员要根据需要把黑盒测试、白盒测试有效结合在一起，并且按照步骤划分好测试的时间段。根据游戏开发的过程，测试大致可以分成单元测试、模块测试、总体测试和产品测试几个部分。单元测试一般集中在细节部分，主要是在游戏引擎开发阶段对引擎的构造能力和完善性进行检测。该部分的工作要求细致严谨，因为任何一点小的纰漏都可能在后期导致大量的 bug 出现。这时要求程序开发人员与策划人员达到无隔阂的交流，策划人员要清楚该引擎任何一个功能单元的使用方法和效果，这样才能够保证测试过程中能及时发现问题并指出问题的所在。

模块测试是在游戏开发进程中按照阶段进行的，每当一个模型产生后就需要对该部分进行一次集中测试，从而保证系统的稳定和完善。模块之间的接口测试也属于该部分的工作，即各个游戏模块之间如何实现过渡，数据如何进行交换都要进行严格的测试。往往在模块内部测试时一切正常，把模块拼装在一起后反而问题百出，这就需要在阶段性模块测试中及时解决。总体测试是属于比较高级别的测试，在游戏的 Demo 基本完成后，要从宏观上把整个游戏合在一起，这就要求测试人员有控制整体进度的能力。最终的产品测试是游戏质量保证的最后一道关卡，要求大量的非开发人员对游戏进行"地毯式轰炸"。产品测试往往也会伴随一些市场活动，这就不是这里要讨论的范畴了。

## 9.4.4　游戏策划与测试计划

测试过程不可能在真空中进行。如果测试人员不了解游戏是由哪几个部分组成的，那么执行测试就会非常困难。而测试计划可以明确测试的目标，需要什么资源，进度的安排。通过测试计划，既可以让测试人员了解此次游戏测试中哪些是测试重点，又可以与产品开发小组进行交流。在企业开发中，测试计划书来源于需求说明文档，在游戏开发过程中，测试计划的来源则是策划书。策划书包含了游戏定位、风格、故事情节、要求的配置等。在策划评审中，高级测试人员可以参与进来，得到详细的游戏策划书，从里面了解到游戏的组成，可玩性，平衡（经济与能力），与形式（单机版还是网络游戏）。而在这一阶段的测试主要就是通过策划书来制订详细的测试计划，主要分三方面，一是游戏程序本身的测试计划，如任务系统、聊天、组队、地图等由程序来实现的功能测试计划；二是游戏可玩性的测试计划，如经济平衡标准是否达到要求，各个门派技能平衡测试参数与方法，游戏风格的测试；三是关于性能测试的计划，如客户端的要求，网络版对服务器性能的要求。同时测试计划书中还写明了基本的测试方法，要设计的自动化工具的需求，为后期的测试打下良好的基础。同时，由于测试人员参与策划评审，资深的游戏测试人员与产品经理由于对游戏也有很深入的了解，会对策划提出自己的看法，包含可玩性、用户群、性能要求等，并形成对产品的风险评估分析报告。但这份报告不同于策划部门自己的风险分析报告，主要是从旁观者的角度对游戏本身的品质作充分的论证，从而更有效地对策划起到积极作用。

设计阶段是做测试案例设计的最好时机。很多组织要么根本不做测试计划和测试设计，要么在即将开始执行测试之前才飞快地补做测试计划和设计。在这种情况下，测试只是验证了程序的正确性，而不能验证整个系统中是否缺少什么内容或者出现的内容是否合适。而测试则会很明确，因为测试计划已经写的很明确，需要测试哪些游戏系统。但除此之外还需要了解系统的组成，而设计阶段则是设计系统的过程，所有的重要系统均用 UML 状态图进行了详细的描述，如用户登录情况。

资深的测试人员要具备的一项基本能力就是可以针对 UML 的用例图、时序图、状态图来设计出重要系统的测试案例。因为只有重要系统的质量得到充分测试，游戏程序的质量才可以得到充分保证。

对于游戏情节的测试可以从策划开始进行。由于前期的策划阶段只是对游戏情节大方向上的描述，并没有针对某个具体的情节进行设计。进入设计阶段时，某个游戏情节逻辑已经完整形成了，策划可以给出情节的详细设计说明书，称为任务说明书。通过任务说明书可以设计出任务测试案例，如某个门派的任务由哪些组成。设计出完整的任务测试案例，从而保证测试可能最大化地覆盖到所有的任务，如果是简单任务，还可以提出自动化需求，采用机器人自动完成。

## 9.4.5　游戏测试与开发

游戏软件开发与测试之间的关系一直存在着"串行"与"并行"的争议。传统观念认为，测试必须在开发完成后进行，而现代软件工程则强调测试的尽早介入。本书提出的"每日编译"方法有效地解决了这一矛盾。该方法将开发与测试紧密结合，在开发过程中以"编码—测试—编码—测试"的迭代方式进行。程序片段一旦完成，便立即进行单元测试，并在条件允许的情况下进行部分集成测试，尤其是针对接口的测试，如游戏程序与脚本、图片的结合测试。这种持续集成和测试的模式，结合"缺陷优先修改"的策略，最大限度地减少了后期难以修复缺陷的风险。此外，前期充分的测试用例设计和自动化工具准备，显著降低了测试所需的人力成本，有效保障了游戏软件质量，尤其是核心系统的稳定性。值得强调的是，测试的主体方法和结构应在设计阶段确定，并在开发过程中根据实际情况进行调整，这对于代码级的单元测试和集成测试至关重要。前期周密的测试计划和设计不仅能够提高测试效率，优化测试结果，还有利于测试案例的复用和测试数据的分析，为整个测试流程奠定坚实基础（见图 9-19）。

### 1. 游戏可玩性测试

游戏可玩性测试（playability testing）就像把游戏交给"品鉴师"，让他们从玩家视角出发，深度体验游戏，并评估游戏的乐趣和吸引力。它旨在回答一个核心问题：这款游戏好玩吗？只有玩家认同，设计的游戏才可能成功。这个测试包括但不仅限于以下主要四方面，每方面都对最终的游戏体验有着深远的影响。

**游戏世界的搭建：** 这个部分涉及构建一个完整的游戏生态系统，为玩家提供一个身

图 9-19　游戏测试分类

临其境的虚拟世界。具体包括聊天功能、交易系统、组队系统等互动平台，让玩家能够在游戏中与其他用户进行广泛的社交互动。

**游戏世界事件的驱动：**主要指的是任务系统。任务是玩家体验游戏剧情、提升角色能力的重要途径。需要确保任务设计合理，具有挑战性并且不会让玩家感到厌倦。

**游戏竞争与平衡：**这是保证游戏公平性的核心。无论是 PVP（玩家对玩家）还是PVE（玩家对环境），都需要保持游戏的平衡性，防止某些角色或道具过于强大而破坏游戏体验。

**游戏世界的文化内涵和游戏风格体现：**通过独特的美术设计、背景故事、音效音乐等元素，确立游戏的独特风格和文化内涵，让玩家在视觉和听觉上都能获得极佳的体验。

即使策划阶段已经对游戏可玩性进行了初步评估，但这些评估往往是总体上的。在具体实施时，如 PK 参数的调整、技能的增加等，都需要通过专门的测试进行详细验证。

**内部测试人员：**他们是经过挑选的职业玩家，对游戏有深刻理解。这些测试人员会深入分析游戏中的每个细节，从专业的角度提出建设性的反馈与建议。

**外部游戏媒体专业人员：**邀请外部专业游戏媒体的资深人员来进行分析和介绍。这种方式不仅能借助他们的专业经验对游戏进行优化，还能达到宣传效果，扩大游戏的知名度和影响力。

**外部玩家测试：**召集一定数量的普通玩家进行外围系统的测试，主要包括高校学生等目标用户群体。通过他们的反馈，能更好地了解游戏的可玩性和易用性，发现一些外围的 bug 和问题。

**内测和公测：**在游戏进入最后阶段时，会进行内部测试和公开测试，这类似于应用软件的 beta 版测试。通过让大量玩家参与测试，可以观察游戏在高并发情况下的运行表现，确保游戏在正式上线时能够稳定运行。

## 2. 数值测试

游戏编程中，数值计算无处不在，从角色移动速度、技能冷却时间，到道具数量、地图范围，都离不开各种数值的设定和运算。这些数值的准确性与合理性直接影响着游戏的平衡性、稳定性以及玩家的体验。因此，对数值进行全面的测试至关重要。以下列举了游戏数值测试中需要重点关注的四方面。

**数值的默认值：** 每个数值在初始状态下都需要有一个合理的默认值。这就需要测试人员检查默认值是否符合设计预期，以及在游戏初期是否能给玩家带来良好的体验。例如，玩家初始生命值过低或过高都会影响游戏平衡性。

**数值的列举：** 某些数值可能会有多种状态或等级，如武器的攻击力、角色的等级等。测试人员需要对这些数值进行全面的列举测试，确保每种状态下的数值设定都合理，且不存在逻辑上的错误。

**数值的范围：** 每个数值都应该在一个合理的范围内变化。测试人员需要测试数值的最小值和最大值，以及超出范围后的处理机制。例如，玩家的经验值应该有一个上限，防止数值溢出导致的 bug。

**数值的边界：** 数值的边界值，如最大值、最小值、临界值等，往往是 bug 的高发地带。测试人员需要重点关注这些边界情况，测试游戏在边界值附近是否能够正常运行，以及是否存在数值溢出、数据异常等问题。

## 3. 性能测试与优化

最后要单独提一下性能优化，在单机版的时代，性能的要求并不是很高，但是在网络版的时代，则是完全不同的概念。在软件开发领域，性能测试与优化扮演着至关重要的角色，尤其是在网络应用时代，其重要性更是不言而喻。不同于单机版应用，网络应用的性能表现直接影响着用户体验和产品竞争力。

性能测试主要涵盖三方面：客户端性能测试、网络性能测试以及服务器端性能测试。这三方面测试的有效结合能够全面分析系统性能并预测潜在瓶颈。然而，由于性能测试通常在集成测试后期进行，此时功能点之间已经基本畅通，因此优化重点应首先关注数据库和网络配置，以规避修改程序代码带来的风险。此外，性能测试与优化是一个循序渐进的过程，需要前期进行充分的需求分析和测试工具准备，这些工作通常在项目早期阶段完成。

数据库优化主要包括索引优化、表结构优化以及存储过程优化。索引优化是首选方案，因为它无须修改表结构和程序代码，即可显著提升数据库性能。然而，索引并非越多越好，过多的索引反而会影响数据插入、删除和修改的效率。其他优化措施则需要借助 SQL 分析工具，如 SQL Profile 和 SQL Expert，定位执行频率最高的 SQL 语句，从而针对性地进行优化。

网络优化并非指网络基础设施的优化，而是针对游戏本身网络通信的优化，因此它与程序优化密不可分。首先，需要借助网络监控工具，如 Monitor 和 Sniff，识别占用网络带宽较高的应用，这对拥有庞大用户群体的网络游戏尤为重要。而程序性能优化则需定位运行时间最长的函数，集中精力优化这些函数，才能实现整体性能的大幅提升。

**思考与练习**

本章讨论了如何制作游戏原型，介绍通过玩家测试和反馈来优化游戏体验的过程，强调了原型制作的重要性。在阅读本章内容后，可以从以下六方面进行思考与练习。

（1）明确原型开发的目的：思考在你的游戏项目中，游戏原型的主要目的是什么？是为了验证核心玩法？测试用户交互？还是为了获得投资人的初步认可？明确目的有助于更有针对性地进行原型设计。

（2）选择合适的工具和技术：评估并比较不同的原型开发工具（如纸笔原型、低保真原型软件、高保真原型工具等）的优缺点，选择最适合你的项目需求的工具。同时，考虑如何利用现有技术（如 AIGC）来加速原型开发过程。

（3）快速迭代与优化：实践快速原型制作方法，不断迭代原型以改进设计。每次迭代后，收集目标用户或测试团队的反馈，并根据反馈调整设计。记住，原型的目的是测试想法，而不是追求完美。

（4）注重用户体验：在原型设计中始终关注用户体验。思考如何通过简洁明了的界面、直观的交互设计和及时的反馈机制来提升用户满意度。同时，考虑不同用户的需求和习惯，确保原型具有广泛的适用性。

（5）从原型到实现：思考如何将游戏原型转化为实际的游戏产品。这包括确定游戏引擎、制订开发计划、分配资源等。考虑如何在开发过程中保持原型的精髓，同时根据技术限制和市场反馈进行调整。

（6）团队合作与沟通：如果你是团队成员之一，思考如何在原型开发过程中与其他成员有效合作。确保团队成员之间沟通顺畅，共同推动项目进展。同时，考虑如何向非技术人员（如投资人、市场人员）清晰地展示原型和游戏概念。

通过以上思考与练习，将更深入地理解游戏原型开发的重要性和实践方法，为未来的游戏设计项目打下坚实的基础。

# 第10章

# 游戏设计师的责任

## 10.1 游戏双刃剑

图 10-1　人们在游戏中获得积极影响

数字游戏的长远影响是一个引发公众激烈辩论的议题。一部分人认为游戏的影响短暂且肤浅，仅是生活中的一种消遣，不会对个体造成持续性的影响；另一部分人则将游戏视为一种潜在的威胁，认为其暴力内容会诱发玩家的攻击性行为，而过度沉迷则会导致生活失衡，甚至毁掉人生。与此同时，也有一部分人对数字游戏持积极态度，将其视为 21 世纪教育的潜在基石，认为其能够培养解决问题的能力和其他重要技能。探究数字游戏对人类心灵的真实影响并非无关紧要的学术探讨，因为其答案将深刻影响如何塑造未来社会——是朝着更加积极的方向，还是走向更加负面的境地（见图 10-1）。

### 10.1.1　游戏的积极影响

#### 1. 沟通联系

与其他人在社交上的沟通联系往往不是一件简单的事。每个人都有自己擅长或者了解的事物，但是总会担心其他人可能无法理解或者不会关心这些事物。游戏在这里能扮演"社会桥梁"的角色，让我们能与其他人进行交流。游戏可以引出交谈的话题，展现彼此间的共同点，并建立起各种彼此共有的记忆，这些因素结合起来使得游戏能很好地帮助人们与生活中重要的人建立和维持关系。

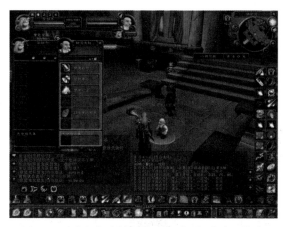

图 10-2　《魔兽世界》中"鱼别丢"的感人故事

"鱼别丢"来源于有个人在 NGA 发的一个帖子，还贴了图，图上内容大致如下（见图 10-2）。

一个 1 级小号，主动交易一个暗夜精灵小 D，给了她一点钱，还有一些杂物，其中就包括一条 22 磅重的鱼。

他私聊那个人：@@？？？要给谁?

那个人回了一句：song ni de（送你的）

然后又接了一句：yu bie diu（鱼别丢）

一张简单的截图，一段简短的对话，却传递出《魔兽世界》玩家之间真挚的情感，让人心头一暖。试想，当那位侏儒玩家钓到这条 22 磅重的鱼时，该是多么欣喜若狂！这条来自低级水域的大鱼，承载着他初入艾泽拉斯时的快乐和激动。也许是因为现实原因，他不得不离开这个世界，但他不愿这份珍贵的回忆就此消逝，于是将这条意义非凡的鱼送给了陌生人，并嘱咐道："鱼别丢。"一句"鱼别丢"，饱含着老玩家对《魔兽世界》的眷恋，也道出了无数玩家的心声。在他们心中，魔兽世界不仅是打怪升级、追求装备，更是充满了友情、惊喜和感动，那些看似无用的物品，往往承载着一段一段美好的回忆，意义远超一切。所以，请珍惜你在艾泽拉斯大陆的每段旅程，珍惜你身边的每位朋友，因为这些都将成为你未来最宝贵的回忆，就像那条"鱼"一样，永远珍藏在你我心中！

#### 2. 锻炼

游戏作为一种娱乐形式，长久以来被认为是促进身体活动的有力动机，尤其是在体育运动领域。无论是足球、篮球还是其他团队球类运动，这些传统的体育活动不仅能够增强身体的协调性和运动能力，还能够培养团队合作精神和战略思维能力。参与这些体育运动的人们，通过不断地训练和比赛，不仅能够提高自己的体能，还能够在团队中学会如何与他人合作，制订战术，达到共同的目标。这些活动在锻炼身体的同时，也在无形中提升了参与者的思维能力和解决问题的能力。

然而，近年来，越来越多的研究开始强调脑力锻炼在维持和提升整体健康方面的重要性，特别是对老年人群体而言。随着年龄的增长，老年人的身体机能逐渐下降，脑力活动显得尤为重要。研究表明，保持大脑活跃可以延缓认知能力的衰退，预防老年痴呆等疾病的发生。在这种背景下，游戏，尤其是一些需要解决问题和战略思考的游戏，成了身心锻炼的有效工具。

有趣的是，游戏凭借其固有的解决问题和战略思考的特性，为身心锻炼提供了多种途径。传统体育运动，如团队球类运动，不仅需要身体上的协调和运动能力，还考验着团队合作和战略思维。而数字游戏，包括益智游戏、策略游戏和动作游戏，则能够锻炼玩家的反应速度、问题解决能力和批判性思维。在数字游戏中，玩家需要快速反应，作出正确的决策，这不仅锻炼了他们的反应能力，还提升了他们的判断力和决策能力。

无论是哪种形式，游戏都能以一种引人入胜且充满乐趣的方式，对人们的身体和思维提出挑战，并带来潜在的健康益处。例如，益智游戏可以通过复杂的谜题和任务，提升玩家的认知功能和逻辑思维能力；策略游戏则需要玩家制订详细的计划和策略，锻炼他们的战略思维和解决问题的能力；动作游戏则通过快速的游戏节奏和高强度的操作，提升玩家的反应速度和手眼协调能力（见图 10-3）。

图 10-3　人们在游戏活动中锻炼身体

### 3. 教育

许多人持有一种观点，认为教育是一件非常严肃和正式的事情，而游戏则是轻松娱乐的活动，两者似乎格格不入，因此游戏在教育领域中是没有立足之地的。然而，如果仔细审视当前的教育体系，就会惊讶地发现它实际上与一个精心设计的游戏有着惊人的相似之处。

下面来看看这些相似点：学生们就像是游戏中的玩家，他们会收到一系列由教师分配的作业，这些作业就像是游戏中的任务或目标。这些作业都有明确的截止日期，就像游戏中的时间限制。学生们需要在规定时间内完成作业并提交给老师，这就相当于在游戏中完成任务。

在整个学习过程中，学生们会不断获得成绩反馈，这与游戏中获得分数的机制非常相似。随着学习的深入，作业的难度也会逐渐增加，这就像游戏中难度逐级提升的设置。到了学期末，学生们将面临期末考试，这可以比作游戏中的终极 Boss 战。只有那些在整个学习过程中认真积累知识和技能的学生，才能顺利通过考试，就像游戏玩家需要不断提升能力才能打败最终 Boss 一样。而那些表现特别优秀的学生，他们的名字会被列在光荣榜上，这与游戏中的排行榜如出一辙。

既然教育与游戏有如此多的相似之处，那么为什么现实中的教育体验往往不如游戏那样令人愉悦和投入呢？这是因为传统的教育方法通常存在一些问题：缺乏精细的设计，无法让学生产生情感共鸣，缺少快乐和乐趣的元素，缺乏互动和社区感，而且往往具有一条非常糟糕的兴趣曲线。学生们的学习热情在开始时可能很高，但随着时间推移会迅速下降。

值得注意的是，造成这种情况的原因并不是学习过程本身无趣或乏味，而是因为很多教育体验的设计存在严重缺陷。如果能够借鉴游戏设计的原理，将教育过程设计得更加精细、有趣、互动，相信会大大提升学生的学习体验和效果。通过融入情感元素、增加趣味性、构建学习社区，以及优化兴趣曲线，完全有可能让教育变得像一个精彩的游戏，既能吸引学生的注意力，又能激发他们的学习热情。

### 4. 公认事实

当人们开始思考如何利用游戏来进行教育和知识传播时，第一个想到的应用领域往往是利用游戏来传达一些公认的事实，并帮助人们更有效地记住这些事实。之所以想到这一点，是因为传统的学习这些事实的方法往往是枯燥乏味的重复记忆，如背诵各州的首府、时区表、各种传染病的名称等。这样的学习过程不仅效率低下，还容易让人生厌，难以激发学习兴趣。

游戏则提供了一种全新的学习方式，它可以将这些枯燥的公认事实融入游戏的机制和系统中，通过游戏的形式来呈现和传达知识。玩家在游戏的过程中自然而然地接触到这些知识，并在完成游戏目标的过程中不断强化记忆。例如，一个地理知识问答游戏可以将各州的首府、地理位置等信息设计成问题，玩家需要答对问题才能继续游戏；一个模拟经营游戏可以将时区表融入游戏的贸易系统中，玩家需要根据不同的时区来安排贸易路线。

游戏化的学习方式之所以有效，是因为它改变了传统学习方式的枯燥乏味，将知识学习与游戏娱乐结合起来，让学习的过程变得更加有趣。特别是对于那些需要记忆大量信息的学科，如历史、地理、生物等，游戏化的学习方式可以有效提高学习效率和记忆效果。

视频游戏在这方面更具优势，它可以利用图像、动画、声音等多种感官元素来呈现信息，使学习内容更加生动形象，更容易被理解和记忆。例如，一个介绍传染病的视频游戏可以利用动画来模拟病毒的传播过程，利用图像来展示疾病的症状，利用声音来讲解预防措施，相比于枯燥的文字描述，这种多感官的学习体验更加直观易懂，也更容易让人留下深刻印象。

虽然游戏在传授和巩固知识方面具有巨大的潜力，但目前这种应用仍然相对较少。很多教育工作者和家长对游戏仍然存在偏见，认为游戏只是娱乐消遣的工具，而忽视了它在教育领域的应用价值。人们需要转变观念，积极探索游戏在教育领域的应用，开发出更多寓教于乐的优质游戏，让游戏真正成为学习的有效工具，帮助人们更轻松、更有效地学习和记忆各种知识。

## 5. 问题解决

回顾对游戏的定义：游戏是以一种玩耍的态度去解决问题的行为。正是这种将问题解决与玩耍体验相结合的特点，使得游戏在培养和提升人们解决问题的能力方面展现出独特的优势。尤其是在需要展现综合运用多种能力和技巧的情况下，游戏更能发挥其独特的价值。

许多领域都需要人们在实际环境中灵活运用多种技能，如警察、救护工作、地质工作、建筑施工、管理工作等。在这些领域的专业培训和考核中，模拟游戏已经成为一种重要的方式。通过模拟真实场景、任务和挑战，游戏能够为学习者提供一个安全可控的练习环境，让他们在实践中学习如何应对各种复杂情况，锻炼自己的应变能力、决策能力和团队合作能力。例如，警察可以通过模拟犯罪现场的游戏来学习如何收集证据、分析案情、抓捕罪犯；医护人员可以通过模拟急救场景的游戏来学习如何进行急救处理、团队协作、应对突发状况；管理者可以通过模拟经营的游戏来学习如何制订策略、管理资源、领导团队。

有趣的是，除了传统的教育和培训领域，人们也观察到，在数字游戏高度普及的今天，许多年轻人从小就在各种复杂的数字游戏中锻炼着自己的问题解决能力。这些数字游戏往往需要玩家具备高度的规划能力、策略思维和耐心才能最终获胜。例如，在策略游戏中，玩家需要管理资源、制订战术、指挥军队，才能战胜对手；在角色扮演游戏中，玩家需要探索地图、完成任务、提升角色能力，才能最终通关；在多人在线游戏中，玩家需要与队友协作、沟通配合，才能取得胜利。

这些游戏体验潜移默化地培养了年轻一代分析问题、解决问题的能力，以及团队合作、沟通协调等重要技能。因此，一些人认为，从小接触数字游戏的一代人在解决问题的能力方面要优于之前的任何一代人，尽管这一观点还需要更多研究来证实。

## 6. 关联体系

有一样东西无疑是游戏最擅长教授的，以下这则古老的禅文印证了这一点。

百丈禅师[1]想要让一个僧人去开一座新的寺院。他对弟子说，谁能最巧妙地回答他的问题，他就指派谁去。他把一个装满水的瓶子放到地上，问道："谁能在不说出它的名字的前提下告诉我它是什么？"百丈的首席弟子灵佑答道："没有人能把它说成是木拖鞋。"[2]灵佑是当时厨房的僧人，他把瓶子踢倒然后转身走开。百丈笑道："我们的大弟子输掉了。"于是灵佑就成了新寺院的主持。大弟子知道他不能说出水瓶到底是什么的规则，于是他狡猾地说出它不是什么。但灵佑一直训练的烹饪都是最实际的艺术，他清楚有些东西是不能用言语来理解的，它们必须要演示出来才能让人理解。

---

1 百丈怀海（约 720—814），中国禅宗著名禅师，唐代禅宗高僧。本姓王，俗名木尊，福建长乐人，创立了《百丈清规》。百丈禅师是洪州宗风开创者马祖道一大师的法嗣，禅宗清规制订者。因常住地为洪州百丈山（江西奉新），故称"百丈禅师"。

2 灵佑禅师（771—853），唐代高僧，俗姓赵，福州长溪（在今福建霞浦）人，禅宗沩仰宗初祖。

在乔治·A. 米勒[1] 提出的学习金字塔模型里（见图 10-4），只有知识积累到一定程度后才能做这件事，而基于游戏的学习过程却把重点放在做的过程上。授课、阅读和视频都有着线性的缺点，线性媒体很难把一个有着错综复杂关系的关联体系给表达清楚。想要理解这种复杂关联体系的唯一办法就是亲自去尝试。

例如，下面是通过模拟才能了解到的关联体系。

人类的循环系统

大城市里的交通图

细胞的运作原理

濒于灭绝的物种的生态学

地球大气层的加热和冷却

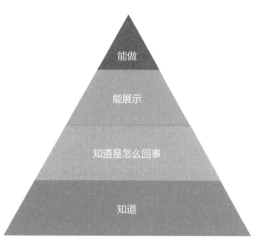

图 10-4　米勒的学习金字塔

那些只是读过这些体系的人和那些真正玩过这些体系的人对这个体系的理解是有着极大区别的，因为后者不仅了解到这些关联体系，还体验过。而体验的优点之一就是可以检验这些事物的极限并且突破它。例如，多大的交通量会使得通勤时间长于正常工作时间？有什么情况会让南北极的冰帽融化掉？模拟能给予玩家失败的许可权，这是极具教育意义的（除去很有趣以外）——因为学习者不但能看到失败，而且能看到为什么会发生这样的情况，这样会让他们明显领悟到整个体系的联系。

毫无疑问，拥有好奇心的学生在学习上有着得天独厚的优势。他们对世界充满渴望，总是主动探索未知领域，而不仅是被动接受知识。这种主动学习的热情使得他们能够更深入地理解和掌握知识，并将知识内化成自身的一部分（见图 10-5）。

好奇心是学习的内在动力，它驱使着学生们不断地提出问题、寻找答案。与那些缺乏求知欲、被动接受知识的学生相比，好奇心强的学生更乐于钻研、更有毅力，也更容易在学习中获得成就感，从而形成良性循环，进一步激发学习兴趣。而互联网的出现，无疑为好奇心强的学习者插上了腾飞的

图 10-5　好奇心是学习的内在动力

---

1　乔治·A. 米勒（George A. Miller）是一位美国心理学家，以其在认知心理学领域的贡献而闻名。他最著名的研究包括对短时记忆容量的探索，提出了著名的"7±2 法则"，即人类短时记忆可以记住大约 7 个独立的信息块。

翅膀。如今，任何一个有好奇心、求知欲的人都可以通过互联网便捷地获取海量的知识信息。无论是深奥的科学理论，还是冷门的历史事件，只需轻轻点击鼠标，便可一览无余。这种获取知识的便利性为好奇心强的人创造了前所未有的学习机会，也使得他们能够在各自感兴趣的领域迅速成长为专家。

相比之下，那些缺乏好奇心、不善于主动学习的人，则可能错失这个信息爆炸的时代所带来的巨大机遇。他们满足于现状，安于舒适区，最终可能在知识和技能上落后于时代。因此，可以预见，在未来，一颗充满好奇的心将成为个人最宝贵的财富。它将指引人们不断探索未知、追求卓越，在瞬息万变的世界中立于不败之地。

然而，人们对于好奇心本身的了解却少之又少。好奇心是与生俱来的天赋，还是后天环境和教育塑造的结果？如果是后者，人们应该如何培养和激发孩子的好奇心，让他们拥有探索世界的渴望和能力？

游戏为玩家提供了一个安全、自由的环境，鼓励他们探索、尝试、犯错，并在玩耍的过程中学习和成长。如果将教育体系构建得更像游戏，鼓励学生主动探索、自由思考、大胆尝试，是否能让我们的下一代更具好奇心、创造力和求知欲呢？

这个问题值得每个人深思。在知识更新迭代速度不断加快的今天，培养孩子的好奇心、学习能力和适应能力比以往任何时候都更为重要。而游戏化学习或许为人们提供了一条可行的路径，让人们可以重新思考和设计未来的教育模式，让孩子们的学习过程充满乐趣、挑战和成就感，让他们在探索未知世界的过程中释放潜能、成就自我。

### 10.1.2　游戏的不良影响

对新事物感到害怕是一种普遍存在的现象，这并非毫无缘由。许多新鲜事物的确潜藏着危险，因为对它们的了解还不够深入，无法预测它们可能带来的所有后果。诚然，游戏以及游戏行为本身并不新鲜，自人类诞生以来，游戏就一直伴随着我们，贯穿于历史的长河之中。

传统游戏也并非完美无瑕，它们同样伴随着风险。例如，参与体育运动可能导致身体创伤，赌博可能造成财产损失，而过度沉迷于任何娱乐活动都可能使生活失去平衡，不利于个人的身心健康发展。然而，这些与传统游戏相伴的风险并非新鲜事物。长久以来，人们已经充分认识到这些风险，社会也已经建立起相应的机制来应对这些问题，如制订规则、规范行为、提供帮助等。

真正令人感到焦虑和不安的是，新型游戏，特别是数字游戏，突然出现在流行文化中，并迅速占据了主导地位。这些新型游戏与传统游戏相比，无论在形式、内容还是传播方式上都存在着巨大的差异，因此也潜藏着更多未知的风险。

对于父母而言，这种焦虑尤为明显。他们担心自己的孩子沉迷于这些自己从未接触过的新型游戏中，而自己却缺乏相关的知识和经验去引导孩子，保护孩子免受潜在的伤害。这种无力感和担忧让他们感到焦虑和不安。

在众多与新型游戏相关的风险中，最引人关注的两个领域是暴力和成瘾。许多数字游戏包含暴力内容，家长担心孩子过度接触这些内容会导致其产生暴力倾向，甚至付诸行动。此外，数字游戏容易令人沉迷，家长担心孩子过度沉迷游戏会影响学业、社交和身心健康发展。

### 1. 暴力

游戏和故事往往都会牵涉暴力主题，因为游戏和故事都是和冲突有关的，而暴力行为是解决冲突的最简单和最激动人心的做法。但没有人担心在国际象棋、俄罗斯方块或者是吃豆人游戏中会发生的抽象类暴力，人们大多只担心那些图像上可视的暴力行为。有研究者曾尝试确定出家长们将游戏定义为"太过暴力"的标准。卡通渲染的《堡垒之夜》和写实风格的《使命召唤》都涉及射击和消灭对手，但人们对于前者的担忧程度往往低于后者。它们的区别在哪里呢？区别在于画面的写实程度。《使命召唤》中逼真的画面和音效会让玩家感觉更加身临其境，因此更容易让人联想到现实中的暴力行为，从而引发担忧。相比之下，《堡垒之夜》卡通化的画面风格则弱化了暴力行为的残酷性，更容易被接受。

图 10-6　《任天堂明星大乱斗》和《真人快打》
画面风格的差异

以格斗游戏为例，同样是拳拳到肉的激烈格斗，《任天堂明星大乱斗》和《真人快打》所引起的社会反响却截然不同（见图 10-6）。相较于画面风格偏卡通化的《任天堂明星大乱斗》，人们对于追求血腥效果的《真人快打》的担忧程度要高得多。造成这种差异的原因在于两者的画面表现手法。《真人快打》以其高度还原的暴力细节而著称，无论是骨骼碎裂的声音，还是喷溅的血液，都力求为玩家呈现最直观的感官刺激。这种对于暴力细节的过度追求，使得游戏本身的娱乐性被无限削弱，反而更容易让人联想到现实世界中的暴力行为，从而引发部分人群，尤其是家长群体的担忧和焦虑。

然而，认为只有血腥暴力的游戏才会引发负面影响，显然是一种误解。早在数字游戏发展初期，就出现过因为涉及不当内容而引发争议的游戏作品。1976 年，一款名为《死亡竞赛》的街机游戏引发了巨大的社会争议。这款游戏要求玩家驾驶汽车，追逐并碾压"行人"，得分高者获胜。尽管游戏画面极其简陋，甚至无法辨认出"行人"的具体形象，但这种赤裸裸地鼓励玩家进行虚拟杀戮的行为，还是引发了轩然大波，最终导致游戏被多地禁售。

由此可见，游戏中的暴力表现形式和游戏主题，都会影响人们对于游戏内容的理解和接受程度。设计师在进行游戏创作时，应当充分考虑到这些因素，避免过度渲染暴力内容，引导玩家以积极健康的心态体验游戏乐趣。

游戏设计师应采取以下策略。

考虑到玩家的年龄和心理健康状况，避免设计可能引发玩家焦虑或其他负面情绪的内容。

在游戏中提供足够的提示和警告，让玩家清楚地知道游戏的内容和规则。

提供多样化的游戏体验，避免游戏内容过于单一和重复，导致玩家产生依赖性。

在游戏中加入适当的教育内容，引导玩家树立正确的价值观和道德观。

游戏设计师也不能忽视游戏玩家，尤其是青少年玩家的媒介素养培养。仅依靠游戏内容分级制度，并不能完全避免游戏可能带来的负面影响。家长和教育工作者应当引导青少年玩家正确区分虚拟世界和现实世界，帮助他们树立正确的价值观，避免沉迷游戏，在享受游戏乐趣的同时，也能够以理性的态度看待游戏中的虚拟内容。

### 2. 成瘾

人们对游戏的第二大担忧是游戏成瘾，即游戏过度干扰生活中的重要事务，如上学、工作、健康和人际关系。这不仅是对游戏时间过多的关注，因为任何事物（如练习、吃蔬菜、维生素）过度都会有害。人们担心的是上瘾行为，即使明知有害却无法戒除。

游戏设计师确实在不断寻找方法制作吸引玩家的游戏，让人们一直玩下去。当一个人对新游戏感到兴奋时，他们常称赞："我很喜欢它！它太过瘾了！"这并不意味着游戏破坏了他们的生活，而是游戏有某种推动力让他们继续玩。然而，有些人因在游戏上投入过多时间和金钱而生活受损。现代 MMO 拥有庞大的世界、复杂的社交网络和需多年完成的目标，吸引一些人陷入自我毁灭的游戏模式中。

这种自我毁灭的模式并非新事物。赌博也是多年存在的类似模式，只不过它基于外因，而不是游戏内部奖励。即使没有金钱奖励，游戏成瘾的例子也比比皆是。最常见的是学生。20 世纪 80 年代经常有一些同学因过度玩扑克牌或去歌舞厅而辍学。斯蒂芬·埃德温·金[1]的小说《亚特兰蒂斯之心》讲述了一群学生因沉迷卡牌游戏辍学，最终被征募进入越南战争的故事（基于真实事件）。2015 年开始的《魔兽世界》对许多学生也是一种不可抗拒的诱惑。现在发生在我们身边的例子，很多过度玩手机游戏的学生会荒废学业。

很多学者对游戏的"不当用法"进行详细研究，认为不同人上瘾和"自我摧毁"的原因各异。MMORPG 成瘾问题复杂，不同人被游戏的不同方面吸引，甚至受到外部因素驱动，将游戏当作宣泄口。有时是游戏吸引玩家，有时是现实问题推动玩家进入游戏，通常是两者结合。如果觉得自己或身边的人沉迷于 MMORPG，并导致现实生活问题，建议寻求有成瘾问题经验的专业顾问或心理专家的帮助（见图 10-7）。

不可否认，对一些人来说这是一个问题。但游戏设计师能做些什么呢？有人认为如果游戏设计师不制作容易让人沉迷的游戏，问题就会被解决。但如果说游戏设计师制作"太吸引人"的游戏是不负责任的，那么许多因制作"太美味"的菜品而导致人们吃得过

---

1　斯蒂芬·埃德温·金（Stephen Edwin King，1947—　　），美国作家，编写过剧本、专栏评论。代表作品有《闪灵》《肖申克的救赎》《末日逼近》《暗夜无星》等。

多引起肥胖的高级厨师也同样不负责？
当然，游戏设计师应对游戏体验负责，
设法促成生活的良好平衡。我们不能忽
视这个问题，也不能假装这是别人的问
题。这应该一直在我们脑海中，就像宫
本茂[1]常为孩子们签名时写的那样：天气
好的日子还是出去玩玩。

图 10-7　沉迷游戏的学生

### 10.1.3　游戏改变你了吗

　　数字游戏的魅力远不止于娱乐，它
更像是一扇一扇通往全新体验的大门，潜移默化地影响着人们的思维和行为方式。在游
戏策划过程中，游戏设计师并非仅仅搭建虚拟世界和规则，更是在精心雕琢一种体验，
这种体验如同春雨般润物无声，却能在不知不觉中改变玩家，甚至超出预期。

　　《星际拓荒者》是一款太空探索游戏。玩家需要组建舰队，探索未知星系，并与其他
玩家合作或竞争，共同建立星际文明。在设计玩家交互系统时，游戏设计师特意引入了
一种名为"星际公约"的机制。玩家在进行外交、贸易、组建联盟等活动时，都需要遵
循"星际公约"中预设的礼仪规范和行为准则。例如，在谈判桌上，玩家可以使用"我
们愿意进行更深入的合作""我们对您的提议持保留意见"等表达方式，而不能使用威胁
或侮辱性的语言。

　　"星际公约"的初衷是希望营造一个
理性、克制、互相尊重的星际社会氛围，
鼓励玩家通过合作与交流解决问题，避免
无谓的冲突。在游戏测试阶段，游戏设计
师惊喜地发现，"星际公约"不仅成功塑
造了游戏内的文明氛围，更对一些玩家的
现实生活产生了积极影响（见图 10-8）。

　　一位玩家在游戏论坛上分享了他的
经历。他坦言自己曾经是一位脾气暴躁、
易怒的人，在现实生活中经常与人发生

图 10-8　《星际拓荒者》的完美结局

争执。自从接触《星际拓荒者》后，他发现自己在处理人际关系时，开始有意识地运用
游戏中学习到的沟通技巧和行为准则。例如，在面对分歧时，他会先尝试冷静地表达自
己的观点，倾听对方的意见，而不是像过去那样立刻情绪爆发。更令他惊讶的是，这种
改变并非刻意为之，而是在潜移默化中发生的。这并非个例，其他玩家也反馈说，他们

---

1　宫本茂，世界著名游戏商任天堂的情报开发本部总监兼总经理，任天堂游戏文化的缔造者。被称为
　　"马力欧之父"，是任天堂的灵魂人物。

在玩《星际拓荒者》后，更懂得换位思考，更愿意与人合作，更善于用和平的方式解决争端。

也许有人会认为，游戏仅是游戏，虚拟世界中的行为模式无法与现实生活相提并论。然而，人们不能忽视游戏对玩家潜意识的影响。正如前面提到的"星际公约"，它就像一颗种子，在玩家心中种下了文明、理性、尊重的种子。当玩家在游戏中不断践行这些准则，这些种子就会逐渐生根发芽，最终影响到他们的现实生活。

人们才刚刚开始理解游戏如何影响和改变自己，需要更深入地探究游戏影响玩家行为背后的机制和原理。只有真正了解这些机制，才能更好地利用游戏的力量，引导玩家形成积极的价值观和行为模式，创造更美好的未来。

## 10.2　游戏设计师的责任

游戏作为一种文化和娱乐形式，早已超越了简单的消遣娱乐工具的范畴，逐渐成了社会和文化的重要组成部分。因此，游戏设计师在创作过程中，需要深入思考社会责任问题。游戏设计师们不仅要在技术层面上不断创新，更要在社会和文化层面上承担起相应的责任。游戏不仅需要通过精心设计来激发玩家的潜能，还需要努力将人们对人性的认识应用到正规的游戏设计中去。游戏设计师应该致力于发展出一套术语和理论框架，以便这一领域形成的共识能够与更广泛的社会分享。这种共识不仅有助于游戏行业的健康发展，还能帮助公众更好地理解和接受游戏作为一种文化现象的存在。那些想把游戏变成纯粹娱乐的人和那些想把游戏变成纯粹艺术的人，其实在本质上是没有区别的，他们都忽略了游戏作为一种媒介所应承担的社会责任。

### 10.2.1　社会责任感

最重要的是，游戏及其设计师必须要认识到，艺术和娱乐之间是没有明确界限的。游戏不仅是娱乐的载体，也可以是艺术的表现形式。游戏不应该被抹黑，它们也不是幼稚的、毫无价值的东西。相反，游戏拥有巨大的潜力，可以成为传递深刻思想和情感的媒介。在现有的游戏产品中，很多游戏的主题都涉及暴力、权力和控制。这并不是致命的缺陷，实际上，如果仔细分析各种娱乐形式的基本构建模块，就会发现任何一种娱乐形式都与性和暴力有关。这只是因为娱乐与爱情、向往、嫉妒、自尊、长大成人、爱国主义以及其他微妙的概念是交织在一起的。如果把有关性与暴力的元素完全去除，那么也就不会看到那么多的电影、图书或者电视节目了。

尽管人们经常哀叹这个领域不够成熟，但也不能因为一叶障目而错过整个森林。问题并不在于"性与暴力"的存在，而在于"性与暴力"的浅薄化和泛滥。这就是为什么人们会谴责玩家在网络世界里随便杀人，为什么对平庸的有关性的日志嗤之以鼻，为什么厌恶观看在沙滩排球比赛中跳跃的"傻瓜"，同时，这也是为什么当人们听说游戏里面有可能出现具有特殊含义的冲突时会变得激动的原因。必须承认一个事实，那就是卡通画在描绘人类状态方面比游戏做得要好。游戏开发中有一个趋势，越来越多的游戏开发者会在游戏中加入道德信息。这种趋势通常采取的形式是在游戏叙事的关键分支点处添加道德尺度和不相关的道德选项之类的功能。

　　游戏设计师在尝试将此类道德内容整合到游戏玩法中会面临多种执行的挑战，想要成功地执行这种做法需要更坚实的社会道德基础，确保在游戏中设计和构建这些新"社会责任感"时不失去非常重要的先决条件。如果要获得成功，游戏只需要令人难以抗拒的激励因素和执行恰当的游戏玩法即可。很显然，多数人并不会考虑"提升媒介""制作更具社会责任的游戏"或者在游戏玩法或叙事中整合道德决定以向受众提供更深层次的信息。这种想法并没有什么过错。如果这就是你目前的想法的话，鼓励自己继续保持这种想法。你的想法是对的，如果游戏只提供可玩性等内容，这完全没有过错。事实上，许多游戏甚至连那些基本内容都无法提供给玩家，对这些游戏而言，讨论更深层次的内容或许还为时过早。但是，事实上此类讨论已经发生了，每款整合此类功能的新游戏都是讨论的焦点。有些人或许认为我们只要做好游戏开发的事情即可，少管社会道德的问题。

　　但从根本上来说，"如果要获得成功，游戏只需要令人难以抗拒的激励因素和执行恰当的游戏玩法即可。"这个观点是错误的看法。如果要使用更为准确的措辞，可以表达成："如果要获得成功，某些类型的游戏只需要令人难以抗拒的激励因素和执行恰当的游戏玩法即可。"但是如此一来，这种观点就肯定不能运用到广义的"游戏"层面上。游戏设计师们应当尽量将游戏媒介提升到一个新高度。应当通过制作有社会责任感的游戏来提升游戏这种媒介的社会地位（见图 10-9）。

图 10-9　游戏设计师需要深入思考社会责任问题

　　在电影行业中，鲜少有人将社会责任感作为创作的最终目标，因为它更应被视为电影作品中自然流露的特质。相反，电影行业为富有创造力的群体，包括导演、编剧、演员和整个制作团队，提供了自由创作的空间，使他们能够探索具有深层次内涵的主题。因此，几乎每部电影作品都或多或少地传递着某种社会责任感的信息。然而，游戏与电影不同，传递社会责任感并非其职责所在，也不应被强加于其身。引导人们如何生活、如何思考或如何行动，不应成为游戏开发者的义务。遗憾的是，当前关于游戏社会责任感的讨论却本末倒置，流于表面地关注如何在游戏中添加传播道德信息的功能，试图使玩家在娱乐过程中被动地接受道德教化。这种舍本逐末的做法忽视了游戏本身的艺术价值和娱乐功能，也低估了玩家的自主思考能力。

## 10.2.2　文化与道德教育

游戏作为一种文化现象，其影响力早已超越了单纯的娱乐范畴，逐渐演变成一种社会文化的重要载体。游戏设计师作为这一文化产品的缔造者，肩负着不可推卸的社会责任。他们在设计游戏时，除了追求娱乐性和趣味性，更应该深入思考如何通过游戏传递积极的社会信息和价值观，引导玩家进行有益的思考和反思，从而发挥游戏的正面社会影响力。

诚然，游戏的主要功能是娱乐，但这并不意味着游戏设计师可以忽视其潜在的社会影响。游戏作为一种文化产品，它反映了社会现实，同时也塑造着人们的价值观和行为方式。尤其是对于心智尚未成熟的青少年玩家而言，游戏的影响更是不可小觑。因此，游戏设计师在进行游戏创作时，应当将社会责任感融入设计理念中，避免过度渲染暴力、色情等负面元素，避免为了追求短期利益而牺牲游戏的文化价值和社会责任。

游戏设计师可以通过多种方式在游戏中融入积极的社会信息和价值观。例如，可以通过游戏剧情和角色设定，传递友谊、勇气、责任、正义等正能量价值观；可以通过游戏机制和玩法设计，引导玩家进行合作、沟通、策略思考等，培养玩家的团队合作精神和问题解决能力。此外，游戏还可以成为传播知识和文化的有效途径，如通过历史题材游戏，可以让玩家在娱乐的同时了解历史事件和人物，激发他们对历史和文化的兴趣。

当然，也要认识到，游戏仅是一种娱乐方式，它不能也不应该承担起教育和教化的全部责任。游戏设计师的职责是尽可能地发挥游戏的积极影响，引导玩家进行正向思考，而不是将自己的价值观强加于玩家。游戏设计应该注重内容的深度和内涵，避免落入说教和灌输的窠臼，才能真正引发玩家的共鸣和思考。

游戏设计师在进行游戏创作时，应该将娱乐性与社会责任感有机结合，努力创作出既能让玩家获得乐趣，又能传递积极价值观的游戏作品。只有这样，才能推动游戏产业的健康发展，让游戏真正成为一种具有积极社会意义的文化娱乐形式。

# 10.3　游戏改变世界

## 10.3.1　有趣的故事

人类文明的史册上，游戏始终占据着一席之地，陪伴着人们走过漫长的岁月。关于游戏与现实世界之间的联系，流传着一个古老而有趣的故事。

故事发生在约 3000 年前，小亚细亚中西部、爱琴海沿岸的一个古老王国——吕底亚。这个位于如今土耳其西北部的国度，曾拥有一位睿智的君主，他的名字叫作阿提斯。然而，即使是英明的统治者也无法阻挡天灾的降临。那一年，吕底亚遭遇了一场空前的饥荒，举国上下都笼罩在食物短缺的阴影之中。

起初，人们默默承受着命运的安排，期盼着来年风调雨顺，能够迎来一个丰收的季节。然而，时间一天一天过去，饥荒的状况却丝毫没有得到缓解。绝望的情绪开始在人群中蔓延，吕底亚人意识到，他们不能只是被动地等待。为了克服饥饿的折磨，他们想出了一个独特而奇妙的方法。

这个方法听起来或许有些不可思议：吕底亚人决定用整整一天的时间来尽情玩耍，让自己沉浸在游戏的快乐中，从而暂时忘记对食物的渴望。而在接下来的另一天，他们会专心进食，克制住玩乐的欲望。就这样，他们日复一日地坚持着这种奇特的作息，依靠游戏的力量支撑着自己度过了漫长的 18 年。

在这段艰难的岁月里，为了丰富游戏的内容，排遣内心的苦闷，吕底亚人发明了许多至今仍被人们喜爱的游戏形式，如筛子、抓子儿、球等。这些游戏的诞生，不仅为他们带来了欢乐，更重要的是，帮助他们暂时逃离了现实的困境，在精神上获得了慰藉。

这个故事或许只是一个传说，但它却深刻地揭示了游戏的伟大作用。游戏不仅是消遣娱乐的方式，还是人们在面对困境时，能够抚慰心灵、给予希望的精神支柱。这就是游戏的伟大作用！

### 10.3.2　优秀的游戏机制激励着人们

游戏早已超越了人们传统观念中那种单纯的消遣娱乐工具的范畴，它更像是一种经过精心设计的、复杂的机制，蕴藏着激发潜能、驱动进步的神奇力量。如同那些技艺精湛的工匠，他们深知如何将各种原材料组合在一起，创造出精美的艺术品一样，优秀的游戏设计师们也深谙体验之道，他们对于"目标—行动—满足"这一循环模式有着深刻的理解，并将挑战与奖励、目标与反馈等元素完美地融合在一起，构建出一个又一个引人入胜、令人流连忘返的虚拟世界。玩家们在这些精心设计的虚拟世界中尽情探索、挑战自我，可以获得在现实生活中难以企及的纯粹快乐和成就感，而这一切背后的奥秘，正是游戏机制所蕴藏的巨大能量，它如同一个驱动玩家不断前进的引擎，引导着玩家在游戏中体验成功、收获成长。

游戏机制究竟是如何发挥作用的呢？它的奥秘究竟在哪里？其实，游戏机制的核心就在于它能够将"目标—行动—满足"这一循环模式发挥到极致。首先，一个清晰明确、引人入胜的目标设定至关重要，它如同夜航中的灯塔，或者是指引旅人前进的路标，为玩家指引着前进的方向，赋予他们在游戏中每次行动以意义（见图 10-10）。玩家不再陷于"我应该做什么"的困惑之中，而是明确地知道"我想要做什么"，并愿意为之付出努力，这种目标驱动的力量能够极大地激发玩家的内在动力，让他们心甘情愿地投入挑战之中，并为最终达成

图 10-10　引人入胜的目标如同夜航中的灯塔

目标而不断努力。

当然，游戏开发者们深知，目标不能设定的遥不可及，空中楼阁式的目标只会让玩家望而却步，失去前进的动力，无法体验到游戏带来的乐趣。为了让玩家获得持续的成就感，保持对游戏的兴趣，他们会将看似庞大的终极目标分解成一个一个具体可操作的小目标，如同攀登高峰时的一级级阶梯，让玩家能够脚踏实地、步步为营地朝着最终目标迈进。每当玩家完成一个小目标，游戏便会给予及时的正向反馈，可能是经验值的增加、虚拟货币的奖励，也可能是新的关卡的解锁、新的技能的获得，等等，这些设计都旨在让玩家感受到自己的进步和成长，鼓励他们继续前进。而这些阶段性的胜利所带来的成就感，如同源源不断的燃料，驱动着玩家不断攀登，最终征服看似不可逾越的险峰，获得最终的胜利。

更难能可贵的是，游戏机制赋予了"失败"全新的意义。在现实生活中，失败往往与挫折、打击联系在一起，令人沮丧和失落，甚至会让人一蹶不振，失去对未来的希望。而在游戏中，失败却被巧妙地转化为一种积极的体验，成为玩家不断学习、成长的垫脚石。精心设计的失败机制，不会让玩家感到挫败和气馁。例如，很多游戏会将失败的原因清晰地呈现给玩家，帮助他们分析原因、吸取教训，或是引导玩家反思自己的策略，鼓励玩家尝试不同的方法，这些设计都旨在帮助玩家更好地理解游戏规则、提升操作技巧，最终战胜挑战。这些设计反而会激发他们更加强烈的挑战欲望，鼓励他们不断尝试，最终找到通往成功的道路，获得最终的胜利。正如一位智者所说，"失败是成功之母"，游戏机制将这句话的精髓体现得淋漓尽致，让玩家在一次一次的尝试和挑战中，不断突破自我，获得成长，最终成为游戏的赢家。

### 10.3.3　游戏化能让人们更加幸福

长期以来，社会对游戏的认知如同蒙上了一层灰色的滤镜，将其视为精神鸦片，认为沉迷游戏会导致玩物丧志，与学习工作势不两立。这种观点固然看到了过度游戏可能带来的负面影响，却忽视了游戏本身所蕴含的巨大潜力与积极意义，如同只看到了硬币的一面，而忽略了另一面闪烁的光芒。游戏并非精神鸦片，它更像是一扇通往幸福与进步的多彩之门，合理利用可以为个人和社会带来意想不到的惊喜与收获。

游戏如同一位心灵的按摩师，能够有效提升个体的幸福感。在快节奏的现代生活中，人们常常背负着沉重的压力，焦虑和疲惫如影随形。而游戏为玩家提供了一个奇妙的虚拟世界，一个可以暂时逃离现实压力，尽情释放焦虑的"桃花源"。在这个精心设计的虚拟世界里，玩家可以尽情探索未知领域，体验精彩剧情，迎接各种挑战并享受最终的成就感。每次的冒险，每次的挑战，每次的胜利，都能如同清泉般滋润心田，带来愉悦和满足。而游戏过程中产生的多巴胺等神经递质，更像是快乐的魔法师，能够有效缓解压力、提升情绪，为玩家注入满满的幸福感。

游戏如同一位全能教练，能够培养和锻炼个体的多种能力。每款游戏都是一个微缩的社会，需要玩家运用智慧和策略才能征服。无论是角色扮演、策略经营还是竞技对抗，游戏都对玩家的综合能力提出了挑战。例如，许多游戏需要玩家具备策略思考能力，才能运筹帷幄，决胜千里；需要玩家具备团队合作精神，才能团结协作，共克难关；需要玩家具备快速反应能力，才能随机应变，化险为夷；需要玩家具备资源管理能力，才能合理分配，高效利用。在游戏的过程中，玩家不断地尝试、犯错、学习、改进，如同经历了一场场酣畅淋漓的脑力训练，这些宝贵的经验能够有效锻炼玩家的认知能力、问题解决能力、应变能力和团队协作能力。而这些能力的提升绝非纸上谈兵，它可以迁移到现实生活中，帮助玩家更好地应对学习、工作和生活中的各种挑战，成为人生道路上披荆斩棘的利器。

游戏如同一位创意无限的发明家，可以作为现实问题的解决方案。近年来，功能性游戏发展迅速，如同雨后春笋般涌现，并在教育、医疗、培训等领域展现出巨大的潜力，为解决现实问题提供了全新的思路和方法。例如，一些教育游戏将知识融入趣味盎然的游戏环节中，让学生在快乐的游戏过程中轻松学习知识，告别枯燥乏味的传统学习方式；一些医疗游戏则将康复训练融入精心设计的虚拟场景中，帮助患者在趣味互动中完成康复训练，提高康复效率；一些培训游戏则将工作技能融入虚拟的模拟环境中，帮助员工在实践操作中学习新的技能，提升工作效率。通过游戏化的方式，原本枯燥乏味的任务变得更具趣味性和吸引力，参与者更乐于接受和参与，从而提高效率和效果，为解决现实问题开辟了一条充满创意的道路。

更令人振奋的是，游戏如同一个推动社会进步的引擎，可以促进社会进步和发展。电子竞技的兴起就是一个最好的例证，它不仅创造了巨大的经济效益，更为年轻人提供了新的职业选择和发展方向，让他们在虚拟世界中也能实现人生价值，追逐梦想。此外，许多游戏都巧妙地融入了历史、文化、科学等方面的知识，玩家在游戏的过程中可以潜移默化地学习和了解这些知识，如同接受一场一场生动有趣的文化熏陶，从而提升自身的文化素养和科学素养，成为更加全面发展的人才。

当然，人们也要清醒地认识到，游戏如同其他事物一样，也存在着两面性。过度沉迷游戏会导致时间管理失衡，影响学习、工作和生活，如同脱缰的野马，失去控制。部分游戏中存在的暴力、色情等内容，如同潜藏的暗礁，可能会对未成年人造成不良影响。因此，政府、社会、家庭和个人都需要共同努力，引导玩家树立正确的游戏观念，合理安排游戏时间，选择健康的游戏内容，如同为游戏这匹骏马套上缰绳，让它沿着正确的方向前进，才能让游戏真正成为提升幸福感、促进社会进步的积极力量（见图 10-11）。

游戏并非精神鸦片，也并非"玩物丧志"的娱乐工具，它拥有着提升幸福感、培养能力、解决问题、促进社会进步等多重积极意义，如同蕴藏着无限宝藏的宝

图 10-11　游戏化能让人们更加幸福

库，等待着人们去探索和发现。人们应该摒弃对游戏的偏见，积极探索游戏与现实生活的良性互动模式，让游戏更好地服务于个人发展和社会进步，让这扇通往幸福与进步的多彩之门，为人们开启更加美好的未来！

**思考与练习**

在学习了本章游戏设计师的责任后，请通过以下三方面的思考与练习加深对游戏设计师所承担社会责任及伦理问题的理解。

（1）案例分析：选取一个具有代表性的游戏案例，分析其在内容、设计或运营过程中是否涉及伦理或社会责任问题。思考如果这些问题被忽视，可能会对玩家和社会产生哪些影响。同时，探讨游戏设计师可以采取哪些措施来预防或解决这些问题。

（2）角色定位：假设你是一名游戏设计师，面对如何在游戏中平衡娱乐性与教育性、如何在追求商业利益的同时兼顾社会责任等挑战，你会如何决策？请详细阐述你的思考过程和解决方案。

（3）伦理准则制订：参考现有行业规范和法律法规，尝试为游戏行业制订一套伦理准则，涵盖内容审核、用户隐私保护、未成年人保护等方面。讨论这些准则的可行性和实施难点，并提出改进建议。

通过这些思考与练习，将更加深入地理解游戏设计师在创作过程中所面临的伦理和社会责任挑战，以及如何通过实际行动来维护游戏行业的健康发展和社会福祉。

附录

# 游戏案例

扫码欣赏

# 参 考 文 献

[1] 科斯特. 游戏设计快乐之道 [M]. 赵俐，译. 北京：人民邮电出版社，2014.

[2] Jesse Schell. 游戏设计艺术 [M]. 刘嘉俊，等译. 北京：电子工业出版社，2015.

[3] 丹·爱尔兰. 游戏制作人生存手册 [M]. 卢斌，黄颖，等译. 北京：中国科学技术出版社，2016.

[4] 简·麦戈尼格尔. 游戏改变世界 [M]. 闾佳，译. 北京：北京联合出版公司，2016.

[5] 王亚晖. 游戏化思维：从激励到沉浸 [M]. 北京：人民邮电出版社，2022.

[6] 简·麦戈尼格尔. 游戏改变人生 [M]. 闾佳，译. 北京：北京联合出版公司，2018.

[7] 简·麦戈尼格尔. 游戏改变未来 [M]. 孙静，译. 北京：中国财政经济出版社，2024.

[8] 卡尔·M.卡普，卢卡斯·布莱尔. 游戏，让学习高效 [M]. 陈阵，译. 北京：机械工业出版社，2017.

[9] 卡尔·M.卡普. 游戏，让学习成瘾 [M]. 陈阵，译. 北京：机械工业出版社，2015.